高等教育"十三五"规划教材

工程测试技术基础

主　　编　闫艳燕

副主编　郭　强　　刘俊利

陈水生　　张倩倩

中国矿业大学出版社

内 容 简 介

本书系统地阐述了现代测试技术领域的传感器技术、信号处理技术、测试系统的构成和设计方法,并结合工程应用实际介绍了测试技术在现代工业生产中的应用。书中内容的编写,着重物理概念和工程应用的阐述,加强工程背景知识,使学生初步掌握进行动态测试所需要的基本知识和技能,并能了解掌握新时期测试技术的更新内容及发展动向。为帮助读者理解掌握各章内容,书中有针对性地设置一定量的习题,并补充了基本的数学知识。全书包括绪论、信号及其基本概念、测试装置的基本特性,工程测试中常用传感器、测试信号的转换与调理、测试信号的分析与处理、测试技术的应用及测试信号基本数学知识等八章。其中第一章为绪论,介绍测量与试验的概念及相互关系,测试方法的分类与非测试系统的构成,国际单位制及其基本单位等;第二章介绍信号分析的知识,主要内容有信号的分类、信号的时域描述与频域描述方法、信号的频谱分析;第三章介绍测试系统特性的分析研究方法、不失真测试的条件;第四～七章分别介绍了信号测试系统所涉及的传感器、变换与调理器及记录与显示方面的知识;第八章介绍测试过程中所涉及的基本数学知识。

本书可作为高等学校机械类专业及相近专业本科生的教材,也可供大专、夜大和成人教育有关专业选用,还可作为有关专业高等学校教师、研究生和工程技术人员的参考书。

图书在版编目(C I P)数据

工程测试技术基础/闫艳燕主编. —徐州:中国
矿业大学出版社,2017.7
ISBN 978 - 7 - 5646 - 3519 - 0

Ⅰ. ①工…　Ⅱ. ①闫…　Ⅲ. ①工程测量－高等学校－
教材　Ⅳ. ①TB22

中国版本图书馆 CIP 数据核字(2017)第 083324 号

书　　名	工程测试技术基础
主　　编	闫艳燕
责任编辑	周　红
出版发行	中国矿业大学出版社有限责任公司
	(江苏省徐州市解放南路　邮编221008)
营销热线	(0516)83885307　83884995
出版服务	(0516)83885767　83884920
网　　址	http://www.cumtp.com　E-mail:cumtpvip@cumtp.com
印　　刷	徐州中矿大印发科技有限公司
开　　本	787×1092　1/16　印张 12　字数 299 千字
版次印次	2017 年 7 月第 1 版　2017 年 7 月第 1 次印刷
定　　价	32.00 元

(图书出现印装质量问题,本社负责调换)

前 言

20世纪50年代数控机床的发明揭开了机械发展史上新的一页,标志着机械制造业向着信息化迈出了第一步。随后,以计算机技术、网络技术、通讯技术等为代表的信息技术被广泛应用于制造业的各个领域。信息成为现代制造业中的最重要的资源,成为制约现代制造系统的主导因素。进入21世纪,信息在制造业的作用更显重要,而试验和机器运行中的测试则是获取信息,特别是准确、定量信息的重要手段。

现代机械设备与机电系统大多是集机械、电子、信息、控制为一体的复杂机电系统。此类系统的创新设计、运行监测、故障诊断与维护以及与其寿命过程相关的问题,均涉及多学科理论知识和现代工程试验技术,且试验开发已成为机械工程领域创新设计过程中的一个不能回避的重要方面。我国机械制造业远远落后于世界发达国家,特别在高技术含量、大型高效或精密、复杂的机电新产品开发方面,缺乏现代设计理论和知识的积累,试验研究和开发能力较弱,大部分关键机电产品不能自主开发和独立设计,仍需依靠进口或引进技术。造成这种情况的重要原因之一是缺乏掌握现代设计理论知识、具有试验研究和创新开发能力的人才。

在机械制造业信息化和创新型人才培养中,测试技术和测试技术课程起着极为重要的作用。因此,20世纪五六十年代以后,在国外许多大学中,测量和仪表课程受到高度重视。我国在1978年正式将"测试技术"课程列入各机械类专业教学计划,20世纪80年代初出版了各专业的测试技术教材。随着教学改革的深入,教学经验的积累,对测试技术课程在高等工业院校教育中的作用和地位有了新的认识。1985年该课程被确认为重要的技术基础课。之后出版了众多的优秀教材。近年来,随着传感技术、电子技术、信号处理与计算机技术的突破性进展,综合运用这诸多学科的"测试技术"发生了深远的变革,推动着测试仪器、测试方法不断更新换代。本书系根据2016年煤炭高等教育"十三五"规划教材编审委员会所审订的《工程测试技术基础》课程大纲而编写的教材,适用于高等学校各种机械设计和机械制造类专业,也可作为从事机械工程测试技术的工程技术人员自学、进修用的参考书。

　　《工程测试技术基础》是一门技术基础课程，与前设课程衔接紧密，主要讲授有关动态测试与信号分析处理的基本理论方法，测试装置的工作原理、选择与使用，为后续专业课、选修课有关动态参量的实验研究打基础，并直接应用于生产实践、科学研究与日常生活有关力、温度等参量的测试中。本书由河南理工大学闫艳燕、郭强、陈水生、张倩倩、刘俊利等老师协力编写，由闫艳燕担任主编。本书编写分工如下：第一章、第五章、第六章第二节由闫艳燕编写，第二章、第三章由郭强编写，第四章由陈水生编写，第四章第八节、第六章、第八章由刘俊利编写，第七章由张倩倩编写。

　　在本书编写过程中，参阅了许多文献，尤其是书后所列的文献，从中得益匪浅，在此特向有关作者致谢。由于编者水平有限，书中肯定存在诸多缺点和错误，恳切希望教师、学生和读者对本书的内容编排、材料取舍以及书中的错误、欠妥之处提出批评、指正和修改意见。

编者

2017 年 4 月

目 录

第一章 绪 论

第一节 测试技术概述

一、测试技术的概念及其重要性

随着科技的发展,测试技术已经成为一门专门的技术科学。人们通过测试获得客观事物的定量概念,以掌握其运动规律。人类在各种活动领域中都离不开测试。在某种意义上来说,"没有测试,就没有科学。"

测试是人们依靠一定的科学技术手段来定量地获取被研究对象原始信息的过程,属于信息科学的范畴。信息是事物运动的状态和方式,是物质的一种属性。从物理学观点出发,信息是非物质的,也不具有能量,传输依靠物质和能量。信息一般可理解为消息、情报或知识。实验及各种过程中的物理量真值、变量或测量值,若随时间变化,通常称为信号。信号是物质的,具有能量,是信息的载体,信息蕴含于信号之中。由于信号易于传输,易于测量或感知,因此,人类获取信息主要借助于信号的传播。

测试技术是测量和试验技术的统称,也可称作是具有试验性质的测量。测量就是把被测系统中的某种信息提出,并加以度量,为确定量值而进行的试验过程;试验就是通过某种人为的方法,把被测系统所在的许多信息中的某种信息,用专门的装置人为地把它激发出来,加以测量。它是对未知事物探索性的认识过程。

测试技术就是对信号的获取、加工、处理、分析及显示记录的过程。测试技术的基本任务是通过测试手段,对被研究对象相关的信息作出比较客观、准确的描述,使人们对其有一个客观全面的认识,并达到进一步改造和控制被研究对象的目的。从复杂信号中提取有用的信息则是测试技术的首要任务。

测试是人类认识客观世界的手段,是科学研究的基本方法。科学探索需要测试技术,用定量关系和数学语言来表达科学规律和理论需要测试技术,检验科学理论和规律的正确性也需要测试技术。可以认为,精确的测试是科学技术研究的根基。

在工程技术领域中,工程研究、产品开发、生产监督、质量控制和性能试验都离不开测试技术。特别是近代自动控制技术已经越来越多地运用测试技术,测试装置已成为控制系统的重要组成部分。测试工作不仅能为产品的质量和性能提供客观的评价,为生产技术的合理改进提供基础数据,而且是进行一切探索性的、开发性的、创造性的和原始的科学发现或科技发明的手段。

测试技术的先进性已是一个国家、一个地区科技发达程度的重要标志之一,也是一个企业、一个国家参与国内、国际市场竞争的一项重要基础技术。可以肯定,测试技术的作用和地位在今后将更加重要和突出。因此,测试技术是机械工程技术人员必须掌握的一门实践性很强的技术,也是从事生产和科学研究的有力手段。

二、测试研究主要内容

测试技术研究的具体内容包括信号的描述、测量原理、测量方法、测试系统及其数据处理等。信号的描述揭示信号的组成及其内在变化规律,时域描述和频域描述及其相互变换和映射关系。傅立叶级数和傅立叶变换是测试技术研究信号的理论基础。

1. 测量原理

测量原理实质上就是传感器的工作原理。被测量种类繁多、性质千差万别,因此采用怎样的原理去感受被测量是测试技术研究的主要内容之一。要确定和选择好测量原理,除了要有物理学、化学、电子学、生物学、材料学等基础知识和专业知识之外,还需要对被测量的测量范围、性能要求和环境条件有充分的了解和分析。具体内容会在第三章传感器部分作详细介绍,在这里不再赘述。

2. 测量方法

测量方法是指用什么方法去获得被测量。按照是否直接测量被测量,可分为直接测量与间接测量。直接测量是指将被测量直接与标准量进行比较,或用预先标定好的测量仪器进行测量,无需对所获取的数值进行运算的测量方法。例如,用万用表测量电压,用温度计测量温度等。间接测量是指通过测量与被测量有确定函数关系的相关参量,然后经过计算得到被测量的测量方法。如要测量一台发动机的输出功率,必须首先测出发动机的转速 n 及输出扭矩 M,然后通过公式 $P=M \times n$,可计算得到输出功率 P。

按照是否接触被测对象,测量方法可分为接触式测量和非接触式测量。接触式测量是指测量仪器可直接接触被测对象的测量,例如,测量振动时可将带有磁座的加速度计直接固定在振动物体的适当位置上进行测量。非接触式测量是指测量仪器不接触被测对象的测量,也称无损检测,可避免被测对象受到磨损,例如,用超声测速仪测量汽车行驶时是否超速就属于非接触式测量。

按照被测量是否随时间变化,测量方法可分为静态测量和动态测量。静态测量是指对静止不变或缓慢随时间变化的物理量的测量。动态测量是指随时间变化的物理量的测量。在动态测量中,需要确定被测量的瞬时值随时间变化的规律。

3. 测试系统

在产品开发或其他目的的试验中,一般要在被测对象运行过程中或试验激励条件下,测量或记录各种随时间变化的物理量,通过随后的进一步处理和分析,得到所要求的定量的试验结果。测试系统可分为模拟测试系统与数字测试系统。在模拟测试系统中,获取、传输和输出的信号均为模拟信号;在数字测试系统中,通过传感器和信号调理电路部分的信号仍为模拟信号,当经过模数转换之后,模拟信号就变为数字信号,由计算机对数字信号进行分析、处理、显示和存储。由于数字信号具有抗干扰能力强、运算速度快、精度高等特点,越来越多的测试任务采用数字测试系统来实现。不同的用途对测量过程和结果的要求也不相同。因此,不同的用途和要求,测量系统的组成环节及其构成方式也不同。本节只讨论测量系统的一般构成。而不同测量环节的原理、特性及系统构成细节将在以后各章讨论。一般来说,测试系统的一般构成如图1-1所示。

根据图1-1,被测对象是信号的入口,试验及各种过程中的物理量真值、变量或测量值,通常称为信号。其中,测试系统各构成环节的作用为:

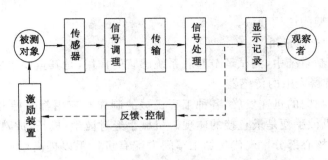

图 1-1 测试系统的一般构成

传感器将被测试量转换为同种或别种量值输出电信号。

信号调理电路的作用是将传感器输出的信号进行加工、变换和处理,将信号转换成合适传输和处理的形式,如信号变换、放大、调制与解调、滤波和模数转换等。

信号分析与处理的作用是对调理后的信号进行各种运算和分析,如数字滤波、时域分析、频谱分析和相关分析等。

显示记录的作用是显示和存储测量结果。

当测试系统用于闭环控制系统时,除以上提到的组成部分之外,还应包括反馈和激励装置。

例如,生活中用温度计来测量温度,这就包含了一个完整的测试过程,如图 1-2 所示。

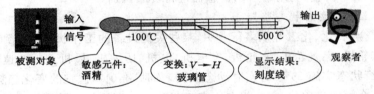

图 1-2 温度计测试过程

图 1-2 所示的测试过程中首先利用酒精(敏感元件)检测出被测对象温度变化并将其转换成自身体积的变化(热胀冷缩),然后经过等截面的中空玻璃管(中间变换器)再转换成高度的变化(分析处理),最后由外面的刻度线显示出测试结果(显示、记录)并提供给观察者或输入后续的控制系统。

4. 数据处理

测试系统获取的信号中携带着有用的信息,只有通过信号的分析与处理,对所获得的数据进行科学的分析和运算,才能够得到客观准确的测试结果。数据处理包括滤波、变换、识别和估值等过程,可削弱信号中的干扰分量,增强有用分量。信号分析包括分析信号的类别、构成以及特征参数计算等,以便提取特征值,更准确地获取有用信息。由计算机对信号进行分析和处理是测试技术处理信号的主流。

三、测试技术在工程领域的应用

在工程技术领域,工程研究、产品开发、生产监督、质量控制和性能等都离不开测试技术。特别是近代自动控制技术已越来越多地运用测试技术,测试装置已成为控制系统的重要组成部分。

下面是几个典型的应用领域。

1. 工业自动化中的应用

在各种自动控制系统中,测试环节起着系统感官的作用,是其重要组成部分。

(1) 机械手、机器人中的传感器

随着制造业在我国的迅速发展,各种工程机械的制作与应用都开始向自动化与智能化等方向转变,其中机械手便是最直接的体现。机械手经过诞生、成长、成熟后,已成为自动化装备中不可缺少的核心部分。现代化加工车间常配有机械手以提高生产效率,不仅可以将人从繁重、重复的工作中解放出来,而且可以代替人在恶劣的环境下进行操作。机械手的技术创新和广泛应用,大大提高了生产力,其带来的经济效益显而易见。传感器是实现信息感受、检测变换和传输的一种技术,其广泛用于机械手中。

(2) AGV 自动送货车

无人搬运车(Automated Guided Vehicle,简称 AGV),是指装备有电磁或光学等自动导引装置,能够沿规定的导引路径行驶,具有安全保护以及各种移载功能的运输车。在工业应用中它是不需驾驶员的搬运车,且以可充电之蓄电池为其动力来源。一般可透过电脑来控制其行进路线以及行为,或利用电磁轨道来设立其行进路线。将电磁轨道粘贴于地板上,无人搬运车则依循电磁轨道所带来的讯息进行移动与动作。传感器在其中得到了广泛的应用,比如用超声波测距传感器判断建筑物内人和物所在位置;利用红外线色彩传感器识别运动轨迹和 AGV 小车位置;利用条形码传感器进行货品识别。

2. 流程工业设备运行状态监控

在电力、冶金、石化、化工等众多行业中,某些关键设备的工作状态关系到整个生产线的正常流程,如汽轮机、燃气轮机、水轮机、发电机、电机、压缩机、风机、泵、变速箱等等。对这些关键设备运行状态实施 24 小时实时动态监测,及时、准确掌握它的变化趋势,为工程技术人员提供详细、全面的机组信息,是设备由事后维修或定期维修向预测维修转变的基础。国内外大量实践表明,机组某些重要测点的振动信号非常真实地反映了机组的运行状态。由于机组绝大部分故障都有一个渐进发展的过程,通过监测振动总量级的变化过程,完全可以及时预测设备的故障的发生。结合其他综合监测信息如温度、压力、流量等,运用精密故障诊断技术甚至可以分析出故障发生的位置,为设备的维修准备提供可靠依据,将因设备故障维修带来的损失降到最低程度。

3. 产品质量测量

当汽车、机床等设备,电机、发动机等零部件出厂时,必须对其性能质量进行测量和出厂检验。图 1-3 为汽车出厂检测原理图,通过对抽样汽车润滑油温度、冷却水温度、燃油压力及发动机转速等的测试,工程师可以了解产品质量。

4. 楼宇控制与安全防护

楼宇自动化系统,或称建筑物自动化系统,是由建筑物(或建筑群)内的消防、安全、防盗、电力系统、照明、空调、卫生、给排水、电梯及其他机械设备等设备以集中监视、控制和管理为目的而构成的一个综合系统。它的目的是使建筑物成为安全、健康、舒适、温馨的生活环境和高效的工作环境,并能保证系统运行的经济性和管理的智能化。

5. 家庭与办公自动化

在家电产品设计中,人们大量地应用了传感器和测试技术来提高产品性能和质量。例

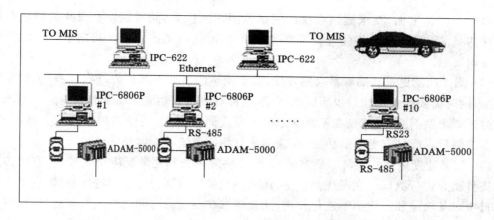

图 1-3 汽车出厂检测原理图

如,全自动洗衣机以人们洗衣操作的经验作为模糊控制的规则,采用多种传感器将洗衣状态信息检测出来,并将这些信息送到微电脑中,经微电脑处理后,选择出最佳的洗涤参数,对洗衣全过程进行自动控制,达到最佳的洗涤效果。利用衣量传感器来检测洗衣时衣物量的多少,从而决定设定水位的高低。利用衣质传感器来检测衣物重量、织物种类,从而决定最优洗涤温度、洗涤时间。利用水温传感器来检测开机时的环境温度和注水结束时的水温,为模糊推论提供信息。利用传感器来检测水的硬度,进而决定添加洗衣粉的量以期达到最佳洗涤效果。利用光传感器来检测洗涤液的透光率,从而间接检测了洗净程度。利用传感器监测漂洗过程中的肥皂沫的变化决定漂洗的次数。利用传感器监测干衣过程中衣物电阻的变化,来选择烘干时间,与传统的定时烘干相比,更具灵活性。利用压力传感器实现电信号与机械力信号的相互转换,以实现无级调水,从而达到省水、省电的目的。

四、测试技术的发展动向

当今科学技术的快速发展也为测试技术的发展和进步创造了有利条件,同时也不断地向测试技术提出了更高的要求。尤其是计算机软件技术和数字处理技术的进步,促使微型传感器、集成传感器和智能传感器取得了迅速的发展,加之信息技术和微电子技术的快速发展使测试技术和测试仪器仪表取得了跨时代的进步,使仪器仪表向数字化、智能化、网络化、多功能化和小型化方向发展。测试技术中数据处理能力和在线检测、实时分析的能力迅速增强,使仪器仪表的功能得到扩大,其精度和可靠性也有了很大的提高,与传统仪器仪表的虚拟化仪器仪表相比有了很大的改善。在微机械技术的微仪器应用领域也有了创新式的发展,如芯片上的微轮廓仪、芯片上的微血液分析仪的研制成功等。因此,随着现代社会的不断进步,测试技术的应用领域将更加广泛。

未来测试技术的发展体现在 4 个方面:

(1)测试精度更高。随着科学技术的不断进步,对测试技术也提出了更高的要求。例如在尺寸测试方面,已经提出了纳米的要求,且纳米的测量还不是单一方向的测量,而是实现空间坐标测量;在时间测量方面,分辨率已经达到飞秒级,相对精度达 10^{-14}。

(2)测试范围更大。近年来,对测试系统的性能要求也在不断提高。原有测试系统的技术指标不断提高,应用范围不断扩大,在常规测量方面,测试技术是比较可靠的。在一些极端参数的测试方面,要求测试系统的测试范围不断扩大,同时还要有很高的精度与可靠性。这些极端参数的测量将促进测试范围的扩大,因此测试技术未来将向解决极端测量问题的方向发展。

(3)测试功能更强。随着社会的发展,需要测试的领域不断扩大,测试的环境和条件也更复杂,同时需要测量的参数也不断增多,这些都对测试的功能提出了越来越高的要求。例如有时还要求联网测量,就是在不同的地域来完成同步测量,还要实现高精度和高可靠性,这就要求测量系统具有更强的功能,才能满足对测试系统不断增长的要求。

(4)测试速度更快。在科学研究领域,部分物理现象和化学反应变化较快,有时甚至要用到飞秒激光进行测试。在现代测试中,还有一些要求在高速运动中进行测试,例如飞行器在飞行中对其轨道和速度不断进行校正,这就要求在很短的时间内测出其运行参数,对测试系统的测试速度提出了更高的要求。

测试技术将是多学科发展的集合。现代科学的发展将不断促进测试技术的进步,测试技术中也会越来越多地融合相关的最新成果。现代测试中的许多被测量都是通过物理效应实现量的转换,来完成测量,而不是简单地依靠同类量进行直接比较来完成测量,因此就要密切注意科学技术中的新成果,找到符合现代要求的新的测试方法,解决新的测量问题。随着电子技术的快速发展,虚拟仪器技术获得了很大的突破,虚拟系统的应用领域也越来越广泛,实现了用高性能的模块化硬件与高效灵活的软件相结合来完成各种测量的应用,可以方便高效地解决测试中的技术难题。未来的测试仪器将向微型化和便携化方向发展,智能测试代表测试技术未来的发展方向。同时测试技术与信息技术将实现进一步的高度融合,尤其复杂参数和复杂环境下的测试更离不开信息的处理、存储、传输和控制。

第二节　测量的基础知识

在机械(或机电)系统实验、控制和运行监测中,需要测量各种物理量(或其他工程参量)及其随时间变化的特性。这种测量需要通过各种测量装置和测试过程来实现。于是,测试装置和过程在总体上需要满足什么样的要求才能准确测量到这些物理量及其随时间的变化是研究者关心的问题。为使测量结果具有普遍的科学意义需具备一定的条件:首先,测量过程是被测量的量与标准或相对标准的比较过程。作为比较用的标准量值必须是已知的,且是合法的,才能确保测量值的可信度及保证测量值的溯源性。其次,进行比较的测量系统必须进行定期检查、标定,以保证测量的有效性、可靠性,这样的测量才有意义。

本节讨论与此相关的一些基本概念。

一、量与量纲

量是指现象、物体或物质可定性区别和定量确定的一种属性。不同类的量彼此之间可定性区别,如长度和质量是不同种类的量。同一类中的量之间是以量值大小来区别的。

1. 量值

量值是用数值和计量单位的乘积来表示的。它被用来定量地表达被测对象相应属性的大小,如 3.4 m、15 kg 等。其中,3.4、15 是量值的数值。显然,量值的数值就是被测量与计量单位之比值。

2．基本量和导出量

在科学技术领域中存在着许许多多的量，它们彼此有关。为此专门约定选取某些量作为基本量，而其他量则作为基本量的导出量。量的这种特定组合称为量制。在量制中，约定地认为基本量是相互独立的量，而导出量则是由基本量按一定函数关系来定义的。

3．量纲和量的单位

"量纲"代表一个实体（被测量）的确定特征，而量纲单位则是该实体的量化基础。例如，长度是一个量纲，而厘米则是长度的一个单位；时间是一个量纲，而秒则是时间的一个单位。一个量纲是唯一的，然而一种特定的量纲，比如说长度，则可用不同的单位来测量，如英尺、米、英寸或英里等。不同的单位制必须被建立和认同，亦即这些单位制必须被标准化。由于存在着不同的单位制，在不同单位制的转换方面也必须有协议。

在国际单位（SI）制中，基本量约定为：长度、质量、时间、温度、电流、发光强度和物质的量等七个量。它们的量纲分别用 L、M、T、Q、I、N 和 J 表示。导出量的量纲可用基本量量纲的幂的乘积来表示。工程上会遇到无量量纲，其量纲中的幂都为零，实际上它是一个数。弧度（rad）就是这种量。

二、测量、计量、测试

测量、计量、测试是三个密切关联的术语。测量（measurement）是指以确定被测对象的量值为目的进行的实验过程。如果测量涉及实现单位统一和量值准确可靠则被称为计量。因此研究测量、保证测量统一和准确的科学被称为计量学（metrology）。计量学研究的主要方向有：① 研究计量单位及其基准、标准的建立、复现、保存和使用；② 研究计量与测量器具的特性和测量方法；③ 研究测量不确定度和误差理论的实际应用；④ 研究计量、测量人员的测量能力和检定、核准能力；⑤ 研究基本物理常数、标准物质、测量特性等的有关理论和测量；⑥ 研究一切测量理论和实践问题；⑦ 研究计量法制和计量管理问题。实际上，计量一词只用作某些专门术语的限定语，如计量单位、计量管理、计量标准等。所组成的新术语都与单位统一和量值准确可靠有关。测量的意义则更为广泛、更为普遍。测试（measurement and test）是指具有试验性质的测量，或测量和试验的综合。

一个完整的测量过程必定涉及测试对象、计量单位、测量方法和测量误差。它们被称为测量四要素。

三、基准和标准

为了确保量值的统一和准确，除了对计量单位作出严格的定义外，还必须有保存、复现和传递单位的一整套制度和设备。

基准是用来保存、复现计量单位的计量器具，是最高准确度的计量器具。它是具有现代科学技术所能达到的最高准确度的计量器具。基准通常分为国家基准、副基准和工作基准三种等级。

国家基准是指在特定计量领域内，用来保存、复现该领域计量单位并具有最高计量特性，经国家鉴定、批准作为统一全国量值最高依据的计量器具。

副基准是指通过与国家基准对比或校准来确定其量值，并经国家鉴定、批准的计量器具。

工作基准是通过与国家基准或副基准对比或校准，用来检定计量标准的计量器具。计量标准是指用于检定工作计量器具的计量器具。

工作计量器具是指用于现场测量而不用于检定工作的计量器具。一般测量工作中使用的绝大部分就是这一类计量器具。

四、测量误差

测量结果总是有误差的。误差自始至终存在于一切科学实验和测量过程中。

（一）测量误差定义

测量结果与被测量真值之差称为测量误差，即

$$测量误差＝测量结果－真值 \tag{1-1}$$

测量误差常简称为误差。此定义联系三个量，显然只需已知其中的两个量，就能得到第三个量。但是，在现实中往往只知道测量结果，其余两个量却是未知的。这就带来许多问题，例如：测量结果究竟能不能代表被测量、有多大的可置信度、测量误差的规律是怎样的、如何评估它等。

1. 真值 X

真值是被测量在被观测时所具有的量值。从测量的角度来看，真值是不能确切获知的，是一个理想概念。

在测量中，一方面无法获得真值，而另一方面又往往需要运用真值。因此引用了所谓的"约定真值"。约定真值是指对给定的目的而言，它被认为充分于接近真值，可以代替真值来使用的量值。在实际测量中，被测量的实际值、已修正过的算术平均值，均可作为约定真值。实际值是指高一等级的计量标准器具所复现的量值，或测量实际表明它满足规定准确度要求，用来代替真值使用的量值。

2. 测量结果

测量结果是由测量所得的被测量值。在测量结果的表述中，还应包括测量不确定度和有关影响量的值。

（二）误差分类

根据误差的统计特征来分，可以将误差分为：

1. 系统误差

在对同一被测量进行多次测量过程中，出现某种保持恒定或按确定的方式变化着的误差，就是系统误差。在测量偏离了规定的测量条件时，或测量方法引入了会引起某种按确定规律变化的因素时就会出现此类误差。

通常按系统误差的正负号和绝对值是否已经确定，可将系统误差分为已定系统误差和未定系统误差。在测量中，已定系统误差可以通过修正来消除。应当消除此类误差。

2. 随机误差

当对同一量进行多次测量时，误差的正负号和绝对值以不可预知的方式变化着，则此类误差称为随机误差。测量过程中有着众多的、微弱的随机影响因素存在，它们是产生随机误差的原因。

随机误差就其个体而言是不确定的，但其总体却有一定的统计规律可循。

随机误差不可能被修正。但在了解其统计规律性之后，还是可以控制和减少它们对测量结果的影响。

3. 粗大误差

粗大误差是明显超出规定条件下预期误差范围的误差，是由于某种不正常的原因造成的。在数据处理时，允许也应该剔除含有粗大误差的数据，但必须有充分依据。

实际工作中常根据误差产生的原因把误差分为器具误差、方法误差、调整误差、观测误差和环境误差。

（三）误差表示方法

根据误差的定义，误差的刚量、单位应当和被测量一样。这是误差表述的根本出发点。然而习惯上常用与被测量量纲、单位不同的量来表述误差。严格地说，它们只是误差的某种特征的描述，而不是误差量值本身，学习时应注意它们的区别 。

常用的误差表示方法有下列几种：

（1）绝对误差

$$绝对误差 = 测量结果 - 真值$$

它是一个量纲、单位和被测量一样的量。

（2）相对误差

$$相对误差 = 误差 \div 真值 \tag{1-2a}$$

当误差值较小时，可采用

$$相对误差 \cong 误差 \div 测量结果 \tag{1-2b}$$

显然，相对误差是无量量纲，其大小是描述误差和真值的比值的大小，而不是误差本身的绝对大小。在多数情况下，相对误差常用%、‰或百万分数来表示。

（3）引用误差

这种表示方法只用于表示计量器具特性的情况中。计量器具的引用误差就是计量器具的绝对误差与引用值之比。而引用值一般是指计量器具的标称范围的最高值或量程。例如，温度计标称范围为 $-20 \sim +50$ ℃，其量程为 70 ℃，引用值为 50 ℃。

例 1-1 用标称范围为 $0 \sim 150$ V 的电压表测量时，当示值为 100.0 V 时，电压实际值为 99.4 V。这时电压表的引用误差为

$$引用误差 = (100 \text{ V} - 99.4 \text{ V}) \div 150 \text{ V} = 0.4\%$$

显然，在此例中，用测量器具的示值代替测量结果，用实际值代替真值，引用值则采用量程。

思考与练习

1. 什么是测试技术？
2. 测试系统由哪些环节和装置组成？各有何作用？
3. 简述测试系统的工作过程。
4. 举例说明测试技术的应用。

第二章 信号及其基本概念

第一节 概 述

人类社会实际上是一个信息交流的社会,任何个人都不会单独存在于这个社会上,每个人都会和周围环境发生信息交换。例如我们想要获取某些事物,首先必须对该事物进行了解,是否该事物就是我们想要的,如何了解该事物? 实际上我们是对该事物的特性或信息进行了解,然后对该信息进行分析与处理,才能对该事物得到理性的判断,进而确定该事物对我们是否有用或者对该事物进行改造以满足人类的需求。由此可知,信息的获取是认识和改造事物的基础。

这里所提的特性或信息和信号是两个不同的概念,信息是信号所载的内容,信号是信息的载体。换句话说,为了获取信息,必须对信息的载体进行研究,也就是对事物所发出的信号进行分析和研究,进而获取有用的信息。由此看来,必须对信号的基本知识进行探讨,才能获取有用的信息。在这里,无特别说明的情况下,仅针对机械工程中出现的基本信号进行说明,如速度、加速度、温度以及位移等。

第二节 信号的概念及其分类

从物理意义上来说,信号是随时间变化的物理量;从数学意义上来说,信号是某个参数或者某几个参数的函数。如太阳自转一周,太阳中心与地球中心的距离为一信号——距离是时间的函数;十年内,一个人的身高变化为一信号——身高是时间的函数;路口警车中警察用手中的测速仪(电子狗)测量的行车道中车辆速度的大小为一信号——速度是时间的函数。有的信号可以用数学表达式进行表示,而有些信号则很难用确定的数学表达式进行表示,所以,需要对信号进行分类。事实上,信号可以用图 2-1 表述。由图 2-1 看出,信号可分为确定性信号、非确定性信号;其中确定性信号又可分为周期信号与非周期信号,周期信号可分为谐波信号与一般周期信号,非周期信号可分为准周期信号与一般非周期信号;非确定性信号可分为平稳随机信号与非平稳随机信号,各态历经随机信号与非各态历经随机信号组成了平稳随机信号。

其中,最简单的信号为周期信号。具体来说,周期信号可以用式(2-1)表示:

$$x(t) = x(t + nT) \tag{2-1}$$

其中,T 为周期,n 为周期的个数。可以看出,对于周期信号来说,nT 同样为周期,所以无特别指出的情况下,T 表示周期信号的最小周期。在周期信号中,最为重要的一类信号为谐波信号:即按照正弦与余弦规律变化的信号,一般情况下可以用式(2-2)表示:

$$x(t) = X\cos(\omega t + \phi) = X\sin(\omega t + \varphi) \tag{2-2}$$

式中：X 为谐波信号的振幅；ω 为谐波信号的圆频率；ϕ 或者 φ 为谐波信号的初始相位角。谐波信号的圆频率和周期之间的关系可以用式(2-3)表示：

$$T = \frac{2\pi}{\omega} \tag{2-3}$$

另外一个与周期密切相关的参数为频率 f，周期和频率之间的关系可表示如下：

$$T = \frac{1}{f} \tag{2-4}$$

周期、圆频率、频率三者的具体含义为，周期 T 为信号重复出现的最小时间间隔，频率 f 为每秒钟一个周期信号重复出现的次数，圆频率 ω 为每秒信号所走过的弧度。

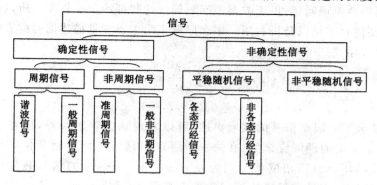

图 2-1　信号的分类

第三节　信号的描述方法

人们观察到的信号需经进一步处理得出有用的信息。处理信号最有力的工具为数学，因而，需要对信号进行数学描述。概括起来，信号的描述方法可分为两类：时域描述与频域描述。

一、信号的时域描述

直接观察并记录的信号一般是以时间为独立变量，如图 2-2 所示，那么该类以时间为独立变量进行描述的信号称之为信号的时域描述。信号的时域描述能够反映信号幅值随时间变化的规律。

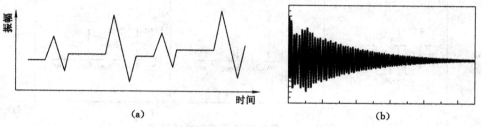

图 2-2　信号的时域描述

（a）心电图；（b）刀具在稳态切削过程中的位移

图 2-2 中所示为心电图曲线与铣床在稳态铣削加工过程中刀具沿着 x 轴方向的振动位移曲线,纵坐标为幅值,横坐标为时间,是由测量仪器直接读取并显示,以时间为自变量。由信号时域描述的定义以及图 2-2 所举实例可以发现信号时域描述具有一些特点:

(1) 表示幅值随着时间变化,即:幅值是时间的函数;

(2) 时间为独立变量(独立存在的自变量);

(3) 仅用一个图形就可以描述相关信息;

(4) 不能直接描述信号的频率组成。

二、信号的频域描述

在实际的生活生产过程中,信号的时域描述已经不能够满足现实问题的需要,如部队过桥齐步走,桥可能会倒塌问题;机床的颤振问题等。这些都涉及了频率。所以有必要获得信号中蕴含的频率信息并加以分析利用。那么以频率为主要变量描述信号的方法称之为信号的频域描述,可以用式(2-5)表示:

$$X(w) = \frac{4A}{\pi} \sum_{n=1}^{+\infty} \left(\frac{1}{n} \sin(\omega t + \psi) \right)$$

$$\omega = n\omega_0 (n = 1, 3, 5, 7, \cdots), \quad \psi = 0 \tag{2-5}$$

式(2-5)显示了一周期信号的频域描述,可以发现除去频率 ω 外,还有一个变量 t,实际上对于这两个变量的理解应该为:在每一个固定的时刻 t 处,该信号由一系列频率分别为 $\omega = n\omega_0 (n = 1, 3, 5, 7\cdots)$,相位角分别为 $\psi_1 = \psi_3 = \psi_5 = \cdots = \psi$ 的信号叠加而成。所以可以看出,一般情况下,信号的频域描述包含两个变量:一个为时间 t,另一个为圆频率 ω(或者频率、周期)。所以,在信号的频域描述过程中,规定时间 t 为参变量,圆频率 ω 为主要变量。

在式(2-5)中,在任意时刻 t 处,若以圆频率 ω 为横坐标,分别以幅值与相位角为纵坐标作图,得到的两个曲线分别称为信号的幅频特性与相频特性(或者称为幅频谱与相频谱),如图 2-3 所示。

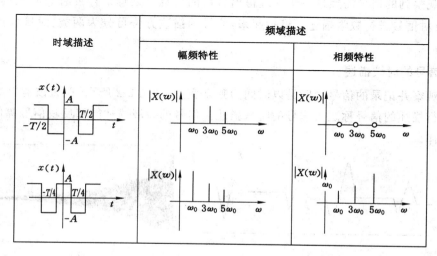

图 2-3 方波的时域描述与频域描述

由信号频域描述的定义及图 2-3 可以看出信号频域描述有以下特点：

（1）频域描述幅值随频率变化与相位角随频率变化，即：幅值是频率的函数，相位角是频率的函数。

（2）频率为独立变量，时间为参变量。

（3）频域描述的图形必须由幅频特性与相频特性共同构成，缺一不可。

（4）频域描述不能直接反映幅值与时间之间的关系。

三、信号的时域描述与频域描述的联系与区别

信号的两类描述方法各有优缺点。正如图 2-4 所示，记录信号后，可以通过傅立叶变换或者拉普拉斯变换得到信号的频域描述，信号的频域描述可以通过傅立叶逆变换或者拉普拉斯逆变换得到信号的时域描述。由此可以看出，信号的时域描述与频域描述是同一事物的两种表现形式，正如"同一个鸡蛋在不同的角度看到的形状不一样，但是无论站在什么角度，所看到的还是那个鸡蛋"。

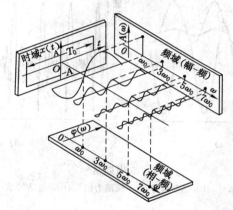

图 2-4　周期方波的时域与频域描述过程

1. 信号时域描述与频域描述的区别

（1）信号的时域描述是反映幅值与时间之间的关系；而信号的频域描述是反映幅值与频率以及相位角与频率之间的关系。

（2）信号的时域描述只有一个独立变量为时间；而信号的频域描述含有两个变量，一个是独立变量圆频率（或频率），另一个是参变量时间。

（3）信号的时域描述可以用一个图形曲线完全表示；而信号的频域描述必须含有幅频谱与相频谱才算完整。

（4）信号的时域描述不能直接反映信号的频率成分；而信号的时域描述反映幅值与时间之间的关系。

2. 信号时域描述与频域描述的联系

（1）信号的时域描述与频域描述是同一信号的不同描述方法。

（2）由于是同一信号的不同描述方法，所以信号的时域描述与频域描述所反映的信息量相同，需要注意的是，它们反映的信息重点不同。

第四节　周期信号及其频谱分析

满足等式 $x(t) = x(t+nT)$ 的信号称为周期信号,如正弦信号(余弦信号)、梯形波信号、常规铣刀铣削力以及故障诊断信号等,图 2-5 是这些信号时域描述的图形表示。

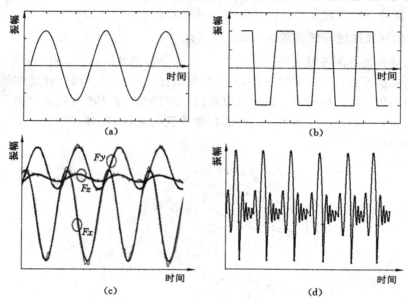

图 2-5 周期信号

(a) 正弦信号;(b) 梯形信号;(c) 铣削力信号;(d) 滑动轴承故障信号

一、信号的傅立叶级数三角展开频域描述

一般机械工程应用中遇到的周期信号基本上满足狄利赫里条件,即:① 在任何周期内,$x(t)$ 须绝对可积;② 在任一有限区间中,$x(t)$ 只能取有限个最大值或最小值;③ 在任何有限区间上,$x(t)$ 只能有有限个第一类间断点。所以周期信号基本上都可用傅立叶级数展开,具体的展开表达式如下:

$$x(t) = a_0 + \sum_{n=1}^{\infty} (a_n \cos n\omega_0 t + b_n \sin n\omega_0 t) = X(\omega)$$

其中:

$$a_0 = \frac{1}{T_0} \int_{-\frac{T_0}{2}}^{\frac{T_0}{2}} x(t)\mathrm{d}t$$

$$a_n = \frac{2}{T_0} \int_{-\frac{T_0}{2}}^{\frac{T_0}{2}} x(t)\cos n\omega_0 t \mathrm{d}t \tag{2-6}$$

$$b_n = \frac{2}{T_0} \int_{-\frac{T_0}{2}}^{\frac{T_0}{2}} x(t)\sin n\omega_0 t \mathrm{d}t$$

$$\omega = n\omega_0$$

式中 T_0 为周期，$x(t)$ 为周期信号的数学表示。利用三角函数(2-7)对等式(2-6)进行进一步的简化可以得到式(2-8)：

$$\begin{cases} \cos\alpha\cos\beta \pm \sin\alpha\sin\beta = \cos(\alpha \mp \chi) \\ \cos\alpha\sin\beta \pm \sin\alpha\cos\beta = \sin(\alpha \pm \chi) \end{cases} \quad (2\text{-}7)$$

$$X(\omega) = a_0 + \sum_{n=1}^{\infty} A_n\sin(n\omega_0 t + \phi_n) \text{ 或 } X(\omega) = a_0 + \sum_{n=1}^{\infty} A_n\cos(n\omega_0 t + \varphi_n) \quad (2\text{-}8)$$

其中：

$$A_n = \sqrt{a_n^2 + b_n^2}$$

$$\phi_n = \arctan\frac{a_n}{b_n}$$

$$\varphi_n = \arctan\left(-\frac{b_n}{a_n}\right)$$

式(2-8)中，对于任意一个独立变量 $n\omega_0$ 来说，总是对应着一个幅值(A_n)以及相应的相位角 $\left(\phi_n = \arctan\dfrac{a_n}{b_n}\text{或者}\varphi_n = \arctan\left(-\dfrac{b_n}{a_n}\right)\right)$，于是可以得出结论：

(1) 定义时域内周期函数对应频域内的幅频谱(幅频特性)为 $\left[n\omega_0, A_n = \sqrt{a_n^2 + b_n^2}\right]$。

(2) 定义时域内周期函数对应频域内的相频谱(相频特性)为 $\left[n\omega_0, \phi_n = \arctan\dfrac{a_n}{b_n}\right]$ 或者 $\left[n\omega_0, \varphi_n = \arctan\left(-\dfrac{b_n}{a_n}\right)\right]$。

(3) 信号频域描述与信号幅频谱以及相频谱是两个概念，其中，信号的频域描述可以用等式(2-6)或等式(2-8)表示。而信号的幅频谱与相频谱是指在信号的频域描述中不可分割的两个组成部分。

例 2-1　求图 2-6 所示方波的频域描述以及频谱特性。

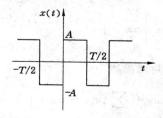

图 2-6　周期方波的时域图形

解：(1) 根据图 2-6，该周期方波可表示为

$$x(t) = \begin{cases} A, & t \in (0, T/2) \\ -A, & t \in (-T/2, 0) \end{cases} \quad (2\text{-}9)$$

则该信号的频域描述可以由式(2-10)表示：

$$X(\omega) = a_0 + \sum_{n=1}^{\infty}(a_n\cos n\omega_0 t + b_n\sin n\omega_0 t)$$

其中：

$$a_0 = \frac{1}{T_0} \int_{-\frac{T_0}{2}}^{\frac{T_0}{2}} x(t)\,\mathrm{d}t$$

$$a_n = \frac{2}{T_0} \int_{-\frac{T_0}{2}}^{\frac{T_0}{2}} x(t)\cos n\omega_0 t\,\mathrm{d}t$$

$$b_n = \frac{2}{T_0} \int_{-\frac{T_0}{2}}^{\frac{T_0}{2}} x(t)\sin n\omega_0 t\,\mathrm{d}t$$

$$\omega = n\omega_0 \tag{2-10}$$

（2）求 a_0，结合等式（2-6），利用式（2-11）求解 a_0。

$$a_0 = \frac{1}{T_0} \int_{-\frac{T_0}{2}}^{\frac{T_0}{2}} x(t)\,\mathrm{d}t = \frac{1}{T_0} \int_{-\frac{T_0}{2}}^{0} -A\,\mathrm{d}t + \frac{1}{T_0} \int_{0}^{\frac{T_0}{2}} A\,\mathrm{d}t = \frac{A}{T_0}\left(\int_{0}^{\frac{T_0}{2}} 1\,\mathrm{d}t - \int_{-\frac{T_0}{2}}^{0} 1\,\mathrm{d}t \right) = 0$$

$$\tag{2-11}$$

（3）求 a_n，结合等式（2-6），利用式（2-12）求解 a_n。

$$a_n = \frac{2}{T_0} \int_{-\frac{T_0}{2}}^{\frac{T_0}{2}} x(t)\cos n\omega_0 t\,\mathrm{d}t = \frac{2A}{T_0}\left(\int_{0}^{\frac{T_0}{2}} \cos n\omega_0 t\,\mathrm{d}t - \int_{-\frac{T_0}{2}}^{0} \cos n\omega_0 t\,\mathrm{d}t \right)$$

$$= \frac{2A}{T_0} \frac{\left(\sin \frac{n\omega_0 T_0}{2} - \sin \frac{n\omega_0 T_0}{2} \right)}{n\omega_0} = 0 \tag{2-12}$$

（4）求 b_n，结合等式（2-6），利用式（2-13）求解 b_n。

$$b_n = \frac{2}{T_0} \int_{-\frac{T_0}{2}}^{\frac{T_0}{2}} x(t)\sin n\omega_0 t\,\mathrm{d}t = \frac{2A}{T_0}\left(\int_{0}^{\frac{T_0}{2}} \sin n\omega_0 t\,\mathrm{d}t - \int_{-\frac{T_0}{2}}^{0} \sin n\omega_0 t\,\mathrm{d}t \right) \tag{2-13}$$

对式（2-13）进行进一步简化得：

$$b_n = \frac{2A}{T_0}\left(-\frac{1}{n\omega_0}\cos n\omega_0 t \Big|_{0}^{\frac{T_0}{2}} + \frac{1}{n\omega_0}\cos n\omega_0 t \Big|_{-\frac{T_0}{2}}^{0} \right) = \frac{4A}{T_0 n\omega_0}(1 - \cos n\pi) \tag{2-14}$$

所以有：

$$b_n = \begin{cases} \dfrac{4A}{n\pi} & n = 1,3,5,7,9\cdots \\ 0 & n = 2,4,6,8,10\cdots \end{cases} \tag{2-15}$$

（5）所以，周期方波（2-9）的频域描述为：

$$X(\omega) = a_0 + \sum_{n=1}^{\infty} (a_n \cos n\omega_0 t + b_n \sin n\omega_0 t)$$

$$= \sum_{n=1}^{\infty} \frac{4A}{n\pi}\sin n\omega_0 t \qquad n = 1,3,5,7,9\cdots \tag{2-16}$$

（6）该方波的幅频谱以及相频谱为：

幅频谱：

$$\left[n\omega_0 \quad |X(\omega)| = \frac{4A}{n\pi} \quad n = 1,3,5,7,9\cdots \right] \tag{2-17}$$

相频谱：

$$\left[n\omega_0 \quad 0 \quad n = 1,3,5,7,9\cdots \right] \tag{2-18}$$

即该周期信号的幅频特性如图 2-7 所示方式表示复频谱与相频谱：

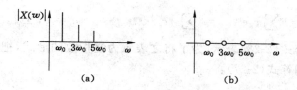

图 2-7　周期方波的幅频谱与相频谱

（a）幅频特性；（b）相频特性曲线

二、信号的复指数级数展开频域描述

除了利用傅立叶三角函数展开表达式来描述周期信号的频域描述外，复指数级数展开是另一种周期信号的频域描述方法。

根据式（2-19）所示的欧拉公式：

$$\mathrm{e}^{\pm\mathrm{j}\omega t} = \cos \omega t \pm \mathrm{j}\sin \omega t \qquad \mathrm{j} = \sqrt{-1} \tag{2-19}$$

于是，得出另一个重要的等式（2-20）：

$$\begin{cases} \cos \omega t = \dfrac{1}{2}(\mathrm{e}^{-\mathrm{j}\omega t} + \mathrm{e}^{\mathrm{j}\omega t}) \\ \sin \omega t = \dfrac{\mathrm{j}}{2}(\mathrm{e}^{-\mathrm{j}\omega t} - \mathrm{e}^{\mathrm{j}\omega t}) \end{cases} \tag{2-20}$$

将式（2-20）代入等式（2-6）得到式（2-21）：

$$X(\omega) = a_0 + \frac{1}{2}\sum_{n=1}^{\infty}\left[a_n(\mathrm{e}^{-\mathrm{j}n\omega_0 t} + \mathrm{e}^{\mathrm{j}n\omega_0 t}) + b_n\mathrm{j}(\mathrm{e}^{-\mathrm{j}n\omega_0 t} - \mathrm{e}^{\mathrm{j}n\omega_0 t})\right] \tag{2-21}$$

合并同类项，得到等式（2-22）：

$$X(\omega) = a_0 + \frac{1}{2}\sum_{n=1}^{\infty}\left[(a_n + \mathrm{j}b_n)\mathrm{e}^{-\mathrm{j}n\omega_0 t} + (a_n - \mathrm{j}b_n)\mathrm{e}^{\mathrm{j}n\omega_0 t}\right] \tag{2-22}$$

令：

$$\begin{cases} c_0 = a_0 \\ c_{-n} = \dfrac{a_n + \mathrm{j}b_n}{2} \\ c_n = \dfrac{a_n - \mathrm{j}b_n}{2} \end{cases} \tag{2-23}$$

于是可以简化等式（2-22）得到等式（2-24）：

$$X(\omega) = a_0 + \frac{1}{2}\sum_{n=1}^{\infty}\left[(a_n + \mathrm{j}b_n)\mathrm{e}^{-\mathrm{j}n\omega_0 t} + (a_n - \mathrm{j}b_n)\mathrm{e}^{\mathrm{j}n\omega_0 t}\right]$$

$$= c_0 + \sum_{n=1}^{\infty}(c_{-n}\mathrm{e}^{-\mathrm{j}n\omega_0 t} + c_n\mathrm{e}^{\mathrm{j}n\omega_0 t}) = \sum_{n=-\infty}^{\infty}c_n\mathrm{e}^{\mathrm{j}n\omega_0 t} \tag{2-24}$$

因为 c_n 为复数所以可表示为复数的形式：

$$\begin{cases} c_n = C_{nR} + \mathrm{j}C_{nI} = |c_n|\mathrm{e}^{\mathrm{j}\phi_n} \\ |c_n| = \sqrt{(C_{nR})^2 + (C_{nI})^2} \\ \phi_n = a\tan(C_{nI}/C_{nR}) \end{cases} \tag{2-25}$$

于是周期信号的频域描述可以式（2-26）表示：

$$X(\omega) = \sum_{n=-\infty}^{\infty} c_n e^{jn\omega_0 t} = \sum_{n=-\infty}^{\infty} |c_n| e^{jn\omega_0 t + j\phi_n} \qquad n = 0, \pm 1, \pm 2, \cdots \qquad (2\text{-}26)$$

由于 c_n 可利用等式(2-23)表示，为了将之表示为复指数的形式，把欧拉公式(2-19)代入该式并进行简化得到等式(2-27)：

$$\begin{cases} c_0 = a_0 = \dfrac{1}{T_0} \int_{-\frac{T_0}{2}}^{\frac{T_0}{2}} x(t) \mathrm{d}t = \dfrac{1}{T_0} \int_{-\frac{T_0}{2}}^{\frac{T_0}{2}} x(t) e^0 \mathrm{d}t \\[4mm] c_{-n} = \dfrac{a_n + b_n \mathrm{j}}{2} = \dfrac{1}{T_0} \int_{-\frac{T_0}{2}}^{\frac{T_0}{2}} x(t)(\cos n\omega_0 t + \mathrm{j}\sin n\omega_0 t)\mathrm{d}t = \dfrac{1}{T_0} \int_{-\frac{T_0}{2}}^{\frac{T_0}{2}} x(t) e^{jn\omega_0 t} \mathrm{d}t \\[4mm] c_n = \dfrac{a_n - b_n \mathrm{j}}{2} = \dfrac{1}{T_0} \int_{-\frac{T_0}{2}}^{\frac{T_0}{2}} x(t)(\cos n\omega_0 t - \mathrm{j}\sin n\omega_0 t)\mathrm{d}t = \dfrac{1}{T_0} \int_{-\frac{T_0}{2}}^{\frac{T_0}{2}} x(t) e^{-jn\omega_0 t} \mathrm{d}t \end{cases}$$

$$(2\text{-}27)$$

综合一下得到式(2-28)：

$$c_n = \dfrac{1}{T_0} \int_{-\frac{T_0}{2}}^{\frac{T_0}{2}} x(t) e^{-jn\omega_0 t} \mathrm{d}t \qquad (2\text{-}28)$$

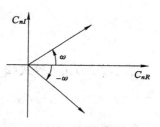

图 2-8　正负圆频率

定义利用等式(2-26)描述周期信号称为信号的复指数级数频域描述，同时幅频谱与相频谱利用等式(2-25)表示。

需要特别说明的是，在 c_n 的计算过程中出现了 $-n\omega_0$，也就是说出现负频率的情况，具体解释为：圆频率的概念就是从机械旋转运动来的，此时 $\omega = \mathrm{d}\theta/\mathrm{d}t$ 定义为角速度，对于周期运动，角速度也就是角频率。通常 θ 以逆时针为正，因此转动的正频率是逆时针旋转角速度（如图 2-8 所示），负频率就是顺时针旋转角速度，这就是它的物理意义。

三、两种展开频域描述方法比较

由前面的介绍可以发现一个最基本的问题，那就是傅立叶三角函数展开时，主要变量频率的变化范围为 $[0, +\infty]$，而复指数级数展开描述方法的频率的范围为 $[-\infty, +\infty]$，下面举两组实例进行说明。

例 2-2　请分别利用傅立叶三角级数展开与复指数展开计算余弦与正弦周期信号（图 2-9）的频域描述：

$$\begin{cases} x(t) = \cos \omega_0 t \\ x(t) = \sin \omega_0 t \end{cases} \qquad (2\text{-}29)$$

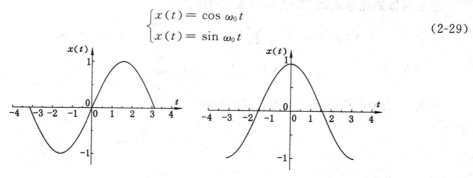

图 2-9　周期余弦与正弦信号（仅表示一个周期）

解:

I 傅立叶三角函数展开

(1) 余弦信号

将余弦信号与傅立叶三角级数进行比对:

$$\begin{cases} X(\omega) = a_0 + \sum_{n=1}^{\infty}(a_n\cos n\omega_0 t + b_n\sin n\omega_0 t) \\ x(t) = 0 + (1\times\cos 1\times\omega_0 t + 0\times\sin 1\times\omega_0 t) \end{cases} \tag{2-30}$$

可以发现,当 $n=1$ 时,$a_1=1$,$b_1=0$。当 n 为其他值时,$a_n=0$,$b_n=0$,同时 $a_0=0$。

由此可知,周期余弦信号只存在一个频率值,且幅值为 1,相位角为 0,可以得到周期余弦信号的频域描述以及幅频特性、相频特性。

① 频域描述为其本身时:

$$X(\omega) = \cos\omega_0 t \tag{2-31}$$

② 幅频特性与相频特性分别为:

$$A_1 = \sqrt{(a_1)^2 + (b_1)^2} = \sqrt{1} = 1, \omega = 1\omega_0 \tag{2-32}$$

$$\varphi_1 = \arctan\left(-\frac{b_1}{a_1}\right) = \arctan\left(-\frac{0}{1}\right) = 0 \tag{2-33}$$

可以作出周期余弦信号的幅频谱与相频谱(见图 2-10):

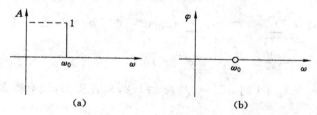

图 2-10 周期余弦信号的频谱分析
(a) 幅频谱;(b) 相频谱

(2) 正弦信号

将正弦信号与傅立叶三角级数进行比对:

$$\begin{cases} X(\omega) = a_0 + \sum_{n=1}^{\infty}(a_n\cos n\omega_0 t + b_n\sin n\omega_0 t) \\ x(t) = 0 + (0\times\cos 1\times\omega_0 t + 1\times\sin 1\times\omega_0 t) \end{cases} \tag{2-34}$$

可以发现,当 $n=1$ 时,$a_1=0$,$b_1=1$。当 n 为其他值时,$a_n=0$,$b_n=0$,同时 $a_0=0$。

由此可知,周期正弦信号只存在一个频率值,且幅值为 1,相位角为 0,可以得到周期正弦信号的频域描述以及幅频特性、相频特性。

① 频域描述为其本身:

$$X(\omega) = \sin\omega_0 t \tag{2-35}$$

② 幅频特性与相频特性为:

$$A_1 = \sqrt{(a_1)^2 + (b_1)^2} = \sqrt{1} = 1, \omega = 1\omega_0 \tag{2-36}$$

$$\phi_1 = \arctan\left(\frac{a_1}{b_1}\right) = \arctan\left(\frac{0}{1}\right) = 0 \tag{2-37}$$

可以作出周期正弦信号的幅频谱与相频谱(见图 2-11):

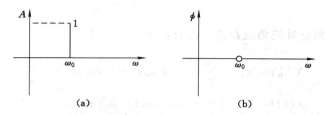

图 2-11 周期正弦信号的频谱分析

(a) 幅频谱;(b) 相频谱

Ⅱ 复指数级数展开

(1) 余弦信号

利用欧拉公式(2-19)可以得到式(2-38):

$$\cos \omega_0 t = \frac{1}{2}(e^{-j\omega_0 t} + e^{j\omega_0 t}) \tag{2-38}$$

将该式与复指数展开式(2-26)做比对:

$$\begin{cases} X(\omega) = \sum_{n=-\infty}^{\infty} c_n e^{jn\omega_0 t} = \sum_{n=-\infty}^{\infty} |c_n| e^{jn\omega_0 t + j\phi_n} \quad n = 0, \pm 1, \pm 2, \cdots \\ \cos \omega_0 t = \frac{1}{2}(e^{-j \times 1 \times \omega_0 t} + e^{j \times 1 \times \omega_0 t}) \end{cases} \tag{2-39}$$

可以发现,当 $n = -1$ 与 1 时,$c_{-1} = 1/2, c_1 = 1/2$,只有实部,没有虚部;当 n 为其他值时 $c_n = 0$。

由此可知,周期余弦信号复指数级数展开频域描述方式存在两个频率值,分别为 $-\omega_0$ 与 ω_0,且幅值为 $1/2$,相位角为 0,可以得到周期余弦信号的频域描述以及幅频特性、相频特性,具体如下:

① 频域描述为:

$$\cos \omega_0 t = \frac{1}{2}(e^{-j \times 1 \times \omega_0 t} + e^{j \times 1 \times \omega_0 t}) \tag{2-40}$$

② 幅频特性与相频特性为:

$$\begin{cases} |c_1| = \sqrt{(C_{nR})^2 + (C_{nI})^2} = \sqrt{(1/2)^2} = 1/2, \quad \omega = 1\omega_0 \\ |c_{-1}| = \sqrt{(C_{nR})^2 + (C_{nI})^2} = \sqrt{(1/2)^2} = 1/2, \quad \omega = -1\omega_0 \end{cases} \tag{2-41}$$

$$\begin{cases} \varphi_1 = \arctan\left(\frac{C_{nI}}{C_{nR}}\right) = \arctan\left(\frac{0}{0.5}\right) = 0 \\ \varphi_{-1} = \arctan\left(\frac{C_{nI}}{C_{nR}}\right) = \arctan\left(\frac{0}{0.5}\right) = 0 \end{cases} \tag{2-42}$$

可以作出周期余弦信号的幅频谱与相频谱(见图 2-12)。

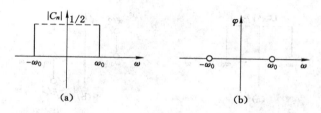

图 2-12　周期余弦信号复指数展开频域描述的频谱分析

(a) 幅频谱；(b) 相频谱

（2）正弦信号

利用欧拉公式（2-19）可以得到式（2-43）：

$$\sin \omega_0 t = \frac{1}{2}(e^{-j\omega_0 t} - e^{j\omega_0 t}) \tag{2-43}$$

将式（2-43）与复指数展开形式做比对：

$$\begin{cases} X(\omega) = \sum_{n=-\infty}^{\infty} c_n e^{jn\omega_0 t} = \sum_{n=-\infty}^{\infty} |c_n| e^{jn\omega_0 t + j\phi_n} & n = 0, \pm 1, \pm 2, \cdots \\ \sin \omega_0 t = \frac{j}{2}(e^{-j \times 1 \times \omega_0 t} - e^{j \times 1 \times \omega_0 t}) \end{cases} \tag{2-44}$$

可以发现，当 $n = -1$ 与 1 时，$c_{-1} = j/2$，$c_1 = -j/2$，只有虚部没有实部，当 n 为其他值时 $c_n = 0$。

由此可知，周期正弦信号复指数级数展开频域描述方式存在两个频率值，分别为 $-\omega_0$ 与 ω_0，且幅值为 1/2，相位角为 $\pi/2$ 与 $-\pi/2$，可以得到周期正弦信号的频域描述以及幅频特性、相频特性，具体如下：

（1）频域描述为：

$$\sin \omega_0 t = \frac{j}{2}(e^{-j\omega_0 t} - e^{j\omega_0 t}) \tag{2-45}$$

（2）幅频特性与相频特性为：

$$\begin{cases} |c_1| = \sqrt{(C_{nR})^2 + (C_{nI})^2} = \sqrt{(-1/2)^2} = 1/2, \omega = 1\omega_0 \\ |c_{-1}| = \sqrt{(C_{nR})^2 + (C_{nI})^2} = \sqrt{(1/2)^2} = 1/2, \omega = -1\omega_0 \end{cases} \tag{2-46}$$

$$\begin{cases} \phi_1 = \arctan\left(\frac{C_{nI}}{C_{nR}}\right) = \arctan\left(\frac{-0.5}{0}\right) = -\frac{\pi}{2} \\ \phi_{-1} = \arctan\left(\frac{C_{nI}}{C_{nR}}\right) = \arctan\left(\frac{0.5}{0}\right) = \frac{\pi}{2} \end{cases} \tag{2-47}$$

可以作出周期正弦信号的幅频谱与相频谱（见图 2-13）。

实际上在复指数展开形式的频域描述中由于有实部与虚部的区别，所以还存在另一组频谱表示方法，即：实部与频率之间的关系——实频图，虚部与频率之间的关系——虚频图。余弦与正弦信号的实频图与虚频图可以用图 2-14 表示。

例 2-3　如图 2-15 所示，方波的时域描述为：

$$x(t) = \begin{cases} A, & |t| \leqslant T_0/2 \\ -A, & T_0/4 \leqslant |t| \leqslant T_0/2 \end{cases} \tag{2-48}$$

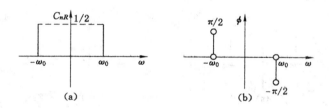

图 2-13　周期正弦信号复指数展开频域描述的频谱分析

(a) 幅频谱；(b) 相频谱

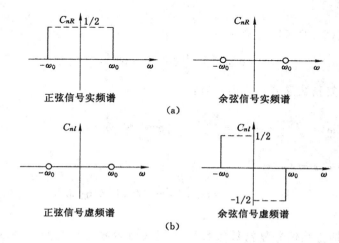

图 2-14　正弦余弦信号的实频图与虚频图

(a) 实频谱；(b) 虚频谱

试求该周期方波的三角函数展开频域描述与复指数展开频域描述？

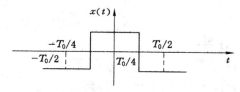

图 2-15　周期方波信号

解：

Ⅰ　傅立叶三角函数展开

将等式(2-48)代入傅立叶三角函数展开频域描述表达式(2-6)中，得：

$$x(t) = \sum_{n=1}^{\infty} (-1)^{\frac{n-1}{2}} \frac{4A}{n\pi} \cos n\omega_0 t \quad n = 1, 3, 5, \cdots \tag{2-49}$$

这里的具体计算过程不再详细赘述。但是为了简化计算，可用到以下原则：

(1) 奇函数与奇函数的乘积为奇函数，奇函数与偶函数的乘积为偶函数，偶函数与偶函数的乘积为偶函数；

（2）奇函数的对称积分为零，偶函数的对称积分为单边积分的两倍。

对式（2-49）进行进一步简化得到式（2-50）：

$$\begin{cases} X(\omega) = A_n \cos(n\omega_0 t + \phi_n) = \sum_{n=1}^{\infty} \frac{4A}{n\pi}\cos\left(n\omega_0 t + \frac{(n-1)\pi}{2}\right) \\ \text{或} \qquad\qquad\qquad\qquad\qquad\qquad\qquad n = 1,3,5,7,\cdots \\ X(\omega) = A_n \sin(n\omega_0 t + \phi_n) = \sum_{n=1}^{\infty} \frac{4A}{n\pi}\sin\left(n\omega_0 t + \frac{n\pi}{2}\right) \end{cases} \qquad (2\text{-}50)$$

得到两种三角函数展开频域描述方式，这与式（2-8）对应。

由此得到相应的幅频谱与相频谱，分别用式（2-51a）与式（2-51b）表示：

$$A_n = \sqrt{(a_n)^2 + (b_n)^2} = \frac{4A}{n\pi}, \quad n = 1,3,5,7,\cdots \qquad (2\text{-}51\text{a})$$

$$\varphi_n = \arctan\left(-\frac{b_n}{a_n}\right) = \frac{(n-1)\pi}{2} \text{ 或 } \phi_n = \arctan\frac{a_n}{b_n} = \frac{n\pi}{2} \qquad (2\text{-}51\text{b})$$

最终得到该周期方波的频域描述为等式（2-50），幅频特性为等式（2-51a），相频特性为等式（2-51b），进而可得到幅频谱图与相频谱图（图2-16）。

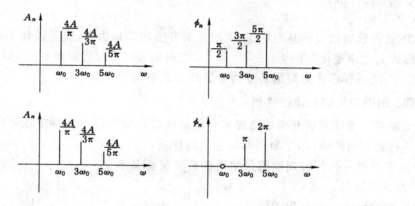

图 2-16　幅频谱与相频谱

Ⅱ　复指数级数展开

将等式（2-48）代入傅立叶三角函数展开频域描述表达式（2-27）中，得：

$$c_n = \frac{1}{T_0}\int_{-\frac{T_0}{2}}^{\frac{T_0}{2}} x(t)\mathrm{e}^{-\mathrm{j}n\omega_0 t}\mathrm{d}t = \frac{2A}{n\pi}\sin\frac{n\pi}{2}, \quad n = 1,3,5,7,9,\cdots \qquad (2\text{-}52)$$

对该式进行进一步简化得到式（2-53）：

$$c_n = \frac{2A}{|n|\pi}\mathrm{e}^{(n-1)\pi\mathrm{j}}, \quad n = 1,3,5,7,9,\cdots \qquad (2\text{-}53)$$

于是得到该方波的复指数级数展开频域描述式（2-54）：

$$X(\omega) = |c_n|\mathrm{e}^{\mathrm{j}n\omega_0 t + \mathrm{j}\varphi_n} = \frac{2A}{|n|\pi}\mathrm{e}^{\mathrm{j}n\omega_0 t + \mathrm{j}(n-1)\pi}, n = 1,3,5,7,9,\cdots \qquad (2\text{-}54)$$

幅频特性与相频特性分别为：

$$|c_n| = \frac{2A}{|n|\pi}, \varphi_n = (n-1)\pi, \quad n = 1,3,5,7,9,\cdots \tag{2-55}$$

根据等式(2-55)可以绘制幅频谱与相频谱,如图 2-17 所示。

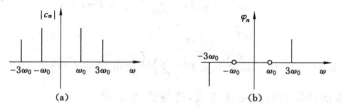

(a)   (b)

图 2-17 等式(2-55)中的幅频特性与相频特性

(a) 幅频谱;(b) 相频谱

上述两个实例所能看出的两类频域描述方法是有异同的,总结如下:

(1) 相同处

不论使用哪种方式展开,周期信号的频谱自变量是由一个、多个或无穷多个不同频率成分的谐波叠加而成。

(2) 不同处

① 复指数频谱描述是双边谱,而三角展开描述是单边谱,或者说频率范围不同,复指数展开形式的频率变化范围为$(-\infty, \infty)$,三角函数展开形式的频率变化范围为$(0, \infty)$;

② 三角展开形式的幅值是复指数展开形式幅值的两倍。

四、周期信号的频谱的性质

无论是三角函数展开频域描述方法还是复指数展开频域描述方法,周期信号的频谱总存在一些共有的性质,称之为周期信号频谱性质。

① 离散性——所有周期信号频谱的自变量都是不连续的,是离散的。

② 谐波性——所有周期信号的频谱的自变量都是基频的整倍数。

③ 收敛性——所有周期信号的幅频特性都是收敛的。

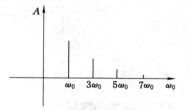

图 2-18 周期信号的幅频谱

注意:工程中常见的周期信号,其谐波幅值的总趋势是随谐波次数的增多而减少的,如图 2-18 所示。因此,在频谱分析中没必要考虑较高阶次谐波成分。

五、周期信号的强度描述

1. 峰值 x_p 与峰峰值 x_{p-p}

峰值:峰值 x_p 是信号可能出现的最大瞬时值的绝对值,如图 2-19 所示,表示如下:

$$x_p = |x(t)|_{\max} \tag{2-56}$$

峰峰值:峰值 x_{p-p} 是一个周期中最大瞬时值和最小瞬时值之差的绝对值,如图 2-20 所示,表示如下:

$$x_{p-p} = |x(t)_{\max} - x(t)_{\min}| \tag{2-57}$$

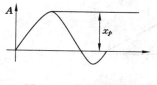

图 2-19　信号的峰值

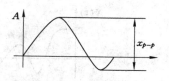

图 2-20　信号的峰峰值

2. 均值 u_x 与绝对均值 $u_{|x|}$

均值:在一个周期内对信号进行积分并除以周期得到的数值称为均值,如图 2-21 所示,利用等式(2-58)表示:

$$u_x = \frac{1}{T} \int_0^T x(t) \, dt \tag{2-58}$$

绝对均值:在一个周期内对信号的绝对值进行积分并除以周期的数值称为绝对均值,如图 2-22 所示,利用等式(2-59)表示:

$$u_{|x|} = \frac{1}{T} \int_0^T |x(t)| \, dt \tag{2-59}$$

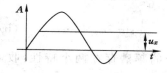

图 2-21　周期信号的均值

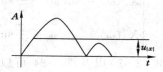

图 2-22　周期信号的绝对均值

3. 有效值 x_{rms}

有效值也称为方均根值,在电学上的物理意义为相同的电阻上分别通以直流电流和交流电流。经过一个交流周期的时间,如果它们在电阻上所消耗的电能相等的话,则把该直流电流(电压)的大小作为交流电流(电压)的有效值,利用等式(2-60)表示:

$$x_{rms} = \sqrt{\frac{1}{T} \int_0^T x^2(t) \, dt} \tag{2-60}$$

4. 平均功率 P_{av}

功率在一个周期内的平均值叫作平均功率,利用等式(2-61)表示:

$$P_{av} = \frac{1}{T} \int_0^T x^2(t) \, dt \tag{2-61}$$

第五节　非周期信号与连续频谱

图 2-23 显示了四种典型的非周期信号,分别为矩形脉冲信号、线性衰减信号、单位脉冲信号以及三角形脉冲信号。实际上,非周期信号具体分为准周期信号与瞬变非周期信号。它们的频谱各具特点。

一、准周期信号

"准"字的含义为"伪",即"像真的而不是真的"、"真假孙悟空"。那么如何区分"真周期信号"与"准周期信号"呢?——从信号的频谱可以区分。

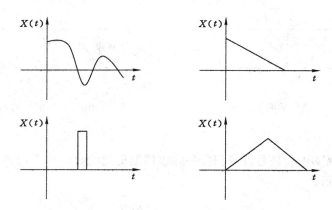

图 2-23 非周期信号

等式(2-62)表示了周期信号与准周期信号的两个实例,图 2-24 显示了等式(2-62)描述两种信号的幅频特性曲线。

$$\begin{cases} X_1(\omega) = \sin \omega_0 + \dfrac{2}{3}\sin 3\omega_0 + \dfrac{1}{3}\sin 5\omega_0 + \dfrac{1}{6}\sin 7\omega_0 + \cdots & \text{(a)} \\ \\ X_2(\omega) = \sin \omega_0 + \dfrac{2}{3}\sin \sqrt{2}\omega_0 + \dfrac{1}{3}\sin 5\omega_0 + \dfrac{1}{6}\sin 7\omega_0 + \cdots & \text{(b)} \end{cases} \quad (2\text{-}62)$$

由等式(2-62)以及图 2-24 可以看出,准周期信号的频谱存在两个特性:收敛性;离散性。

然而对于周期信号的第三条特性"谐波性",准周期信号的频谱是不满足的,或者说准周期信号的频率成分不是基频的整倍数。

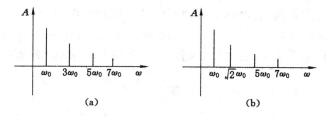

图 2-24 周期信号与准周期信号的幅频特性
(a) 周期信号频谱;(b) 准周期信号频谱

二、瞬变非周期信号与连续频谱

除了准周期信号外的非周期信号称为瞬变非周期信号。为了讨论瞬变非周期信号的频谱特性,需要采用合适的数学工具对其进行变换。

如果将 T_0 扩展到无穷大,那么该周期信号就变为非周期信号了。由于周期信号的圆频率与周期之间的关系 $\omega_0 = 2\pi/T_0$,当 $T_0 \text{-} > \infty$ 时,$\omega_0 \text{-} > 0$,这意味着基频趋向于零,按照周期信号频谱的理解,其他频率是基频的整倍数;当 $T_0 \text{-} > \infty$ 时,频率不是离散而是连续的,所以说:非周期信号的频谱是连续的,可以理解为由无限多个无限接近的频率成分组成。那么具体的瞬变非周期信号的频域描述的求解流程为:

(1)一个周期信号 $x(t)$,在 $(-T_0/2, \ T_0/2)$ 区间以复指数级数频域描述的方式展开为:

$$\begin{cases} X(\omega) = \sum_{n=-\infty}^{\infty} c_n e^{jn\omega_0 t} \\ c_n = \frac{1}{T_0} \int_{-\frac{T_0}{2}}^{\frac{T_0}{2}} x(t) e^{-jn\omega_0 t} dt \end{cases} \tag{2-63}$$

（2）将等式（2-63）第二个等式代入第一个等式得：

$$X(\omega) = \sum_{n=-\infty}^{\infty} \left[\frac{1}{T_0} \int_{-\frac{T_0}{2}}^{\frac{T_0}{2}} x(t) e^{-jn\omega_0 t} dt \right] e^{jn\omega_0 t} \tag{2-64}$$

（3）当 $T_0 \to \infty$，$n\omega_0 \to \omega$，$\omega_0 \to d\omega$，$\sum \to \int$，$T_0 = \frac{2\pi}{\omega_0} \to T_0 = \frac{2\pi}{d\omega}$。

（4）对式（2-64）可进一步简化得：

$$x(t) = \int_{-\infty}^{\infty} \left[\frac{1}{2\pi} \int_{-\infty}^{\infty} x(t) e^{-j\omega t} dt \right] e^{j\omega t} d\omega \tag{2-65}$$

（5）对式（2-65）进行重写得：

$$\begin{cases} x(t) = \int_{-\infty}^{\infty} X(\omega) e^{j\omega t} d\omega \\ X(\omega) = \frac{1}{2\pi} \int_{-\infty}^{\infty} x(t) e^{-j\omega t} dt \end{cases} 或 \begin{cases} x(t) = \frac{1}{2\pi} \int_{-\infty}^{\infty} X(\omega) e^{j\omega t} d\omega \\ X(\omega) = \int_{-\infty}^{\infty} x(t) e^{-j\omega t} dt \end{cases} \tag{2-66}$$

（6）如果把 $\omega = 2\pi f$ 代入式（2-66），可得：

$$\begin{cases} x(t) = \int_{-\infty}^{\infty} X(f) e^{j2\pi f t} df \\ X(f) = \int_{-\infty}^{\infty} x(t) e^{-j2\pi f t} dt \end{cases} \tag{2-67}$$

现称：$X(\omega)$ 或者 $X(f)$ 为 $x(t)$ 的傅立叶变换，$x(t)$ 为 $X(\omega)$ 或者 $X(f)$ 傅立叶逆变换。两者互相称为傅立叶变换对。

（7）将 $X(f)$ 写成复指数的形式，即：

$$X(f) = |X(f)| e^{j\varphi(f)} \tag{2-68}$$

称 $|X(f)|$ 为 $x(t)$ 的连续幅频谱，$\varphi(f)$ 为 $x(t)$ 的连续相频谱。

注：需要注意的是，尽管非周期信号的幅值谱 $|X(f)|$ 与周期信号的幅值谱 $|c_n|$ 形式上很类似，但是两者还是有明确的差别，其主要差别在于两者的量纲不同：周期信号的幅值谱 $|c_n|$ 的量纲与幅值的量纲一致，而非周期信号的幅值谱 $|X(f)|$ 的量纲指的是单位频宽上的幅值，更准确的说法是频率密度函数。

三、几种典型信号的频谱

1. 矩形窗函数的频谱

矩形窗函数的数学表达式为：

$$w(t) = \begin{cases} 1 & |t| < \frac{T}{2} \\ 0 & |t| \geqslant \frac{T}{2} \end{cases} \tag{2-69}$$

将式（2-69）代入等式（2-67）得：

$$X(f) = \int_{-\infty}^{\infty} x(t) e^{-j2\pi f t} dt = \int_{-\frac{T}{2}}^{\frac{T}{2}} e^{-j2\pi f t} dt = \frac{1}{-j2\pi f} \left[e^{-j\pi f T} - e^{j\pi f T} \right] \tag{2-70}$$

又因为：

$$\sin \omega t = \frac{j(e^{-j\omega t} - e^{j\omega t})}{2}$$

所以等式(2-70)可以化解为式(2-71)：

$$X(f) = \frac{1}{-j2\pi f}[e^{-j\pi fT} - e^{j\pi fT}] = \frac{T}{\pi fT}\sin \pi fT = T\sin c(\pi fT) \quad (2-71)$$

信号分析中定义 $\sin c(\theta)$ 为辛格函数。幅频特性与相频特性可用图形（图2-25）方式表示：

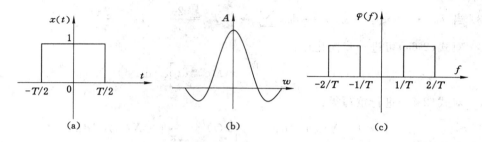

图 2-25　窗函数的频谱

(a) 窗函数；(b) 幅频特性；(c) 相频特性

* 当 $f \in \left(0, \frac{1}{T}\right)$ 时，$X(f) = T\sin c(\pi fT) \in (\sin 0, \sin \pi)$，所以 $X(f) > 0$，位于实轴正半轴，所以相位角为零；当 $f \in \left(\frac{1}{T}, \frac{2}{T}\right)$ 时，$X(f) = T\sin c(\pi fT) \in (\sin \pi, \sin 2\pi)$，所以 $X(f) < 0$，位于实轴负半轴，所以相位角为 π。

2. 单位脉冲函数

单位脉冲函数的数学表达式为：

$$\delta(t) = \begin{cases} \infty & t = 0 \\ 0 & t \neq 0 \end{cases} \quad (2-72)$$

将式(2-72)代入等式(2-67)得：

$$X(f) = \int_{-\infty}^{\infty} x(t)e^{-j2\pi ft}dt = \int_{-\frac{T}{2}}^{\frac{T}{2}} e^0 dt = 1 \quad (2-73)$$

幅频特性与相频特性如图2-26所示。

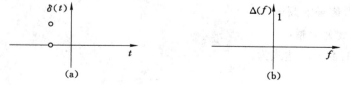

图 2-26　单位脉冲函数的频谱

(a) 单位脉冲函数；(b) 幅频特性

由于窗函数与脉冲响应函数非常重要，所以请参考相关书籍认真阅读。

第六节　随 机 信 号

一、随机信号的分类

随机信号也可以称为不确定信号或非确定信号,它不能用具体的数学公式来表达。任何时刻的观察值只能代表该时刻的值,但是作为随机信号,其观察值还是可以利用数学工具进行处理,那就是概率论,因为其值符合统计规律。对于随机信号来说有几个非常重要的统计学概念:

(1) 样本函数:对随机信号时间历程所作的各次长时间的观测记录称为样本函数,记为 $x_i(t)$。

(2) 样本记录:样本函数在有限时间上的部分称为样本记录。

(3) 随机过程:样本函数的全体集合称为随机过程,记为 $\{x_i(t)\}=\{x_1(t), x_2(t), \cdots, x_i(t), \cdots\}$

随机过程的各种统计平均值如均值、方差、均方差等是按集合平均值进行计算的,称为集合统计平均值。如在随机过程 $\{x_i(t)\}=\{x_1(t), x_2(t), \cdots, x_i(t), \cdots\}$ t_0 处的集合平均值可以用式(2-74)计算:

$$u_x(t_0) = \frac{x_1(t_0) + x_2(t_0) + \cdots + x_i(t_0) + \cdots}{n} \tag{2-74}$$

为了和集合平均区别,对样本函数进行平均叫作时间平均,利用式(2-75)进行计算:

$$u_x = \frac{1}{T} \int_0^T x(t) \mathrm{d}t \tag{2-75}$$

在清楚上述基本概念后,可以对随机过程进行分类:

(1) 平稳随机过程:如果所有集合平均值不随时间变化则称该随机过程为平稳随机过程,否则称为非平稳随机过程。

即:对任意时刻 t_0 与 t_1

$$u_x(t_0) = \frac{x_1(t_0) + x_2(t_0) + \cdots + x_i(t_0) + \cdots}{n}$$

$$u_x(t_1) = \frac{x_1(t_1) + x_2(t_1) + \cdots + x_i(t_1) + \cdots}{n}$$

若 $u_x(t_0) = u_x(t_1)$,为平稳随机过程;若 $u_x(t_0) \neq u_x(t_1)$,为非平稳随机过程。

(2) 各态历经随机过程:在平稳随机过程中,若所有集合平均值与时间平均一致,则称为平稳随机过程各态历经随机过程,也可以用式(2-76)表示:

$$u_x(t_0) = \frac{x_1(t_0) + x_2(t_0) + \cdots + x_i(t_0) + \cdots}{n} = u_x = \frac{1}{T} \int_0^T x(t) \mathrm{d}t \tag{2-76}$$

可以看出,对于各态历经随机过程只要一个样本函数就可以分析整个随机过程。

二、随机过程的主要特性参数

(一) 各态历经随机过程参数

(1) 均值

均值为:

$$u_x = \lim_{T \to \infty} \left(\frac{1}{T} \int_0^T x(t) \mathrm{d}t \right) \tag{2-77}$$

均值的样本估计为：

$$\hat{u}_x = \frac{1}{T} \int_0^T x(t)\,\mathrm{d}t \qquad (2\text{-}78)$$

（2）方差

描述信号的波动程度，表示如下：

$$\sigma_x^2 = \lim_{T\to\infty}\left(\frac{1}{T}\int_0^T (x(t)-u_x)^2\,\mathrm{d}t\right) \qquad (2\text{-}79)$$

方差估计为：

$$\hat{\sigma}_x^2 = \frac{1}{T}\int_0^T (x(t)-u_x)^2\,\mathrm{d}t \qquad (2\text{-}80)$$

（3）均方值

描述信号的强度，利用等式（2-81）计算：

$$\psi_x^2 = \lim_{T\to\infty}\left(\frac{1}{T}\int_0^T x(t)^2\,\mathrm{d}t\right) \qquad (2\text{-}81)$$

样本估计为：

$$\hat{\psi}_x^2 = \frac{1}{T}\int_0^T x(t)^2\,\mathrm{d}t \qquad (2\text{-}82)$$

（4）均方值根

均方根为：

$$x_{\mathrm{rms}} = \sqrt{\lim_{T\to\infty}\left(\frac{1}{T}\int_0^T x(t)^2\,\mathrm{d}t\right)} \qquad (2\text{-}83)$$

样本估计为：

$$\hat{x}_{\mathrm{rms}} = \sqrt{\frac{1}{T}\int_0^T x(t)^2\,\mathrm{d}t} \qquad (2\text{-}84)$$

（二）随机过程参数

1. 概率密度函数

随机信号的概率密度函数 $p(x)$ 用来描述随机信号幅值的分布情况，如图 2-27 所示，利用等式（2-85）计算：

$$p(x) = \lim_{\Delta x\to 0}\left(\frac{P(x < x(t) < x+\Delta x)}{\Delta x}\right) \qquad (2\text{-}85)$$

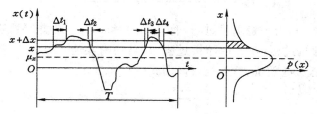

图 2-27　概率密度函数的含义

这里结合图 2-26，x、$x(t)$ 与 $x+\Delta x$ 表示幅值，$P(x < x(t) < x+\Delta x)$ 表示幅值落在 $x < x(t) < x+\Delta x$ 的概率，具体可以用式（2-86）计算：

$$P(x < x(t) < x+\Delta x) = \frac{T_x}{T} = \frac{\Delta t_1 + \Delta t_2 + \Delta t_3 + \Delta t_4 + \cdots}{T} \qquad (2\text{-}86)$$

2．自相关函数

相关指的是两个随机变量在统计意义下的线性关系（相关程度），虽然衣服价格的高低和衣服的质量没有必然的联系，但是经过大量的统计可以发现衣服的价格越高往往质量会越好，存在一定的线性关系。然而，衣服的价格和衣服的颜色却没有这种关系，所以可以说衣服的价格和衣服的质量存在相关性，而衣服的价格和衣服的颜色没有相关性。详见第六章第二节。

（1）相关系数

为了定量地说明两个随机变量之间的相关程度，在概率论与数理统计中常常用相关系数 ρ_{xy} 来描述，其等式可以表示为：

$$\rho_{xy} = \frac{E[(x-u_x)(y-u_y)]}{\sigma_x \sigma_y} \tag{2-87}$$

式中，E 表示数学期望；u_x 与 u_y 表示随机变量 x 和 y 的均值；σ_x 与 σ_y 表示随机变量 x 和 y 的标准差，$\sigma_x = \sqrt{E[(x-u_x)^2]}$，$\sigma_y = \sqrt{E[(y-u_y)^2]}$。若相关系数：$-1 \leqslant \rho_{xy} \leqslant 1$，$\rho_{xy} > 0$，表示随机系数 x 和 y 相关，若 $\rho_{xy} \leqslant 0$，则表示无关。

（2）自相关函数的定义

各态历经随机过程 $\{x(t)\}$，其中 $x(t)$ 为一样本函数，$x(t+\tau)$ 为 $x(t)$ 时移 τ 后的样本，这两个样本之间的相关性就可以用相关系数 $\rho_{x(t)x(t+\tau)}$ 来描述，简记为 ρ_τ：

$$\rho_\tau = \frac{E[(x(t)-u_x)(x(t+\tau)-u_x)]}{(\sigma_x)^2} = \frac{E[x(t)x(t+\tau)]-(u_x)^2}{(\sigma_x)^2} \tag{2-88}$$

由于 u_x 与 σ_x 为定值，所以 ρ_τ 仅仅与 $E[x(t)x(t+\tau)]$ 有关，故定义 $E[x(t)x(t+\tau)]$ 为信号 $x(t)$ 的自相关函数，记为 $R_x(\tau)$，即：

$$R_x(\tau) = E[x(t)x(t+\tau)] \tag{2-89}$$

按时间平均进行计算，即：

$$R_x(\tau) = E[x(t)x(t+\tau)] = \lim_{T \to \infty} \left(\frac{1}{2T} \int_{-T}^{T} x(t)x(t+\tau) dt \right) \tag{2-90}$$

（3）自相关函数的性质

• $R_x(0) = \psi_x^2 = \lim_{T \to \infty} \left(\frac{1}{T} \int_0^T x(t)^2 dt \right)$（信号的均方值）；

• 自相关函数为偶函数，即：$R_x(\tau) = R_x(-\tau)$；

• $R_x(\tau)$ 在 $\tau = 0$ 时取最大值，即 $R_x(0) \geqslant R_x(\tau)$；

• 周期信号的自相关函数为同一周期的函数，即 $R_x(\tau) = R_x(\tau+T)$；

• 若 $x(t)$ 为完全随机型号，不含任何周期成分，则 $\lim_{\tau \to \infty} R_x(\tau) = (u_x)^2$。

3．互相关函数

（1）互相关系数

设 $x(t)$ 与 $y(t)$ 为两个各态历经随机过程，$x(t)$ 与 $y(t+\tau)$ 为记录的两个样本，其相关性可以用相关系数来定义，即：

$$\rho_{xy}(\tau) = \frac{E[(x(t)-u_x)(y(t+\tau)-u_y)]}{\sigma_x \sigma_y} = \frac{E[x(t)y(t+\tau)]-u_x u_y}{\sigma_x \sigma_y} \tag{2-91}$$

由于 $\rho_{xy}(\tau)$ 的变化仅仅与 $E[x(t)y(t+\tau)]$ 有关，所以定义 $E[x(t)y(t+\tau)]$ 为互相关函数。

（2）互相关函数，可以利用等式（2-92）进行计算，详见第六章第二节。

$$R_{xy}(\tau) = E(x(t)y(t+\tau)) = \lim_{T \to \infty}\left(\frac{1}{2T}\int_{-T}^{T}x(t)y(t+\tau)\mathrm{d}t\right) \tag{2-92}$$

（3）互相关函数的性质：

• 一般来说，互相关函数既不是奇函数也不是偶函数，但是满足 $R_{xy}(\tau) = R_{yx}(-\tau)$；

• 若 $y(t) = x(t-\tau_0)$，也就是 $y(t)$ 是 $x(t)$ 延迟 τ_0 后的波形，则 $R_{xy}(\tau_0) \geqslant R_{xy}(\tau)$，这说明若 $x(t)$ 是 $y(t)$ 分别为输入信号与输出信号，则两信号的互相关函数取最大值的时间 τ_0 为主传输通道的滞后时间；

• 若 $x(t)$ 与 $y(t)$ 完全无关，则 $\lim\limits_{T \to \infty}R_{xy}(\tau) = u_x u_y$。

思考与练习

1. 求周期三角波（见图 2-28）的傅立叶三角级数展开频域描述方式，并画出幅频谱与相频谱。

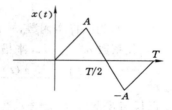

图 2-28　三角波

2. 求正弦函数 $x(t) = x_0\sin\omega t$ 的自相关函数并绘制图形。

3. 求余弦信号 $x(t) = x_0\cos(\omega t + \varphi)$ 的概率密度函数 $p(x)$。

4. 求被截断的正弦信号的傅立叶变换。

$$x(t) = \begin{cases} \cos(\omega_0 t) & |t| < T \\ 0 & |t| \geqslant T \end{cases}$$

5. 求单位跃阶函数（见图 2-29）的频谱分析。

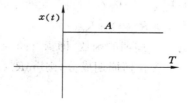

图 2-29　单位越级函数

6. 求周期方波（图 2-6）的复指数展开频域描述形式，并作出幅频谱与相频谱。

7. 求正弦信号 $x(t) = x_0\sin\omega t$ 的绝对均值与方根均值。

第三章 测试装置的基本特性

第一节 概 述

世界上各式各样的信息有的可以通过人的直观判断来获取,如物体的颜色,形状等,然而大部分信息是无法通过人的直观判断获取的,尤其在科学研究中,这种直观获取方式已经不再适用。所以,当前的社会中出现了各式各样的测试仪器或者测试装置,如电子秤、测力仪以及红外线测温仪等。实际上,同一测量装置生产厂家非常多,并且同一生产厂家生产的测量装置的型号也不尽相同。所以在使用测量装置的过程中遇到的一个棘手问题是"如何正确地选用测试装置"。需要注意的是,这里的测试装置不是指某一个具体的产品,而是泛指由信号的提取、信号的处理到信号的显示等一系列装置的总称。所以,一个温度计可以称为一个测试装置,一套测力仪系统也可以称为一个测试装置。因此,测试装置也可称为测试系统。

在选用测试装置时考虑的因素基本上有:经济性、精度、测量范围、被测物理量类型及其他。

由此可以看出,在经济能承受的范围之内,选择能够反映被测物理量变化范围并且在测量精度上能够满足测量精度要求同时能够不失真地显示出来才是一个合格的测试装置。

测试装置的基本特性一般分为:

•静态特性:在被测物理量不变或者变化缓慢的情况下,此时可以用一系列的静态特性参数来描述测试装置的性能。

•动态特性:在被测物理量变化迅速的情况下,要求测试装置也必须迅速地跟上测试信号的变化并及时反映出来。此时可以用一系列的动态特性参数来描述测试装置的性能。

这种划分方式是为了研究的方便,实际上,这二者在测试系统中是有机统一的,也就是某些动态特性往往和静态特性有关,静态特性中某些特性实际上是动态特性的简化。

下面需要理解几个基本概念:

(1)激励:被测物理量或者测试装置的输入信号;

(2)响应:测试装置的输出信号;

(3)信号通道:激励和响应之间信息传统的通道的总称,由此看来,测试装置也可以称为信号通道。

第二节　测试装置的静态特性

一、测试装置静态特性的数学描述

一般情况下,测试装置的静态特性可以用测试装置静态特性方程来描述,即:

$$y = a_0 + a_1 x + a_2 x^2 + \cdots + a_n x^n \tag{3-1}$$

其中 y 为测试装置的输出量(响应),x 为测试装置的输入量(激励),$a_0, a_1, a_2, \cdots, a_n$ 为常数。该方程为非线性方程,常数 $a_0, a_1, a_2, \cdots, a_n$ 等影响等式(3-1)的曲线形状,即特性方程的曲线形状。测试系统可以分为:线性系统与非线性系统、连续系统与离散系统、时变系统与时不变系统等。

1. 线性系统与非线性系统

理想情况下,设计人员希望 $a_1 \neq 0$ 而其他系数等于零,这样该曲线就变为过原点的直线,变为线性系统。当然 $a_0 \neq 0$ 也可以存在,这样线性系统的特性曲线不过原点,这种现象称为零点漂移。否则称为非线性系统。

2. 连续系统与离散系统

连续时间系统:输入、输出均为连续函数。描述系统特征的为微分方程。

离散时间系统:输入、输出均为离散函数。描述系统特征的为差分方程。

3. 时变系统与时不变系统

由系统参数是否随时间而变化决定:若测试系统参数随时间变化则称为时变系统,否则称为时不变系统。

那么理想情况下对测试装置的要求是:

• 要求测试装置具有单值性,即:具有确定的输入输出之间的关系且一一对应;

• 要求测试装置具有线性特性,即:输入输出呈线性关系($a_1 \neq 0$ 而其他系数等于零);

• 要求测试装置具有时不变性。

总之,线性时不变系统(线性定常系统)是工程上应用最成熟的系统。该类系统的主要性质为:

(1) 符合叠加性

用数学描述如下:

若　　　　　　　　　　　$x_1(t) \rightarrow y_1(t), x_2(t) \rightarrow y_2(t)$

则　　　　　　　　　　　$x_1(t) \pm x_2(t) \rightarrow y_1(t) \pm y_2(t)$ (3-2)

由叠加性可以发现,复杂信号的输出可以采用先将复杂信号分解为若干个简单信号,分别求输出,然后将所有简单信号的输出叠加即为复杂信号的输出。

(2) 频率保持性

线性系统输出信号的频率(响应频率)必然等于输入信号频率(激励频率)。

线性系统具有频率保持特性的含义是输入信号的频率成分通过线性系统后仍保持原有的频率成分。如果输入是很好的正弦函数,输出却包含其他频率成分,就可以断定其他频率成分绝不是输入引起的,它们或由外界干扰引起,或由装置内部噪声引起,或输入太大使装置进入非线性区,或该装置中有明显的非线性环节。

（3）比例性

常数倍输入所得的输出等于原输入所得输出的常数倍，即：

若
$$x_1(t) \to y_1(t)$$

则
$$kx_1(t) \to ky_1(t) \tag{3-3}$$

（4）微分性

输入信号的微分作为激励，则响应为原输入信号响应的微分，即：

若
$$x_1(t) \to y_1(t)$$

则
$$\frac{\mathrm{d}kx_1(t)}{\mathrm{d}t} \to \frac{\mathrm{d}ky_1(t)}{\mathrm{d}t} \tag{3-4}$$

（5）积分性

输入信号的积分作为激励，则响应为原输入信号响应的积分，即用等式（3-5）表示：

若
$$x_1(t) \to y_1(t)$$

则
$$\int_0^{t_0} x_1(t)\mathrm{d}t \to \int_0^{t_0} y_1(t)\mathrm{d}t \tag{3-5}$$

然而实际的测试装置不可能是完全的线性时不变系统，总是存在这样那样的误差，那么针对实际的测试装置，应该具备：

① 只能在较小工作范围内和在一定误差允许范围内满足线性要求。

② 很多物理系统是时变的。在工程上，常可以足够的精确度认为系统中的参数是时不变的常数，也就是说测量值随时间变化不至于影响到测试的精度。

二、测试装置的静态特性

测试装置的静态特性是在静态测量（被测物理量不变或者缓慢变化）的情况下，实际测量装置测量结果与理想结果之间的偏离或接近程度。

（一）线性误差与线性度

1. 线性误差

测试装置输入、输出之间的关系与理想线性关系的偏离程度称为线性度，如图 3-1 所示。

测量数值与理想直线偏离的最大值称为线性误差 $\Delta_{\max}$，可以用百分数进行表示，那么定义变为测量数值与理想直线偏离的最大值与测量范围的比值称为线性误差，用等式（3-6）表示。

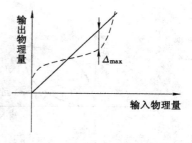

图 3-1　线性度与线性误差

$$\begin{cases} \zeta = \Delta_{\max} \\ \zeta = \dfrac{\Delta_{\max}}{y_{\max} - y_{\min}} \times 100\% \end{cases} \tag{3-6}$$

这里的理想直线有两种获取方式：一是对测量曲线进行拟合得到的直线，二是最大测量值与最小测量值之间的连线。

2. 线性度

$$\zeta = \frac{(y_{\max} - y_{\min}) - \Delta_{\max}}{y_{\max} - y_{\min}} \times 100\% \tag{3-7}$$

线性度定义为测量曲线趋向于直线的程度。

（二）灵敏度、分辨力与分辨率

1. 灵敏度

灵敏度用来描述测试装置对被测物理量变化的反应能力，当测试装置输入物理量有一个微小的变化（通常变化量为一个单位）Δx 时，引起输出相应的变化量为 Δy，则：

$$S = \frac{\Delta y}{\Delta x} \tag{3-8}$$

灵敏度的量纲为输出量的量纲与输入量的量纲之比。

2. 分辨力

引起测量装置的输出值产生可以观察到的变化的最小输入量变化范围称为测量装置的分辨力 Δx，即能引起响应量发生变化的激励最小变化量。

3. 分辨率

分辨力与测试装置量程 A 的比值称为分辨率 F，现已经改为相对分辨率，用等式（3-9）表示：

$$F = \frac{\Delta x}{A} \times 100\% \tag{3-9}$$

（三）回程误差

实际的测试系统，由于内部的弹性元件的弹性滞后、磁性元件的磁滞现象以及机械摩擦、材料受力变形、间隙等原因，相同的测试条件下，在输入量由小增大和由大变小的测试过程中，对应于同一输入量所得到的输出量往往存在差值，如图 3-2 所示。

（四）零点漂移与灵敏度漂移

零点漂移是测试装置的输出零点偏离原始零点的距离，而灵敏度漂移则是由于材料性质的变化所引起的输入输出关系（斜率也就是灵敏度）的变化，如图 3-3 所示。

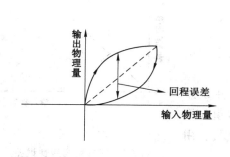

图 3-2　回程误差

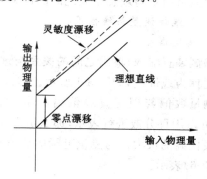

图 3-3　零点漂移与灵敏度漂移

第三节　测试装置的动态特性

在工程测试中，大量的被测信号都是随时间变化的动态信号。对于测试系统，要求能迅速而准确地测出信号的大小并真实地再现信号的波形变化，即要求测试系统在输入量改变时，其输出量也能立即随之不失真地改变。所以，定义当输入信号为一随时间瞬时变化的信号时，输出与输入之间的动态关系特性为测试系统的动态特性。

一、测试装置动态特性的数学描述

线性定常系统动态特性的数学描述可以由一常系数线性微分方程式表示，一般情况下可以利用式（3-10）表示：

$$b_0 + b_1 \frac{\mathrm{d}y(t)}{\mathrm{d}t} + \cdots + b_{n-1} \frac{\mathrm{d}y^{n-1}(t)}{\mathrm{d}t^{n-1}} + b_n \frac{\mathrm{d}y^n(t)}{\mathrm{d}t^n}$$
$$= a_0 + a_1 \frac{\mathrm{d}x(t)}{\mathrm{d}t} + a_2 \frac{\mathrm{d}x^2(t)}{\mathrm{d}t} + \cdots + a_m \frac{\mathrm{d}x^m(t)}{\mathrm{d}t} \tag{3-10}$$

式中，$a_0, a_1, a_2, \cdots, a_n, b_1, b_2, \cdots, b_n$ 为系统常数。这些系数都是由系统本身固有属性决定的。

测试系统被视为线性时不变系统，据其物理结构和相关定律可建立描述输入输出关系的线性微分方程，但使用时有许多不便。因此，除微分方程形式的数学模型之外，常通过拉普拉斯变换、傅立叶变换等建立其相应的"传递函数""频率响应函数"进行描述，从而由另一个角度简便地描述测试装置或系统的动态特性。

二、测试装置动态特性的数学处理

（一）传递函数

设 $X(S)$ 与 $Y(S)$ 分别为 $x(t)$ 与 $y(t)$ 的拉普拉斯变换，具体拉普拉斯变换可以用式（3-11）表示：

$$\begin{cases} Y(S) = \int_0^\infty y(t)\mathrm{d}t \\ X(S) = \int_0^\infty x(t)\mathrm{d}t \end{cases} \tag{3-11}$$

式（3-11）成立的前提条件为初始条件全为 0，$S = \alpha + \mathrm{j}\beta$，根据拉普拉斯变换的性质，有：

$$\begin{cases} S^m Y(S) = \int_0^\infty y^{(m)}(t)\mathrm{d}t \\ S^n X(S) = \int_0^\infty x^{(n)}(t)\mathrm{d}t \end{cases} \tag{3-12}$$

于是，等式（3-10）可以变换为式（3-13）：

$$H(S) = \frac{Y(S)}{X(S)} = \frac{a_0 + a_1 S + a_2 S^2 + \cdots + a_n S^m}{b_0 + b_1 S + \cdots + b_{n-1} S^{n-1} + b_n S^n} \tag{3-13}$$

称式（3-13）为测试系统的传递函数，需要注意式（3-13）是在初始条件全为零的基础上得出，今后未加说明的前提下，本书假设测试系统的初始条件为零。

测试系统传递函数具有以下几个特点：

- $H(S)$ 与输入 $x(t)$ 及系统的初始状态无关，它只表达了系统的传输特性。换句话说，$H(S)$ 不会因为输入的变化而改变。
- $H(S)$ 只反映系统传输特性而不拘泥于系统的物理结构。即只要动态特性相似，无论是电路系统、机械系统都可用同类型的传递函数描述其动态特性。
- 传递函数以测量装置本身的参数表示输入与输出之间的关系，所以它将包含着联系输入量与输出量所必需的单位。
- $H(S)$ 中的分母取决于系统结构，分子是系统与外界之间的联系。
- 一般测量装置总是稳定的系统，其分母的阶次总是高于分子的阶次，即 $n > m$。

（二）频率响应函数

1. 频率响应函数的数学表达

频率响应函数是在频率域中描述和考察系统特性的。

实际工程应用中，某些系统难以建立相应的微分方程和传递函数，传递函数本身的物理解释也不明确。与传递函数相比，频率响应函数的物理概念明确，容易通过实验来建立；进一步由频率响应函数和传递函数的关系，可方便地得到传递函数。因此频率响应函数成为实验研究测试系统的重要工具。

在传递函数中，令 $S = j\omega$ 可得式(3-14)：

$$H(j\omega) = H(\omega) = \frac{Y(j\omega)}{X(j\omega)} = \frac{a_0 + a_1(j\omega) + a_2(j\omega)^2 + \cdots + a_m(j\omega)^m}{b_0 + b_1(j\omega) + \cdots + b_{n-1}(j\omega)^{n-1} + b_n(j\omega)^n} \quad (3\text{-}14)$$

定义式(3-14)为频率响应函数，考虑到系统初始条件为零，所以系统的频率响应函数可以定义为输出的傅立叶变换与输入的傅立叶变换之比，即：

$$H(\omega) = \frac{Y(\omega)}{X(\omega)} \quad (3\text{-}15)$$

由于频率响应函数为复函数，所以频率响应函数可以写成复数的形式，即：

$$H(\omega) = P(\omega) + jQ(\omega) = A(\omega)e^{j\varphi(\omega)} \quad (3\text{-}16)$$

$P(\omega)$ 为频率响应函数的实部，$Q(\omega)$ 为频率响应函数的虚部，$A(\omega)$ 为频率响应函数的幅值以及 $\varphi(\omega)$ 为频率响应函数的相位角。

可以看出无论是实部、虚部还是幅值、相位角都是频率的函数，所以可以用图形更形象地描述频率响应函数，那么具体的频率响应函数的图形表示法有以下几类：

（1）幅频特性以及相频特性曲线。因 $A(\omega)$ 以及 $\varphi(\omega)$ 为频率的函数，所以可以以 ω 为横坐标，分别以 $A(\omega)$ 以及 $\varphi(\omega)$ 为纵坐标作图，所得到的图形分别为频率响应函数的幅频特性曲线以及相频特性曲线，如图 3-4 所示。

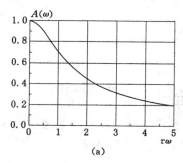 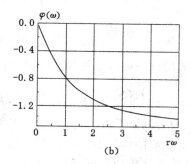

图 3-4　一阶系统频率响应函数的幅频特性曲线与相频特性曲线

(a) 幅频特性曲线；(b) 相频特性曲线

（2）由等式(3-16)可以看出，$P(\omega)$ 与 $Q(\omega)$ 同样为频率的函数，所以同样可以以 ω 为横坐标，$P(\omega)$ 与 $Q(\omega)$ 为纵坐标进行作图，只不过所得到的图形分别为频率响应函数的实频特性曲线以及虚频特性曲线，如图 3-5 所示。

（3）第三种作图方式和第一种作图方式类似，以 ω 取对数标尺为横坐标，分别以 $20\lg A(\omega)$ 的分贝值以及以 $\varphi(\omega)$ 为纵坐标作图，所得到的图形分别称为频率响应函数的对数幅频特性曲线以及对数相频特性曲线，总称为伯德图(Bode 图)，如图 3-6 所示。

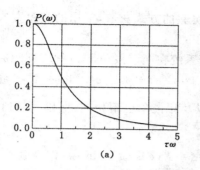
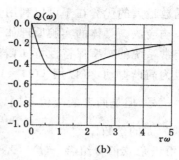

图 3-5　一阶系统频率响应函数的实频特性曲线与虚频特性曲线

(a) 实频特性曲线；(b) 虚频特性曲线

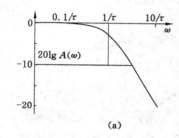
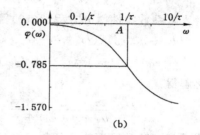

图 3-6　一阶系统频率响应函数的对数幅频特性曲线与对数相频特性曲线

(a) 对数幅频特性曲线；(b) 对数相频特性曲线

(4) 第四类作图方式为以 $P(\omega)$ 为横坐标与以 $Q(\omega)$ 为纵坐标作图，得到的图形称为极坐标图或奈克斯特图（Nyquist 图），如图 3-7 所示。

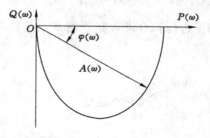

图 3-7　一阶系统频率响应函数的极坐标图

需要指出的是，这些图形或者频率响应函数都是描述系统的简谐振动以及输入输出达到稳定状态时的关系，换句话说必须在系统输出信号稳定时才能得到频率响应函数。

2. 频率响应函数的求法

(1) 理论求法

• 如能得到测试装置的微分方程，则通过拉普拉斯变换可以得到测试装置的传递函数 $H(S)$，将 $H(S)$ 中的 S 变换为 $S=j\omega$，即得到测试装置的频率响应函数。

• 也可在初始条件全为零的条件下，同时测得系统的输入 $x(t)$ 和输出 $y(t)$，然后对它们进行傅立叶变换并求商即可得到测试装置的频率响应函数。

(2) 实验求法

频率响应函数最大的优势在于可以利用实验的方式获取,常用的实验方式为正弦输入法或者称为频率响应法。具体的实验原理如下:

根据线性定常系统的频率保持性可知,若系统在简谐振动 $x(t)=X_0\sin(\omega t)$ 的激励下,所产生的响应也为简谐振动,可以用 $y(t)=Y_0\sin(\omega t+\varphi)$ 表示。此时,输入输出虽然是同频率的简谐振动信号,但是两者的幅值不同以及相位角也不相同,所以其幅值比 $A=\dfrac{Y_0}{X_0}$ 以及相位差 φ 分别为 ω 的函数。

实验时,选用正余弦信号组合 $x(t)=X\mathrm{e}^{\mathrm{j}\omega t}=X(\cos\omega t+\sin\omega t)$ 作为激励,则输出变为 $y(t)=Y\mathrm{e}^{\mathrm{j}(\omega t+\varphi)}$,在初始条件为零的条件下有等式(3-17)成立:

$$\begin{cases} x^{(m)}(t)=(j\omega)^m X\mathrm{e}^{\mathrm{j}\omega t}=(j\omega)^m x(t) \\ y^{(n)}(t)=(j\omega)^n Y\mathrm{e}^{\mathrm{j}(\omega t+\varphi)}=(j\omega)^n y(t) \end{cases} \tag{3-17}$$

将该式代入常系数线性微分方程(3-10)得:

$$b_0+b_1(j\omega)y(t)+\cdots+b_{n-1}(j\omega)^{n-1}y(t)+b_n(j\omega)^n y(t)$$
$$=a_0+a_1(j\omega)x(t)+a_2(j\omega)^2 x(t)+\cdots+a_m(j\omega)^m x(t) \tag{3-18}$$

进一步化解得:

$$\frac{y(t)}{x(t)}=\frac{a_0+a_1(j\omega)+a_2(j\omega)^2+\cdots+a_m(j\omega)^m}{b_0+b_1(j\omega)+\cdots+b_{n-1}(j\omega)^{n-1}+b_n(j\omega)^n} \tag{3-19}$$

可以发现式(3-19)和频率响应函数(3-14)完全相同,所以得出利用式(3-18)表示的函数可以在时域内计算测试系统的频率响应函数。

(3) 具体的实验过程

依次用不同的频率 ω 的信号 $x(t)=X\mathrm{e}^{\mathrm{j}\omega t}$ 去激励测试系统,同时测出输入信号与输出信号的幅值 X 与 Y 以及相位差 φ。测试完毕后,便有一系列的 ω_i 与 $A_i=\dfrac{Y}{X}$ 以及相位差 φ_i,如图 3-8 所示,随后对得到的数据进行拟合即可获取测试系统频率响应函数的幅频特性与相频特性。

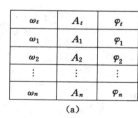
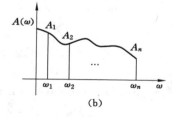
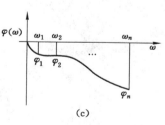

图 3-8　实验测试结果与幅频特性以及相频特性
(a) 测量数据;(b) 幅频特性;(c) 相频特性

例 3-1　某系统的传递函数为:$H(S)=1/(2S+1)$,输入信号为 $x(t)=\sin(t/2+45°)$,求信号的稳态响应。

解:

(1) 由系统传递函数可得 $H(j\omega)=1/(2j\omega+1)$,则系统的幅频特性和相频特性分别为:

$$\begin{cases} A(\omega) = \left| \dfrac{Y(\omega)}{X(\omega)} \right| = \dfrac{1}{\sqrt{1+(2\omega)^2}} \\ \varphi(\omega) = \varphi(Y) - \varphi(X) = -\operatorname{argtan}(2\omega) \end{cases} \quad (3-20)$$

（2）根据频率保持性有：输入信号的频率为 $1/2$，则输出频率同样为 $1/2$。

（3）又因 $|X(\omega)| = 1$ 以及 $\varphi(\omega) = 45°$，所以式（3-21）与式（3-22）成立：

$$|Y(\omega)| = |X(\omega)| A(\omega) = \frac{\sqrt{2}}{2} \quad (3-21)$$

$$\varphi(Y) = \varphi(X) + \varphi(\omega) = 45° - \operatorname{argtan} 1 = 0° \quad (3-22)$$

（4）可以得到输出信号为：

$$y(t) = \frac{\sqrt{2}}{2} \sin \frac{1}{2} t \quad (3-23)$$

（三）脉冲响应函数

对于测试装置来说，若装置的输入为单位脉冲 $\delta(t)$，根据拉普拉斯变换得到单位脉冲函数 $\delta(t)$ 的拉普拉斯变换为 1，也就是 $X(S) = L(\delta(t)) = 1$，测试装置响应的输出的拉普拉斯变换为：

$$Y(S) = H(S)X(S) = H(S)L(\delta(t)) = H(S) \quad (3-24)$$

可以发现，$y(t)$ 为系统动态特性的时域描述。所以又称脉冲响应函数为测试系统的时域描述。

到此为止，测试系统的时域、频域以及复数域描述分别可以用脉冲响应函数 $h(t)$、频率响应函数 $H(\omega)$ 以及传递函数 $H(S)$ 来描述。三者之间的关系可以用图 3-9 表示。

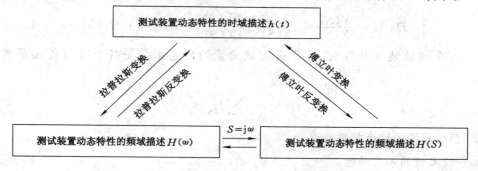

图 3-9　三种描述方法的变换关系

三、测试装置串并联情况下传递函数的计算

1. 测试装置的串联

有两个测试装置 $H_1(S)$ 与 $H_2(S)$ 串联，如图 3-10 所示，则串联后的传递函数可以利用式（3-25）表示：

$$H(S) = \frac{Y(S)}{X(S)} = \frac{Z(S)}{X(S)} \frac{Y(S)}{Z(S)} = H_1(S)H_2(S) \quad (3-25)$$

所以多个测试装置串联时，串联后测试装置的传递函数是各个环节传递函数的连乘积，即：

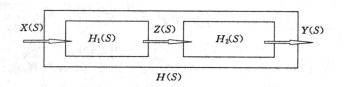

图 3-10   测试装置的串联

$$H(S) = \prod_{i=1}^{n} H_i(S) \tag{3-26}$$

2. 测试装置并联

有两个测试装置 $H_1(S)$ 与 $H_2(S)$ 并联,如图 3-11 所示,则串联后的传递函数可以利用式(3-27)表示:

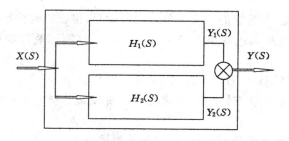

图 3-11   测试装置的并联

$$H(S) = \frac{Y(S)}{X(S)} = \frac{Y_1(S)}{X(S)} + \frac{Y_2(S)}{X(S)} = H_1(S) + H_2(S) \tag{3-27}$$

所以多个测试装置并联时,并联后测试装置的传递函数是各个环节传递函数的连加,即:

$$H(S) = \sum_{i=1}^{n} H_i(S) \tag{3-28}$$

四、典型系统的动态特性

1. 一阶系统的动态特性

图 3-12 为常见的液体温度计,设 $y(t)$ 为显示温度即输出信号,$x(t)$ 为空气温度即输入信号,C 表示温度计温包的热容量,R 表示从热源(空气)传给温包的液体之间导热介质的热阻,根据热力平衡方程可得温度计的特性方程:

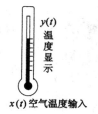

图 3-12   液体温度计

$$\frac{x(t) - y(t)}{R} = C \frac{dy(t)}{dt} \tag{3-29}$$

化简得：

$$CR \frac{dy(t)}{dt} + y(t) = x(t) \tag{3-30}$$

上式即为一阶线性方程，对他进行拉普拉斯变换得：

$$\tau S Y(S) + Y(S) = X(S) \quad \tau = CR \tag{3-31}$$

得到传递函数，即：

$$H(S) = \frac{Y(S)}{X(S)} = \frac{1}{\tau S + 1} \tag{3-32}$$

所以频率响应函数为：

$$H(\omega) = \frac{1}{\tau(j\omega) + 1} \tag{3-33}$$

幅频特性与相频特性分别为：

$$\begin{cases} A(\omega) = |H(\omega)| = \dfrac{1}{\sqrt{(\tau\omega)^2 + 1}} \\ \varphi(\omega) = -\arctan \tau\omega \end{cases} \tag{3-34}$$

一阶系统的幅频与相频特性曲线可以用图 3-13 表示。

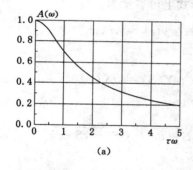
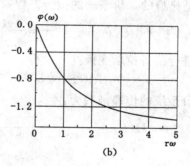

图 3-13　一阶系统的幅频与相频特性曲线

(a) 幅频特性曲线；(b) 相频特性曲线

一阶系统的动态特性需要注意以下几点：

(1) 当激励频率 ω 远小于 $1/\tau$ 时，幅值接近 1，即输入输出幅值基本相同。当 $\omega > (2\sim 3)\tau$ 时，即 $\tau\omega \gg 1$ 时，$H(\omega) \approx \dfrac{1}{\tau j\omega}$。

(2) 时间常数 τ 是反映一阶系统特性的重要参数，实际上决定了系统的动态特性。

2. 二阶系统

正如图 3-14 所示，弹簧质量阻尼系统以及 RLC 电路系统是典型的二阶系统，下面以 RLC 电路为例说明二阶系统。

设电阻为 R，电感为 L，电容为 C，电源为 $e(t)$，电路中电流为 i，根据电源电压等于各个环节电压之和，即：

$$e(t) = U_R + U_L + U_C \tag{3-35}$$

其中 U_R 为电阻电压，U_L 为电感电压以及 U_C 为电容电压，将该式对时间进行求导得到：

$$\begin{cases} U_R = Ri \\ U_L = L\,\dfrac{\mathrm{d}i}{\mathrm{d}t} \\ i = C\,\dfrac{\mathrm{d}U_C}{\mathrm{d}t} \end{cases} \tag{3-36}$$

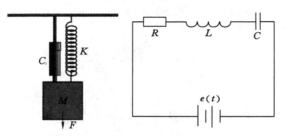

图 3-14　弹簧质量阻尼系统以及 RLC 电路

将式(3-36)代入式(3-35)，等式(3-35)可变换为：

$$e(t) = RC\,\frac{\mathrm{d}U_C}{\mathrm{d}t} + L\,\frac{\mathrm{d}^2 U_C}{\mathrm{d}t^2} + U_C \tag{3-37}$$

该式就是典型的二阶系统的微分方程，在形式上可表示为：

$$b_2\,\frac{\mathrm{d}^2 y(t)}{\mathrm{d}t^2} + b_1\,\frac{\mathrm{d}y(t)}{\mathrm{d}t} + b_0 y(t) = ax(t) \tag{3-38}$$

对该式进行拉普拉斯变换并化简得：

$$b_2 S^2 Y(S) + b_1 SY(S) + b_0 Y(S) = aX(S) \tag{3-39}$$

得到二阶系统的传递函数为：

$$H(S) = \frac{Y(S)}{X(S)} = \frac{a}{b_2 S^2 + b_1 S + b_0} = \frac{1}{mS^2 + cS + k} \tag{3-40}$$

$$\begin{cases} m = b_2/a \\ c = b_1/a \\ k = b_0/a \end{cases} \tag{3-41}$$

为了统一二阶系统的传递函数，引入系统固有频谱 ω_n 以及系统阻尼比 ζ，利用等式(3-42)进行计算：

$$\begin{cases} \omega_n = \sqrt{k/m} \\ \zeta = c/(2\sqrt{mk}\,) \end{cases} \tag{3-42}$$

令 $D=1/k$，于是二阶传递函数变化为：

$$H(S) = D\,\frac{(\omega_n)^2}{S^2 + 2\zeta\omega_n S + (\omega_n)^2} \tag{3-43}$$

当考虑系统的动态特性时，D 可以省略（D 相当于系统的静态灵敏度）。于是二阶测试系统传递函数的标准式为：

$$H(S) = \frac{(\omega_n)^2}{S^2 + 2\zeta\omega_n S + (\omega_n)^2} \tag{3-44}$$

将 $S = j\omega$ 代入得到二阶测试系统的频率响应函数为：

$$H(\omega) = \frac{(\omega_n)^2}{(j\omega)^2 + 2\zeta\omega_n(j\omega) + (\omega_n)^2} = \frac{1}{[1 - (\omega/\omega_n)^2] + 2\zeta j(\omega/\omega_n)} \tag{3-45}$$

进一步得到二阶测试系统的幅频与相频特性为：

$$\begin{cases} A(\omega) = \dfrac{1}{\sqrt{[1 - (\omega/\omega_n)^2]^2 + 4\zeta^2(\omega/\omega_n)^2}} \\ \varphi(\omega) = -\arctan\dfrac{2\zeta(\omega/\omega_n)}{1 - (\omega/\omega_n)^2} \end{cases} \tag{3-46}$$

二阶系统的幅频与相频特性曲线可以用图 3-15 描述。

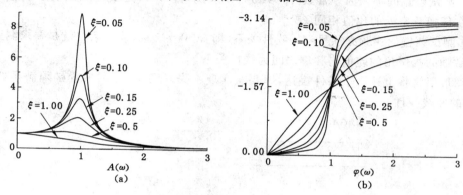

图 3-15　二阶系统的幅频与相频特性曲线
(a) 幅频；(b) 相频

二阶系统的动态特性需要注意以下几点：

（1）当 $\omega \ll \omega_n$ 时，$H(\omega) \to 1$，$A(\omega) \to 1$；当 $\omega \gg \omega_n$ 时，$H(\omega) \to 0$，$A(\omega) \to 0$。

（2）固有频率以及阻尼比是二阶系统的重要参数，系统的振幅在固有频率附近受阻尼比的影响极大，且频率接近固有频率时，系统发生共振。所以在实际使用装置时，应尽量避免这种频率关系。而在测定系统的固有频率时，应尽量使用这种关系。

（3）实际上二阶系统是一个振荡环节，所以从工作的角度来说，总是希望测量装置在宽广的频带内虽然频率特性不是理想的但引起的误差尽量得小，所以，要选择恰当的固有频率和阻尼比的组合，以求更小的误差。

第四节　测试装置不失真测试的条件

测试的目的就是要真实准确及时地反映被测信号，这就要求测试装置必须达到不失真测量才能应用于实际。

定义　如果有一个测试装置，激励与相应满足如式(3-47)所示的关系：

$$y(t) = A_0 x(t - t_0) \tag{3-47}$$

则称该测试装置实现了不失真测量。上式中 A_0 与 t_0 为常数。

对式(3-48)进行傅立叶变换，得到：

$$Y(\omega) = A_0 X(\omega) \mathrm{e}^{-j t_0 \omega} \tag{3-48}$$

于是可以得到该测试装置的频率响应函数为：

$$H(\omega) = \frac{Y(\omega)}{X(\omega)} = A_0 \, e^{-j t \omega} \tag{3-49}$$

将该式与 $H(\omega) = A_0 e^{j\varphi(\omega)}$ 做比较得：

$$\begin{cases} A(\omega) = A_0 \\ \varphi(\omega) = -t\omega \end{cases} \tag{3-50}$$

这就是测试装置不失真测量所必须具备的幅频特性与相频特性。

所以说要想实现测试装置的不失真测量必须满足以下两个条件：

（1）测试装置的幅频为一常数，即 $A(\omega) = A_0$，换句话说就是要求测试装置响应与激励的幅值在任何频率处的比值相同。

（2）测试装置的相频必须呈唯一线性关系，即 $\varphi(\omega) = -t\omega$，换句话说就是要求测试装置响应与激励的相位角的差值与频率之间为线性关系。

用图形语言将上述两个条件表达，即要想实现不失真测量，测试装置必须满足如图 3-16 所示的曲线特性。

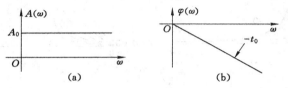

图 3-16　测试装置不失真测量时必须满足的幅频特性与相频特性曲线
(a) 幅频特性曲线；(b) 相频特性曲线

现实中，由于各种条件的限制，不失真测量的条件不能在所有频率范围内满足要求，所以实际的操作过程中只要感兴趣的频段范围满足不失真测量的条件即可。

第五节　负载及干扰

由于大部分测试系统都是由若干个小的系统并联、串联组成的，后面的系统接入前面的系统时会对前面的系统产生影响，以至于总系统的传递函数不能按照并联以及串联的形式进行求解。同时，在实际的测试过程中，除了待测信号外，环境以及其他因素造成的各种随机信号可能记录到响应中，这些信号与有用的信号叠加在一起歪曲测量结果，甚至破坏测量结果。

一、负载效应

当传感器安装到被测物体上或进入被测介质时，要从物体与介质中吸收能量或产生干扰，使被测物理量偏离原有的量值，从而不可能实现理想的测量，这种现象称为负载效应。

1. 负载效应的影响

① 前装置的连接处甚至整个装置的状态和输出都将发生变化；

② 两个装置共同形成一个新的整体，但其传递函数已不满足各环节串并联的规律。

2. 减小负载效应的措施

① 提高后续环节（负载）的输入阻抗；

② 在原来两个相连接的环节之中，插入高输入阻抗、低输出阻抗的放大器；

③ 使用反馈或零点测量原理,使后面环节几乎不能从前环节吸收能量。

二、干扰

测量系统中的无用信号称为干扰。实际上干扰由三个部分构成:

① 干扰源:将产生干扰信号的设备称为干扰源,如变压器、继电器、微波设备、电机、无绳电话和高压 电线等都可以产生空中电磁信号。

② 传播途径:传播途径是指干扰信号的传播路径。

③ 接收载体:接收载体是指受影响的设备的某个环节,该环节吸收了干扰信号,并转化为对系统造成影响的电器参数。

根据干扰的来源不同,测试装置的干扰可以分为内部干扰和外部干扰。根据干扰的耦合方式不同可以分为静电干扰、磁场干扰、漏电干扰、共阻抗干扰以及电磁辐射干扰。抗干扰所采取的手段有:

① 干扰屏蔽。

屏蔽是指利用导电或导磁材料制成的盒状或壳状屏蔽体,将干扰源或干扰对象包围起来,从而割断或削弱干扰场的空间耦合通道,阻止其电磁能量的传输。

② 干扰隔离。

光电隔离——光电隔离是以光作为媒介在隔离的两端之间进行信号传输的,所用的器件是光电耦合器。

变压器隔离——对于交流信号的传输,一般使用变压器隔离干扰信号的办法。

继电器隔离——继电器线圈和触点仅有机械上的联系。

③ 滤波。

滤波是抑制干扰传导的一种重要方法。如果频率响应的频段和干扰的频段差别很大就可以利用滤波滤掉无用频率,保证有用频率的传输。

④ 接地。包括单点接地、多点接地、数字地与模拟地。

思考与练习

1. 求周期信号 $x(t) = 0.5\cos 10t + 0.2\cos(100t - 45°)$ 通过传递函数 $H(S) = 1/(0.005S + 1)$ 的测试装置所得到的稳态响应,并绘制其幅频图与相频图。

2. 求图 3-17 所示的串并联系统的传递函数以及频率响应函数。

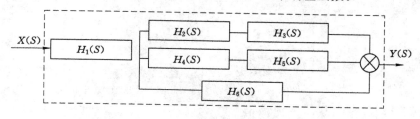

图 3-17

3. 气象气球携带一种时间常数为 15 s 的一阶温度计、以 10 m/s 的上升速度通过大气层。设温度按每升高 30 m 下降 0.15 ℃的规律变化,气球将温度和高度的数据用无线电送回地面。在 3 500 m 所记录的温度为－1 ℃,请问此时的高度是多少?

4. 已知一二阶测试系统的固有频率和阻尼比分别为 50 Hz 与 0.7,试求测量频率为 20 Hz 的正弦信号的激励。

5. 测试系统不失真测量的条件是什么?为什么?

6. 用一个时间常数为 0.5 s 的一阶测试装置测量周期分别为 1 s、2 s 以及 5 s 的余弦信号,试求输出信号,并绘制其幅频特性与相频特性。

7. 什么是一阶系统与二阶系统?怎么区分?

8. 测试装置的动态特性的描述方式有几种?它们之间有何关系?

9. 试求传递函数分别为 $H(S)=1/(0.005S+1)$ 与 $H(S)=\dfrac{41\ (\omega_n)^2}{S^2+1.4\omega_n S+(\omega_n)^2}$ 串联后的总系统的灵敏度(忽略负载效应)。

10. 测试装置的传递函数的特点有哪些?

第四章　工程测试中常用传感器

传感器是测试系统中最基本的器件之一，直接与被测对象发生联系，将被测参数转换成可以直接测量的信号，为信号传输、显示及处理提供必需的信息。在测试工作中，传感器的性能直接影响测试精度，是测试系统中的关键环节。传感器又称电五官，使人类器官功能能得到延伸。借助传感器人们能获得人类感官无法直接测量的事物，如高温、高压、高频、光速、声速等。可见，传感器是人类认识自然的有力工具，对人类社会发展与进步起到重要的作用。

第一节　概　　述

一、传感器的定义

传感器曾有多种名称，如传送器、变送器、发送器等，它们的本质内容类似，近年来逐渐趋向统一，用传感器来命名。

国家标准《传感器通用术语》（GB/T 7665—2005）对传感器的定义作了明确规定，传感器是能感受或响应（规定）的被测量并按照一定规律转换成可用信号输出的器件或装置。传感器通常由直接响应被测量的敏感元件和产生可用信号输出的转换元件及相应的电子线路所组成。简而言之，传感器是一个测量装置，输入量是被测量，输出量是便于传输、转换、处理及显示的某种物理量，且输入量与输出量之间存在既定的对应关系。工程测试中的被测量大多为非电量，一般都需要转换为电量，所以狭义上传感器可定位为把被测参数按一定规律转换成电信号输出的装置。

二、传感器的组成

传感器的功用是"一感二传"，即感受被测信息，转换成可处理物理量传送出去。传感器一般由敏感元件和变换元件两部分组成，如图 4-1 所示。敏感元件是可以直接感受被测量的变化，并输出与被测量呈确定关系的元件。变换元件是把敏感元件的输出转换成电路参量，并由基本转换电路转换成电量输出。传感元件只完成被测参数到电量的基本转换。

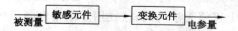

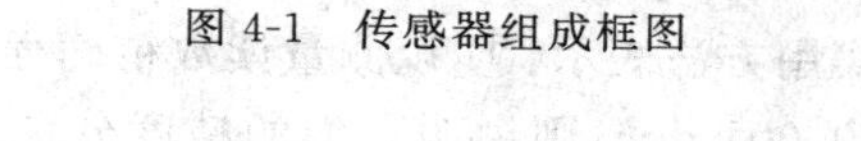

图 4-1　传感器组成框图

三、传感器的分类

传感器的种类、规格繁多，同一个被测量可以用不同的传感器来测量，且相同原理的传感器也可测量不同的物理量。为了更好地掌握和应用传感器，必须采用适当的方法对它进

行分类,常见的有以下几种:

(1)按传感器所属学科分类,可分为物理型、化学型和生物型。它们分别是利用各种物理效应、化学反应和各种生物效应及机体部分组织、微生物等,把被测量转换成可处理的物理量参数。

(2)按工作原理分类,可分为机械式、点参量(包括电阻、电容、电感)式、压电式、磁电式、光电式、热电式、光纤式等。这种分类方法清楚地反映了传感器的工作原理,利于传感器基本结构和变换原理的了解和掌握。

(3)按信号变换特征分类,可分为物性型和结构型两类。前者参数转换是通过传感器敏感元件特性变化实现的。例如水银温度计,依靠水银的热胀冷缩现象来测量温度。后者的参数转换是通过传感器结构变化来实现的。电容式传感器依靠极板间距离变化引起电容量变化;电感式传感器依靠衔铁位移引起自感或互感变化等。

(4)按能量传递方式分类,可分为能量转换型和能量控制型两类。前者又称无源传感器,直接由被测对象输入能量使其工作,如热电偶温度计、弹性压力机等。后者又称有源传感器,外部输入能量使其工作,其能量变化由被测量来控制。例如电桥电阻应变仪,其电桥电路的能量由外部提供,被测量的变化引起应变片的变化,进而引起电阻变化,最后导致电桥输出的变化。

(5)按传感器输出量的形式分类,可分为模拟式和数字式。它们的输出量分别为模拟量和数字量。

(6)按用途分类可分为温度、压力、流量、位移、速度、加速度、力、电压、电流、功率物性参数等,这类分类方法利于使用者根据具体的用途加以选用。

(7)按功能分类可分为传统型和智能型。传统型是指仅具有显示和输出功能的传感器。智能型是指具备学习、推理、感知、通信等功能的传感器。

四、传感器的性能要求

传感器作为测量系统的一个重要组成部分,必须具有良好的性能。评价性能优劣的主要指标一般有:

(1)灵敏度高。灵敏度是指传感器或测量系统输出变化对输入变化的比值,用 K 表示,即

$$K = \frac{\mathrm{d}v}{\mathrm{d}x}$$

所谓灵敏度高,是指用相等的被测量作用时,该传感器的输出量(电量)比别的灵敏度低的传感器要大得多。

(2)精度高。精度是指测量结果的精确(可靠)程度。测试中要求测定值与其真值之间的误差尽量小一些。实际上真值无法得到,往往用多次重复测定所得测值的算术平均值,近似地看作是真值。精度在数理统计中可用标准离差表示,标准离差越小,精度越高。在实际应用中,精度可用下列两种实用方法表示:① 以测量读数精确程度来表示,如百分表的最小读数为 0.01 mm,千分表为 0.001 mm,则说明它们的精度分别为 0.01 mm 和 0.001 mm;又如应变仪读数盘的最小刻度为 1 $\mu\varepsilon$,则说明它的精度为 1 $\mu\varepsilon$;② 以传感器满量程的百分之几来表示,如某振弦传感器的满量程是 2 000 Hz,且标明精度是满量程的 0.05%,则它的精度就是 1 Hz。

（3）稳定性好。稳定性好是要求传感器在长时间内正常工作（读数可靠）。通常，稳定性包含两方面的内容：一是零点漂移，二是耐久性。零点漂移是指在恒温、恒湿度又无外载的条件下，传感器读数的稳定程度。一个合格的传感器，其零漂应在允许范围内。耐久性是指传感器在现场使用中能正常工作的时间。在地下工程测试中，一般要求传感器的耐久性为一至数年。

（4）重复性好。重复性是当传感器受多次反复作用（如荷载）时，它在每一级相同作用时的几次读数值相接近的程度。如果相等或很接近，就认为该传感器的重复性好。对于反复加载和卸载的结构试验，重复性必须很好。

（5）直线性好。要求传感器的输出量的变化与输入量的变化之间呈直线关系，或者直线化的范围尽可能大。

（6）抗干扰能力强。要求受环境干扰少，内部噪声小，传感器的信噪比高。

（7）动态特性好。这是对用于动态测试的传感器的特殊要求。以上几条指标可谓静态特性，而动态特性则是传感器对于随时间快速变化的输入量的响应特性，因此，所谓动态特性好是指反应速度快（瞬态响应好）和频率响应好。

（8）不影响或少影响被测物物理参量分布的原始状态。

（9）能适应使用环境条件，如防潮、抗震、防爆等。

（10）容易使用、维修和校准。

能完全满足这些要求的传感器很少，我们应该根据测量的目的、使用环境、被测对象、精度要求和型号处理等条件，进行综合考虑，尽可能更多地满足上述的性能要求。

第二节　电阻式传感器

电阻式传感器是把位移、力、压力、加速度、扭矩等非电物理量转换为电阻值变化，再经过转换电路变成电量输出的传感器。其主要包括电阻应变式传感器、电位器式传感器和锰铜压阻传感器等，可测量力、压力、位移、应变、加速度及温度等。

一、工作原理

电阻式传感器的类型繁多，应用也十分广泛。它们的基本原理是将被测的非电物理量（如力、位移等）转换为电阻值的变化，然后通过对电阻值的测量来达到测量被测非电量的目的。

根据欧姆定律，导线的电阻 R 和导线长度 l 成正比，和导线的面积 A 成反比，比例常数为电阻率，即一个电导体的电阻值可表示为：

$$R = \frac{\rho \cdot l}{A} \tag{4-1}$$

式中，R 为电阻，Ω；ρ 为材料的电阻率，$\Omega \cdot mm^2/m$；l 为导体的长度，m；A 为导体的横截面积，mm^2。

从式 4-1 可见，改变式中三个参数中任一个值，电阻值随之发生变化。因此，应用此原理可制成不同类型的电阻式传感器。例如，若改变长度 l，则可形成滑动触点式变阻器或电位计；如改变电阻率 ρ，可形成热敏电阻、光导性光检测器、压阻应变片以及电阻式温度检测器。下面介绍几种典型的电阻式传感器。

二、滑动触点式变阻器

滑动触点式变阻器是电学中常用器件之一,它的工作原理是通过改变接入电路部分电阻线的长度来改变电阻,从而逐渐改变电路中的电压或电流大小。滑动触点式变阻器可分为直线位移型和角位移型两种,如图 4-2 所示。

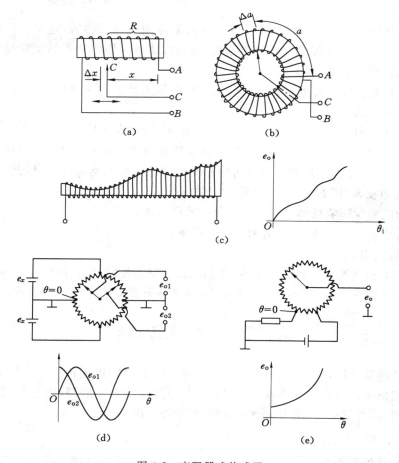

图 4-2　变阻器式传感器

(a)直线位移型;(b)角位移型;(c)非线性型;(d)正余弦式;(e)对数式

图 4-2(a)显示了直线位移型滑动触点式变阻器的工作原理。其中,触点 C 沿变阻器表面滑动的距离 x 与 A、C 两点间的电阻值 R 之间的关系如下:

$$R = k_t x \tag{4-2}$$

式中,k_t 为单位长度中的电阻,当导线分布均匀时为一常数,此时传感器的输出(电阻)与输入(位移)呈线性关系,传感器的灵敏度相应表示为:

$$s = \frac{\mathrm{d}R}{\mathrm{d}x} = k_t \tag{4-3}$$

图 4-2(b)显示了角位移型滑动触点式变阻器的原理,其电阻值随转角而变化,同样可得出该传感器的灵敏度为:

$$s = \frac{\mathrm{d}R}{\mathrm{d}\alpha} = k_r \tag{4-4}$$

式中，α 为触点转角，R 为单位弧度对应的电阻值。

当变阻器式传感器后接一电路[图 4-3(a)]时，该电路会从传感器抽取电流，形成所谓的负载效应。分析该电路可得输入与输出的关系为：

$$\frac{e_0}{e_s} = \left[\frac{x_t}{x_i} + \frac{R_t}{R_1} \left(1 - \frac{x_i}{x_t} \right) \right]^{-1} \tag{4-5}$$

开路情况下，亦即当 $R_t/R_1 = 0$ 时，$\frac{e_0}{e_s} = \frac{x_i}{x_t}$，由此得电位计灵敏度为 $\frac{e_0}{x_i} = \frac{e_s}{x_t}$。这样当无负载时，输入-输出曲线为一直线；当有负载时，在 e_0 和 x_i 之间存在一种非线性关系[图 4-3(b)]。从图中看出，当 $R_t/R_1 = 1$ 时，最大误差为满量程的 12%；而当 $R_t/R_1 = 0.1$ 时，该误差降至约 1.5%。因此，当给定 R_1 时，为取得好的线性度，R_t 应该足够低。但这一要求又与高灵敏度要求相矛盾，因为传感器的热耗散能量是受限的，R_t 值低限制了传感器两端的最大电源电压。因此对 R_t 的选择需要在灵敏度和负载效应之间进行折中。一般来说，转动式电位计典型的灵敏度常为 0.2 V/cm，直线位移式电位计则为 2 V/cm，而短行程的电位计常具有较高的灵敏度。

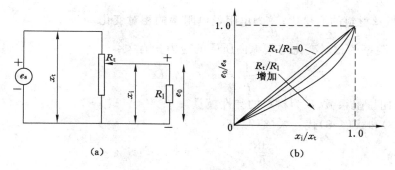

图 4-3　变阻式传感器后接负载时的负载效应

以上分析了变阻器的非线性。实际工作中有时需对这种非线性进行补偿，因此常采用滑动触点距离与电阻值间成非线性比例关系的变阻器。这种函数式变阻器或电位计可设计成非线性型（如平方的）、正余弦式和对数式的[图 4-2(c)~(e)]。

变阻器的分辨率也是一个重要的参数，它取决于电阻元件的结构形式。为在小范围空间中得到足够高的电阻值，常采用线绕式电阻元件。当滑臂触点从一圈导线移动至下一圈时，电阻值的变化是台阶式的，限制了器件的分辨率。实际中只能做到绕线间的密度为 25 圈/mm，对直线移动式装置来说，分辨率最小为 40 μm，而对于一个直径为 5 cm 单线圈的转动式电位计来说，其最好的角分辨率约为 0.1°。为改善分辨率，可采用碳膜或导电塑料电阻元件。比如碳合成膜和陶瓷-金属合成膜，前者是在一种环氧树脂或聚酯结合剂中悬浮有石墨或碳粒子，后者是将陶瓷和贵金属粉末进行混合所得的一种材料。两种情况下碳薄膜均被一层陶瓷或塑料的背衬材料所支撑。这种导电膜电位计的优点是价格便宜，尤其是碳膜装置具有极高的耐磨性，因而寿命长。但它们的共同缺点是易受温度和湿度的影响。

变阻器式传感器的优点是结构简单、性能稳定、使用方便。它常被用于线位移和角位移的测量，在测量仪器中用于伺服记录仪或电子电位差计等。

三、应变式传感器

1. 电阻应变传感器

当金属电阻丝受拉伸或压缩时,其长度和横截面积随之发生变化,进而导致电阻率发生变化,这一现象称为压阻效应。可见,导线在变形条件下其电阻值将发生变化。式(4-1)表述了电阻值与电阻丝长度、横截面积及电阻率之间的关系。

对式(4-1)两侧进行微分可得:

$$dR = \frac{A(\rho dl + l d\rho) - \rho l \, dA}{A^2} \tag{4-6}$$

设 $A = \pi r^2$, r 为电阻丝半径,代入式(4-6)得

$$dR = \frac{\rho}{\pi r^2} dl + \frac{l}{\pi r^2} d\rho - 2\frac{\rho l}{\pi r^3} dr = R\left(\frac{dl}{l} + \frac{d\rho}{\rho} - \frac{2dr}{r}\right) \tag{4-7}$$

式中,$\frac{dl}{l} = \varepsilon$ 为单位应变,$\frac{dr}{r}$ 为电阻丝径向相对变化。

当电阻丝沿轴向伸长时,必沿径向缩小,两者之间的关系为:

$$\frac{dl}{l} = -v\frac{dr}{r} \tag{4-8}$$

式中,v 为电阻丝材料的泊松比;$\frac{d\rho}{\rho}$ 为电阻丝电阻率的相对变化。

电阻丝电阻率的相对变化与其纵向所受的应力 σ 有关:

$$\frac{d\rho}{\rho} = \pi_1 \sigma = \pi_1 E\varepsilon \tag{4-9}$$

式中,π_1 为纵向压阻系数;E 为材料的弹性模量。

将式(4-8)和式(4-9)代入式(4-7)得:

$$\frac{dR}{R} = (1 + 2v + \pi_1 E)\varepsilon \tag{4-10}$$

分析上式可知,电阻值的相对变化与以下几个因素有关:电阻丝长度变化、电阻丝面积的变化以及压阻效应的作用。

此式还表明,电阻值的相对变化与应变成正比,因此通过测量 $\frac{dl}{l} = \varepsilon$ 便可测量电阻 $\frac{dR}{R}$,这就是应变片的工作原理。若用无量纲因子 S_g 来表征两者的关系,则

$$S_g = \frac{dR/R}{dl/l} = 1 + 2v + \pi_1 E$$

式中 S_g 为应变片系数或灵敏度。常用于应变片的金属电阻丝的灵敏度一般为 $1.7\sim 4.0$,常用金属材料有铬镍合金或铁镍合金等。

按照用途分类,应变片可分为测量力、力矩、压力、流量和加速度等的传感器。从作用方式上来分,通常可分为粘贴式和非粘贴式两种。非粘贴式应变片几乎都用在传感器上。图4-4 所示为一种非粘贴式应变仪,它采用一组连接成电桥形式的预加载电阻丝。当没有输入量时,4 根电阻丝的电阻和应变应该相等,此时电桥平衡,输出电压;当有一微小输入运动(通常这种电桥的最大输入约为 0.04 mm)时,其中两根电阻丝中的张力增加,另两根的张力减小,从而引起相应的电阻值变化,电桥因此不再平衡,给出正比于输入运动的输出电压。

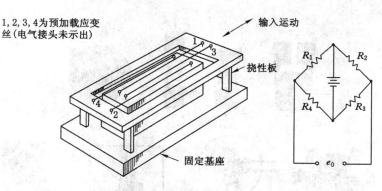

图 4-4 非粘贴式应变仪

这种电桥每根电桥臂的电阻值为 $120\sim1\,000\ \Omega$，最大激励电压为 $5\sim10\ V$，满量程输出为 $20\sim50\ mV$。粘贴式金属丝应变片可用于应力分析，也可用作传感器。由于可测的电阻值变化要求导线长度很长，因而要将导线按一定形状（通常为栅状）曲折地贴在由浸渍过绝缘材料的纸衬或合成树脂组成的载体上。图 4-5 为这种应变片的一种典型结构形式，导线直径为 $20\sim30\ \mu m$，通常由康铜材料制成，右边为测量导线，左边为引线，用于连接外部测量电路。

图 4-6 所示为应变片结构的纵截面和横截面以及粘贴的情况，其中载体是纸和树脂的结合体，其中埋入有连接导线和金属丝。

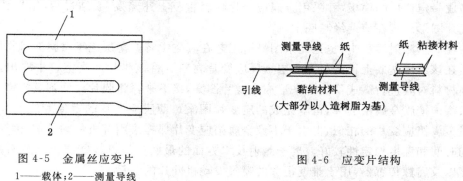

图 4-5 金属丝应变片

1——载体；2——测量导线

图 4-6 应变片结构

当前，绝大部分金属丝应变片已被金属箔式应变片所替代。金属箔式应变片的敏感部分通常是用光刻法在金属箔片上加以制造的，通常也做成栅状形式，箔片厚度仅为 $1\sim10$ μm。由于采用光刻法，应变片的形状具有很大的灵活性，且刻出的线条均匀、尺寸精确，适于批量制造。图 4-7 为箔式应变片的几种结构形式。其中，图 4-7(a)～(c)为敏感单方向上应变的应变片形式，其端部均比较肥大。这是为了减少应变片的横向灵敏度；图 4-7(d)为膜片应变片的形式，用于敏感面上的应变情况，除了用作单方向应变测量外，还可将这种单轴的应变片组合起来使用，制成所谓的应变花形式；图 4-7(e)～(h)为几种应变花的形式，它们用于不同的测量目的，可同时测量几个方向的应变。

除了上述粘贴式的金属箔片应变片外，还有一种金属薄膜应变片，这种应变片可采用气相淀积法和离子溅射法直接在衬底材料上形成，通常用作传感器，并且都需要采用一种合适的弹性金属元件将局部的应变传感为被测量。如在采用一种金属弹性膜片作为压力传感器

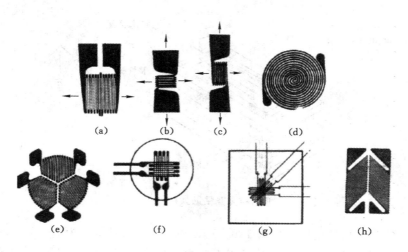

图 4-7   不同的箔式应变片结构形式

(a),(b),(c)敏感单方向上应变的应变片;(d)膜片应变片;(e)三片式应变花,60°箔式平面型;
(f)双片式应变花,90°箔式叠合型;(g)三片式应变花,45°电阻丝式叠合型;(h)双片式应变花,90°剪切式平面型

的场合,可采用上述两种方法将应变片元件直接形成在应变表面,而无须像粘贴式应变片那样被分开粘贴上去。采用气相淀积工艺时,可将膜片放入已装有某种绝缘材料的真空室中,加热使绝缘材料先蒸发后凝结,从而在膜片上形成一层绝缘薄膜,然后在该膜片表面放置一块做成一定栅形的模板,并采用金属应变片材料重复上述蒸发/凝结过程,结果就将所需的应变片图形形成在该绝缘基底上。

在离子溅射过程中,也是先采用溅射工艺在真空中将一薄层绝缘材料淀积在膜片表面,然后在该绝缘基底上再溅射上一层金属应变片材料。将该膜片从真空室中取出,并用光敏掩膜材料对其进行微成像处理来形成应变片图案,接下来再将膜片放回到真空室,用溅射刻蚀法将未掩膜金属层去掉,留下完成的应变片图案。薄膜应变片的阻值和应变片系数与粘贴式金属箔应变片的相似,但由于不像金属箔应变片那样采用有机物黏结剂,因而薄膜应变片的时间和温度稳定性较好。离子溅射技术方面的最新进展已经能提供十分有用的应变、温度以及腐蚀传感器,用于难度很大的喷气发动机叶片的测量。

2. 半导体应变片

半导体应变片的工作原理是基于半导体材料的压阻效应。所谓压阻效应,是指单晶半导体材料沿某一轴向受外力作用时,其电阻率 ρ 随之发生变化。由半导体物理性质可知,单晶半导体在外力作用下,原子点阵排列规律会发生变化,导致载流子迁移率及载流子浓度发生变化,从而引起电阻率的变化。从专门处理的硅单晶体上沿一定的晶轴方向切割小块晶体,可用来制造半导体应变片,这些应变片也分为 N 型和 P 型两种。P 型应变片在施加有效应变时电阻值增加,而 N 型应变片则减少。半导体应变片的最主要特点是具有很高的应变系数,一般可高达 150 左右。图 4-8 所示为几种不同的半导体应变片的结构形式。

式(4-10)表明,电阻值的相对变化主要由两部分因素决定:一部分是应变片的几何尺寸,即式(4-10)右边的 $(1+2v)\varepsilon$ 项;另一部分是应变片材料的电阻率变化,即 $\pi_1 E\varepsilon$ 项。半导体应变片的电阻变化主要由后者决定,前者可以解释金属应变片电阻变化的主要原因。两者相比,第二项的值要远远大于第一项的值,这是半导体应变片的灵敏度(即应变系数)远大

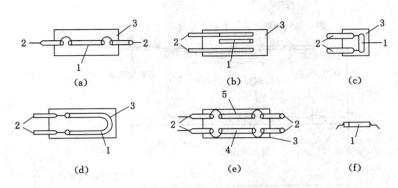

图 4-8　不同类型的半导体应变仪

1,4,5——半导体;2——接线柱;3——胶底衬片

于金属丝应变片的灵敏度的原因。表 4-1 列出了几种不同半导体材料的特性,不难看出,对不同的载荷施加方向,压阻效应及灵敏度均不相同。

表 4-1　　　　　　　　　　　　几种常用半导体材料的特性

材料	电阻率 $\rho/(\Omega \cdot cm)$	弹性模量 $E/(10^{11} N \cdot m^{-2})$	灵敏度	晶向
P 型硅	7.8	1.87	175	[111}
N 型硅	11.7	1.23	−132	[100}
P 型	15	1.55	102	[111}
N 型	16.6	1.55	−157	[111}
P 型硅	1.5	1.55	−147	[111}
P 型锑化铟	0.54		−45	[100}
P 型锑化铟	0.01	0.745	30	[111}
N 型锑化铟	0.013		74.5	[100}

　　用半导体应变片制成的传感器也称压阻传感器。尽管半导体应变片具有很高的应变系数,但其最大的缺点是温度灵敏度高、非线性以及安装困难等。

　　采用集成电路制造中的扩散工艺可制成扩散性半导体应变片,用于制造半导体应变片传感器。如在膜片式压力传感器中,用硅代替金属材料制造膜片,通过在膜片中淀积杂质来实现应变片效应,从而可在所需的位置上形成内在的应变片。这种类型的结构可在某些设计中降低制造成本,通过在一块硅晶片上形成大量的膜片,来实现所谓的集成应变片组件。

　　图 4-9 所示为一种半导体膜片式绝对压力传感器的截面结构图。其中在一个 N 型基底材料中扩散有一个 P 型区域,用作一个电阻器。该电阻器的值在它受到应变时迅速增大,这一现象称为压阻效应。当传感器受外部压力作用时,膜片发生弯曲,从而使传感器受应变作用,应变的变化又促使电阻值变化。利用这种传感器也可测量应变和加速度。

　　3. 应变片的误差及其补偿

　　以下讨论几种粘贴式金属丝电阻应变片(包括金属箔应变片),因为它们是最常用的应变片种类。

　　温度是影响应变片精度的主要因素,因为应变片的电阻值不仅随应变而且也随温度的变化而变化。由于应变引起的阻值变化很小,因此温度变化效应占据相当大的比例。温度

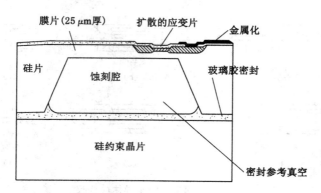

图 4-9　半导体膜片式绝对压力传感器

灵敏度效应的另一方面表现为应变片和与之粘连的衬底材料的热膨胀现象不同，即使材料未受到外部载荷的作用，也会在应变中诱发出应变和阻值的变化。因此有必要考虑温度对各方面的影响。

（1）温度变化引起应变片本身电阻的变化为

$$\Delta R_T = R\gamma_f \Delta T$$

式中，γ_f 为金属应变片的电阻温度系数，即单位温度变化引起的电阻相对变化；ΔT 为温度变化度数。

由该电阻值的变化折算成应变值为

$$\varepsilon_T = \frac{\Delta R_T}{R} \cdot \frac{1}{S_g} = \frac{\gamma_f \Delta T}{S_g} \tag{4-11}$$

（2）金属丝与衬底材料的线膨胀系数不同，从而在温度变化时引起附加的应变。金属丝因温度变化引起的应变为

$$\varepsilon_g = \alpha_g \Delta T \tag{4-12}$$

衬底材料因温度变化引起的应变为

$$\varepsilon_s = \alpha_s \Delta T \tag{4-13}$$

式中，α_g 为金属丝的线膨胀系数；α_s 为衬底材料的线膨胀系数。当 $\alpha_g \neq \alpha_s$ 时，ε_g 和 ε_s 不相等，从而造成应变误差为

$$\Delta\varepsilon = \varepsilon_g - \varepsilon_s = (\alpha_g - \alpha_s)\Delta T \tag{4-14}$$

因此这两个温度因素造成的总附加应变为

$$\varepsilon_a = \varepsilon_T + \Delta\varepsilon = \frac{\gamma_f \Delta T}{S_g} + (\alpha_g - \alpha_s)\Delta T \tag{4-15}$$

此外，应变片的灵敏度系数 S_g 随温度变化而变化，也会引起应变值的变化。但一般情况下 S_g 变化甚小，由这一因素引起的应变值的变化可予以忽略。

对温度效应可采用不同方式进行补偿。图 4-10 所示为一种应变片的温度补偿方案。其中采用一补偿应变片，它与工作应变片一起被配置在电桥的两相邻臂上，两应变片为完全一样的应变片，且使它们感受相同的温度。这样由电阻的温度系数和差动热膨胀而引起的阻值变化将对电桥的输出电压无影响，而因正常的输入载荷引起的阻值变化仍将使电桥失去平衡，从而产生输出。另外一种途径是使用专门的、具有固有温度补偿功能的应变片，这

种应变片采用特殊的材料,该材料能使线膨胀系数和电阻变化造成的效应差不多相互抵消,亦即式(4-15)的 ε_a 等于零,从而可得

$$\alpha_g = \alpha_s - \frac{\gamma_f}{S_g} \tag{4-16}$$

采用满足式(4-16)条件的材料制成的应变片即可基本消除温度系数的影响。

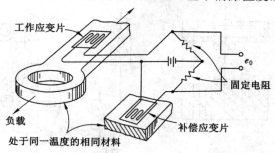

图 4-10　应变片温度补偿

应变片材料的另一类误差来源与应变片的大小和被测点的位置有关。如在应力分析中,所要测量的是试件上某个点的应力,但由于应变片中的栅形图案覆盖着被测点周围的一个有限面积区域,因而实际测得的是该面积上的平均应力。若应变梯度是线性的,那么该平均值是该应变片长度中点的应变。但若不是线性的,那么该点的值便是不确定的。这种不确定性随着应变片尺寸的减小而减小。因此应变梯度很陡(应力集中的地方)时常常采用很小尺寸的应变片。但尺寸的减小却受制造工艺和粘贴手段的限制。目前最小的应变片长度仅为 0.38 mm。应变片也可贴到曲面上。对某些应变片来说,曲面的最小安全弯曲半径只有 1.5 mm。如前所述,温度也起一种修正输入的作用,从而改变应变片系数。这种情况对金属材料的应变片来说作用不大,但对半导体应变片的影响却较大,对此人们也研究出了补偿方法。目前,应变片已被成功应用在液氮温度(4 ℃)到 1 400 ℃的范围中。当然在这些极端温度(尤其是高温)下的应用中要求采用专门的技术,且其精度也较之常温情况下为低。

4. 应变片的粘贴

由于在使用时需要将应变片粘贴到构件上,因而黏结剂的选择和粘接工艺至关重要。目前已有各种黏结剂以供不同条件下使用。常用的黏结剂有环氧树脂、酚醛树脂,高温下也采用专用陶瓷粉末等无机黏结剂。这些黏结剂应能保证黏结面有足够的强度、绝缘性能、抗蠕变以及温度变化范围等。目前所采用的应变片和黏结方法已经覆盖－249～＋816 ℃的温度范围。对超高温度来说,常需采用焊接技术进行连接。为得到高质量的黏结层,某些黏结剂需要在室温下进行熟化或焙烧处理,熟化时间从几分到几天。有时为防潮或防腐,还需在应变片上覆盖防水或保护层。

5. 应变片的应用

如上所述,应变片主要用于结构应力和应变分析以及用作不同的传感器。第一种应用方面,常将应变片贴于待测构件的测量部位上,从而测得构件的应力或应变,用于研究机械、建筑、桥梁等构件在工作状态下的应力、变形等情况,为结构的设计、应力校验以及构件破损的预测等提供可靠的实验数据。

第二种应用方面,常将应变片贴在或形成在弹性元件上,用于制成力、位移、压力、力矩

和加速度等测量传感器。图 4-11 为几种测量力和力矩的应变片传感器的实例。

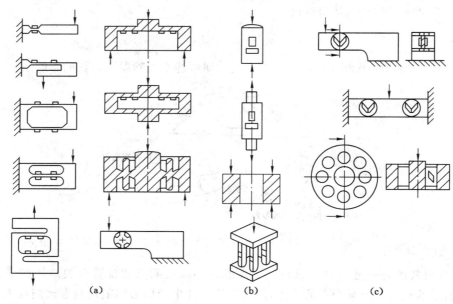

(a)　　　　　　　　　　(b)　　　　　　(c)

图 4-11　　不同类型的应变片式力和力矩传感器

应变片传感器是一种使用方便、适应性强、用途广泛的器件,有关这方面的详细情况可参阅有关参考文献,本书不再阐述。

第三节　　电容式传感器

利用电容器的原理,可将非电量转化为电容量,从而实现非电量到电量的转化。作为频响宽、应用广、非接触式测量的一种传感器,电容传感器有很大发展前途。它有如下特点:

(1) 优点

① 高阻抗、小功率,因而仅需要很小的输入力和很低的输入能量;

② 可获得较大的相对改变量,从而具有较高的信噪比和系统稳定性;

③ 动态响应快,能在几兆赫的频率下工作;

④ 可以进行非接触测量。

(2) 缺点

① 输出特性非线性较严重;

② 分布电容影响较大,分布电容不仅降低了转换频率,还会引起测量误差;

但以上缺点随着电子集成技术的飞速发展,已得到很大的改善。

一、工作原理与结构

电容式传感器采用电容器作为传感元件,将不同物理量的变化转换为电容量的变化。其工作原理可通过图 4-12 所示的平板电容器加以解释。

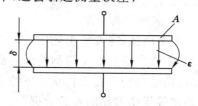

图 4-12　　平板电容器

忽略边缘效应，平板电容器的电容可表达为：

$$C = \frac{\varepsilon_0 \varepsilon A}{\delta}$$

(4-17)

式中，A 为极板面积，m^2；ε_0 为真空介电常数，$\varepsilon_0 = 8.85 \times 10^{-12}$ F/m；ε 为极板间介质的介电常数，当介质为空气时 $\varepsilon = 1$；δ 为两极板间距离，m。

由上式可知，改变 A、ε 或 δ 的任何一个参数都能引起电容值的变化，据此可做成不同的传感器。其通常可分为间隙变化型、面积变化型和介质变化型 3 种。

二、间隙变化型电容传感器

如图 4-13 所示，间隙变化型传感器常常固定一块极板（图中定极板）而使另一块极板移动（图中动极板），从而改变间隙 δ 以引起电容变化。设板间隙有一改变量 $\Delta\delta$，则式（4-17）改写为：

$$C = \frac{\varepsilon_0 \varepsilon A}{\delta + \Delta\delta}$$

将上式按泰勒级数展开为：

$$C_1 = \frac{\varepsilon_0 \varepsilon A}{\delta + \Delta\delta} = \frac{\varepsilon_0 \varepsilon A}{\delta}\left[1 - \frac{\Delta\delta}{\delta} + \left(\frac{\Delta\delta}{\delta}\right)^2 - \cdots\right] \approx \frac{\varepsilon_0 \varepsilon A}{\delta}\left[1 - \frac{\Delta\delta}{\delta} + \left(\frac{\Delta\delta}{\delta}\right)^2\right]$$

(4-18)

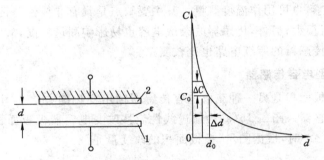

图 4-13　间隙变化型电容传感器

(a) 间隙变化型电容传感器原理图；(b) C-δ 特性曲线

1——动极板；2——定极板

由式（4-18）可知，电容 C_1 与间隙 δ 之间为非线性关系，如图 4-11(b) 曲线所示。当 $\Delta\delta$ 值较小时，在 $\Delta C/C$ 与 $\Delta\delta/\delta$ 之间可近似为一线性关系。如当 $\Delta\delta/\delta = 0.1$ 时，按式（4-18）计算所得的线性偏差为 10%；而当 $\Delta\delta/\delta = 0.01$ 时，该偏差降至 1%。因此对小的间隙变化，式（4-18）可进一步舍去二次项，从而可得电容变化量：

$$\Delta C = C_1 - C = -\frac{\varepsilon_0 \varepsilon A}{\delta^2}\Delta\delta$$

(4-19)

由式（4-19）可进一步得到电容传感器的灵敏度：

$$S = \frac{\Delta C}{\Delta\delta} = -\frac{\varepsilon_0 \varepsilon A}{\delta^2}$$

(4-20)

式（4-20）表明，变极距式电容传感器的灵敏度与间隙的平方成反比，间隙越小时灵敏度越高。但当灵敏度提高时，非线性误差也增大，因此一般规定这种传感器在较小范围内工作以减小非线性误差。

实验应用中为提高传感器的灵敏度,常采用差动式结构,如图 4-14 所示。差动式电容传感器中间可移动的电容器极板分别与两边固定的电容器极板形成两个电容 C_1 和 C_2,当中间极板向一方移动时,其中一个电容器 C_1 的电容间隙增大而减小,而另一个电容器 C_2 的电容则因间隙的减小而增大,由式(4-18)最后可得电容变化量:

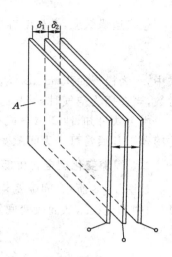

图 4-14　差动式电容传感器

$$\Delta C = C_1 - C_2 = -\frac{2\varepsilon_0 \varepsilon A}{\delta^2} \Delta \delta \qquad (4-21)$$

由此可得灵敏度:

$$S = \frac{\Delta C}{\Delta \delta} = -\frac{2\varepsilon_0 \varepsilon A}{\delta^2} \qquad (4-22)$$

这种差动式电容传感器不仅可提高灵敏度,也相应地改善了测量线性度。

间隙变化型电容传感器用于测量位移及一切能转换为测量位移的物理参数,其特点是非接触式测量,因而对被测量影响小,灵敏度高;测量范围最大可达 1 mm,非线性误差为满量程的 $1\%\sim3\%$;测量的频率范围为 $0\sim10^5$ Hz。这种传感器对温度变化十分敏感,也可用作温度测量。其主要缺点是具有非线性特性,因此限制了它的测量范围,且其内阻很大;另外,传感器的杂散电容也易影响测量精度,故要求传感器导线长度不能过大;此外,传感器的后续电路也比较复杂。

三、面积变化型电容传感器

改变电容器极板面积是另一种获取电容传感器输出变化的方法。图 4-15 所示为几种面积变化型电容传感器。图 4-15(a)为通过线性位移改变电容器极板面积的形式。当动电极在 x 方向有位移 Δx 时,根据图示,极板面积的改变量是

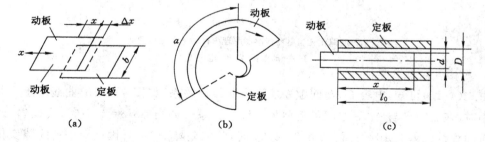

图 4-15　面积变化型电容传感器
(a) 平板线位移式;(b) 转角式;(c) 圆柱体线位移式

$$\Delta A = b \cdot \Delta x \qquad (4-23)$$

因此,电容的改变量是

$$\Delta C = \frac{\varepsilon_0 \varepsilon b}{\delta} \Delta x \qquad (4-24)$$

其灵敏度为

$$S = \frac{\Delta C}{\Delta x} = \frac{\varepsilon_0 \varepsilon b}{\delta} \qquad (4-25)$$

可见该灵敏度为一常数,因此输入输出为线性。

图 4-15(b)为转角型结构,当改变两极板间的相对转角时,两极板间的相对公共面积发生变化。由图可知,该公共覆盖面积为

$$A = \frac{\alpha r^2}{2} \tag{4-26}$$

式中,α 为公共覆盖面积对应的中心角;r 为半圆形极板半径。

因此,当转角变化 $\Delta\alpha$ 时,电容量改变为

$$\Delta C = \frac{\varepsilon_1 \varepsilon_2 r^2}{2\delta} \Delta\alpha \tag{4-27}$$

同样可得这种情况下电容器的灵敏度为

$$S = \frac{\Delta C}{\Delta\alpha} = \frac{\varepsilon_1 \varepsilon_2 r^2}{2\delta} \tag{4-28}$$

该灵敏度为一常数,输入与输出间仍为线性关系。

图 4-15(c)为圆柱体线位移结构,其中圆筒固定,圆柱在其中移动。利用高斯积分可得该电容器的电量:

$$C = \frac{2\pi\varepsilon_0\varepsilon}{\ln(D/d)} \Delta x \tag{4-29}$$

同样可得其灵敏度为

$$S = \frac{\Delta C}{\Delta x} = \frac{2\pi\varepsilon_0\varepsilon}{\ln(D/d)} \tag{4-30}$$

采用变面积电容传感器还可用于各种压力、加速度等物理量的测量。图 4-16 显示了几种用电容传感器构成的压力测试装置,其中图 4-16(a)采用膜片式结构,可测量绝对压力或气压;图 4-16(b)和图 4-16(c)则采用膜盒来测量压力。

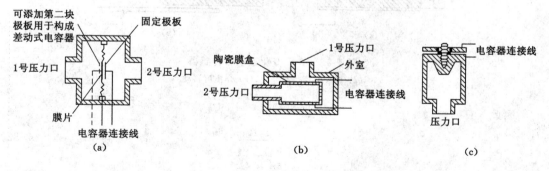

图 4-16　电容传感器压力测量装置

(a) 膜片式(抽真空并将 2 号口密封);(b),(c) 膜盒式(膜盒随压力伸缩)

由上面 3 种类型的面积变化型电容传感器的分析可知,该类传感器的最大优点是输入与输出呈线性关系;缺点是电容器的横向灵敏度较大。此外因机械结构要求十分精确,其相对于间隙变化型传感器,测量精度较低。

这种传感器的测量范围对于线位移型来说为几个厘米,对转角型则为 180°,测量的频率范围为 $0 \sim 10^4 \text{ Hz}$。图 4-17 所示为板式、柱式和柱式差动型电容传感器。

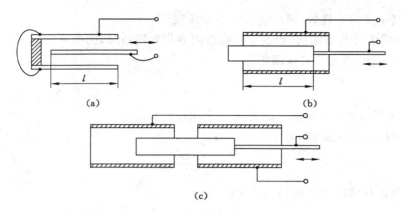

图 4-17　中间电极移动式电容传感器

（a）板式；（b）柱式；（c）柱式差动型

四、介质变化型电容传感器

图 4-18(a)所示电容器具有两种不同的电介质，介电常数分别为 ε_{r1} 和 ε_{r2}，介质厚度分别为 a_1 和 a_2，且 $a_1+a_2=a_0$，即两者之和等于两极板间距 a_0。整个装置可视为由两电容器串联而成，其总电容量 C 由两电容器的电容 C_1 和 C_2 确定，由此得

$$\frac{1}{C}=\frac{1}{C_1}+\frac{1}{C_2}=\frac{1}{\varepsilon_0 A}\left(\frac{a_1}{\varepsilon_{r1}}+\frac{a_2}{\varepsilon_{r2}}\right) \tag{4-31}$$

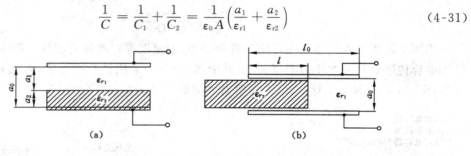

图 4-18　介质变化型电容传感器

（a）极板上覆盖有介质；（b）介质可移动

因此

$$C=\frac{\varepsilon_0 A}{\dfrac{a_1}{\varepsilon_{r1}}+\dfrac{a_2}{\varepsilon_{r2}}} \tag{4-32}$$

式中，A 为电容器极板面积。

为分析简单起见，设介质 1 为空气，即 $\varepsilon_{r1}=1$，则式(4-32)变为：

$$C=\frac{\varepsilon_0 A}{a_1+\dfrac{a_2}{\varepsilon_{r2}}}=\frac{\varepsilon_0 A}{a_0-a_2+\dfrac{a_2}{\varepsilon_{r2}}} \tag{4-33}$$

由式(4-33)可知，总电量 C 取决于介电常数 ε_{r2} 及介电厚度 a_2。因此当这两个参数中一个为已知时，可通过上述公式来确定另一个。

这种方法常用来对不同材料如纸、塑料膜、合成纤维等进行厚度测定，测量时让材料通过两极板之间，已知材料的介电常数时，便可从被测的电容值来确定测量厚度。

采用图 4-18(b)的形式也可改变介质,其中介质 2 插入电容器中一定深度。这种结果相当于将两电容器并联,此时的总电容由两部分组成:电容 C(介电常数 ε_{r1},极板面积 b_0 (l_0-l)),和电容 C_2(介电常数 ε_{r2},极板面积 $b_0 l_0$),由此得:

$$C = C_1 + C_2 = \frac{\varepsilon_0 \varepsilon_{r1}(l_0 - l)}{a_0} + \frac{\varepsilon_0 \varepsilon_{r2} b_0 l}{a_0} = \frac{\varepsilon_0 b_0}{a_0}[\varepsilon_{r1}(l_0 - l) + \varepsilon_{r2} l] \tag{4-34}$$

为分析方便起见,同样设介质 1 为空气,因此 $\varepsilon_{r1} = 1$,又设介质全部为空气的电容器的电容为 C_0,则 $C_0 = \frac{\varepsilon_0 b_0 l_0}{a_0}$。由于介质 2 的插入所引起的电容 C 的相对变化 $\Delta C/C_0$ 正比于插入深度 l,则:

$$\frac{\Delta C}{C_0} = \frac{C - C_0}{C_0} = \frac{l_0 - l}{l_0} + \frac{\varepsilon_{r2} l}{l_0} - 1 = \frac{\varepsilon_{r2} - 1}{l_0} l \tag{4-35}$$

这一原理常用于对非导电液体和松散物料的液位或填充高度的测量。如图 4-19 所示,在一被测介质中插入两片电容器极板,所测得的电容值即为液位或填充物料的高度 l 的度量。

水的介电常数为,该值远大于其他材料的介电常数,因此某些绝缘材料的介电常数随含水量的增加而急剧变大,基于这一事实可用来作水分或湿度测量。例如,要确定像谷物、纺织品、木材或煤炭等固体非导电性材料的湿度,可将这些材料导入电容传感器两极板之间,通过介质介电常数的影响来改变电容值,从而确定材料湿度。

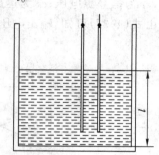

图 4-19　测量非导电液或松散物料填充高度的电容传感器

某些专门的塑料其分子吸收的水分与周围空气的相对湿度之间存在着某种明确的关系,用这种原理可测量空气的湿度。图 4-20 所示为这样一种传感器的结构以及探头电容与空气湿度之间的关系。在该传感器中,将该种塑料作为电容器的介质,根据所测到的电容值便可确定周围空气的相对湿度。

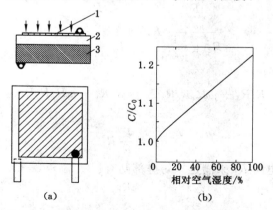

(a)　　　　　　　　　(b)

图 4-20　测量空气相对湿度的电容式传感器

(a) 传感器构造;(b) 传感器敏感元件电容与相对湿度间的关系曲线($C_0 \approx 300$ pF)

1——透水性金电极;2——湿敏介质;3——地电极

另外,某些电介质是温度灵敏的,因此也可做成相应的传感器用于火灾报警装置。

由于电容式传感器测出的电容及电容变化量均很小,因此必须连接适当的放大电路将它们转换成电压、电流或频率等输出量。以下是常用的几种电路。

1. 运算放大器电路

如图 4-21 所示,用该电路可获得输出电压随电容值线性变化的关系。由于运算放大器增益很大,输入阻抗很高,因此

$$e_0 = -e_i \frac{C_0}{C_x} \tag{4-36}$$

对变间隙型电容传感器来说,将式(4-36)代入上式可得:

$$e_0 = -e_i \frac{C_0 \delta}{\varepsilon_0 \varepsilon A} \tag{4-37}$$

式中,e_i 为信号源电压;e_0 为运放输出电压;C_0 为固定电容;C_x 为传感器等效电容。

由式(4-37)可知,输出电压 e_0 与电容传感器间隙 δ 成正比。

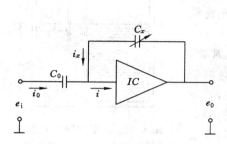

图 4-21 运算放大器式电路

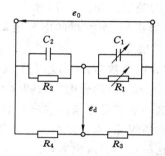

图 4-22 文氏式电容测量电桥

2. 电桥测量电路

如图 4-22 所示,将电容式传感器接入图示电桥的一桥臂中(图中 C_2),根据电桥平衡公式有:

$$\frac{\frac{R_2}{j\omega C_2}}{R_2 + \frac{1}{j\omega C_2}} R_3 = \frac{\frac{R_1}{j\omega C_1}}{R_1 + \frac{1}{j\omega C_1}} R_4 \tag{4-38}$$

或

$$R_2 R_3 + j\omega R_1 R_2 R_3 C_1 = R_1 R_4 + j\omega R_1 R_2 R_4 C_2 \tag{4-39}$$

其中实部有:

$$R_2 = \frac{R_4}{R_3} R_1 \tag{4-40}$$

上式可通过调节电阻 R_1 来满足。对虚部则有:

$$C_2 = \frac{R_4}{R_3} C_1 \tag{4-41}$$

同样可通过调节可调电容器 C_1 来实现。当电容传感器 C_2 有变化时,电桥相应地有输出。

另一种变压器式电桥电路如图 4-23 所示,其中差动式电容传感器组成电桥的相邻两臂,当负载阻抗为无穷大时,电桥的输出电压为:

$$E_0 = \frac{E}{2} \cdot \frac{C_1 - C_2}{C_1 + C_2} \tag{4-42}$$

式中，E 为电桥激励电压；C_1，C_2 为差动电容传感器的电容，其中 $C_1 = \dfrac{\varepsilon_0 \varepsilon A}{\delta - \Delta\delta}$，$C_2 = \dfrac{\varepsilon_0 \varepsilon A}{\delta + \Delta\delta}$。

由此得

$$E_0 = \frac{E}{2} \cdot \frac{\Delta\delta}{\delta} \tag{4-43}$$

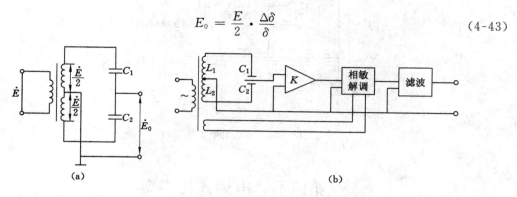

图 4-23　变压器电桥电路

（a）变压器电桥电路原理图；（b）测量电路

由此可见，当电源激励电压恒定的情况下，电桥输出电压与电容传感器输入位移成正比。该输出电压经后续放大并经相敏检波和滤波之后可由指示表显示。

3. 调频电路

如图 4-24 所示，电容传感器作为振荡器谐振回路的一部分。调频振荡器的谐振频率 f 为：

$$f = \frac{1}{2\pi \sqrt{LC}} \tag{4-44}$$

式中，L 为振荡回路电感。

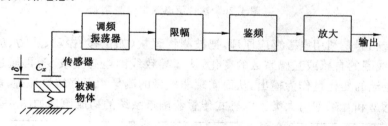

图 4-24　调频电路工作原理

当被测量使电容值发生变化时，振荡器频率也发生变化，其输出经限幅、鉴频和放大后变成电压输出。

该电路的优点是灵敏度高，可测 $0.01~\mu\mathrm{m}$ 的微小位移变化；缺点是易受电缆形成的杂散电容的影响，也易受温度变化的影响，给使用带来一定的影响。

如上所述，电容传感器的一个最大缺点是易受连接电缆线形成的寄生电容的影响。寄生电容主要是由电容传感器两极板引出线之间存在电位差所造成的。为消除这种影响，一种方法是常将后续电路的前级放置在紧靠电容传感器的地方，以尽量减少电缆长度及位置变化带来的影响，另一种方法是采用等电位传输（亦称驱动电缆）技术，其中采用双层屏蔽导线，内层与总线间的电容仍然存在，但由于等电位不可能产生位移电流，因此该电容的变化不再影响到电压的输出值,从而可消除寄生电容的影响(图 4-25)。

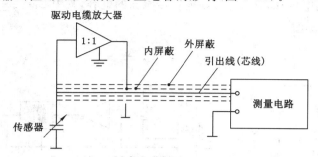

图 4-25　驱动电缆工作原理

第四节　电感式传感器

根据法拉第电磁感应定律,当穿过回路的磁通量发生变化时,回路中产生感应电动势(图 4-26),其大小和穿过回路的磁通量变化率成正比,即:

$$\varepsilon = K \frac{\mathrm{d}\phi}{\mathrm{d}t} \tag{4-45}$$

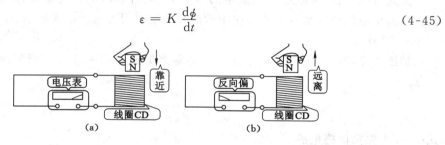

图 4-26　法拉第电磁定律

电感式传感器是利用电磁感应原理,把被测物理量(如位移、振动、压力、应变、流量、比重等)转换成线圈的自感或互感系数的变化,从而导致线圈电感量改变,再通过测量电路转换为电压或电流的变化量作为输出,从而实现非电量的测量。根据转换原理,电感式传感器可以分为自感型和互感型两大类。电感式传感器测量系统的构成原理如图 4-27 所示。

图 4-27　电感式传感器测量系统的构成原理框图

电感式传感器可分为变磁阻式、变压器式和涡流式,如图 4-28 所示。

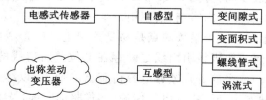

图 4-28　电感式传感器分类

一、变磁阻式传感器

变磁阻式传感器的结构示意图如图 4-29(a)所示。传感器由线圈、铁心和衔铁组成。图中点划线表示磁路,磁路由铁心、衔铁以及铁心与衔铁之间的气隙三部分组成;铁心和衔铁都由导磁材料制成。在铁心和活动衔铁之间有气隙,气隙厚度为 δ,工作时被测物体与衔铁相接。当被测物体带动衔铁移动时,气隙的厚度 δ 发生变化,引起磁路的磁阻发生变化,从而导致电感线圈的电感值 L 发生变化。因此,只要能测出电感量的变化,就能确定衔铁位移量的大小和方向。

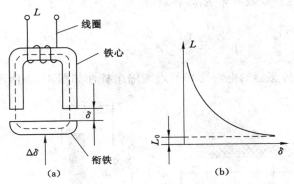

图 4-29 变磁阻式传感器工作原理
(a) 工作原理;(b) 电感与气隙的关系

线圈电感可用下式表示:

$$L = \frac{N^2}{R_M} \tag{4-46}$$

磁路总磁阻为 R_M,如果忽略磁路铁损,则磁路 R_M 为:

$$R_M = \frac{l_1}{u_1 A} + \frac{l_2}{u_2 A} + \frac{2\sigma}{u_0 A} \tag{4-47}$$

因此有

$$L = \frac{N^2}{R_M} = \frac{N^2}{\dfrac{l_1}{u_1 A} + \dfrac{l_2}{u_2 A} + \dfrac{2\sigma}{u_0 A}} \tag{4-48}$$

式中,N 为线圈匝数。

通常情况下,导磁体磁阻远远小于空气磁阻,故电感可以近似为:

$$L = \frac{N^2 u_0 A}{2\delta} \tag{4-49}$$

根据式(4-49),自感系数 L 与气隙 δ 成反比,如图 4-29(b)所示,与气隙导磁面积 A 成正比。因此,可以制成两种类型的电感型传感器:变间隙式和变面积式。

变间隙式传感器的灵敏度为:

$$S = \frac{\mathrm{d}L}{\mathrm{d}\delta} = -\frac{N^2 u_0 A_0}{2\delta^2} \tag{4-50}$$

此时,S 可近似为常数。这种传感器一般只适用于 $0.001 \sim 1\ \mathrm{mm}$ 范围的小位移测量。

变面积式传感器的灵敏度为:

$$S = \frac{\mathrm{d}L}{\mathrm{d}A} = -\frac{N^2 u_0}{2\delta} \tag{4-51}$$

变面积型电感传感器的自感与面积成线性比例关系,但其灵敏度低。

根据自感原理制成的螺线管型电感式传感器如图 4-30 所示。螺线管型电感传感器的衔铁随被测对象移动,使线圈磁铁磁力线路径上的磁阻发生变化,线圈电感量也因此而变化。线圈电感量的大小与衔铁插入线圈的深度有关。

设线圈长度为 l,线圈的平均半径为 r,线圈的匝数为 N,衔铁进入线圈的长度为 l_a,衔铁的半径为 r_a,铁心的有效磁导率为 u_m,则线圈的电感量 L 与衔铁进入线圈的长度 l_a 的关系可表示为

$$L = \frac{4\pi^2 N^2}{l^2}\big[lr^2 + (u_m - 1)l_a r_a^2\big]$$

螺线管型电感式传感器的电路工作原理与输出特性如图 4-31 所示。

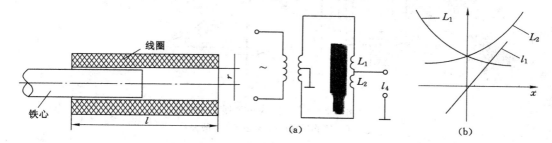

图 4-30　螺线管型电感式传感器　　　图 4-31　螺线管型电感式传感器电路及特性
（a）电桥电路；（b）输出特性

螺线管型电感式传感器可分为单螺管和双螺管型。图 4-32 所示的是变磁阻式传感器的几种典型结构。图 4-32(a)所示的是差动结构。当衔铁移动 $\Delta\delta$ 时,一个线圈的气隙变为 $\delta_0 + \Delta\delta$,其自感减小;另一个线圈的气隙变为 $\delta_0 - \Delta\delta$,其自感增大。若将两个线圈接在电桥的相邻臂上,则其输出灵敏度可提高一倍,且可改善其非线性特性。

图 4-32(b)所示的是单螺管型结构。由于有限长度线圈的轴向磁场强度分布不均匀,因此,只有单螺管型电感传感器在线圈中段才有较好的线性关系。单螺管型结构简单,灵敏度较低,适用于较大位移(毫米量级)测试。

图 4-32(c)所示的是双螺管差动型结构。差动连接后,总电感的变化是单一螺管电感变化量的两倍,它能部分地消除磁场不均匀所造成的非线性影响。测试范围在 $0 \sim 300\ \mu m$,最高分辨率可达 $0.5\ \mu m$。

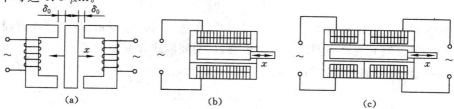

图 4-32　变磁阻式传感器的典型结构
（a）差动型；（b）单螺管型；（c）双螺管差动型

二、涡流式传感器

涡流式传感器的工作原理是利用金属导体在交变磁场中产生涡电流效应。常用的高频反射式涡流传感器的工作原理如图 4-33 所示。

给线圈通以高频交流电流 i_1，其周围会产生交变磁场 H_1，当把该线圈放到一块金属导体附近时，在金属导体表面会感应出交变电流 i_2，该电流在金属导体表面是闭合的，称为"涡电流"。同样，此交变涡电流也会产生交变磁场 H_2，其方向总是与线圈产生的磁场 H_1 变化的方向相反。由于涡电流磁场 H_2 的作用，原线圈等效阻抗 Z 值发生变化。实验分析得出 Z 值大小与金属导体的电导率 ρ、磁导率 μ、厚度 H、线圈与金属导体间的距离 δ、线圈激励电流的频率 f 等参数有关。实际应用中，可只变化其中某一参数，而其他参数固定，阻抗 Z 就只与某参数成单值函数关系。根据该原理制成的传感器称为涡流式传感器，如位移计、振动计和探伤仪等。

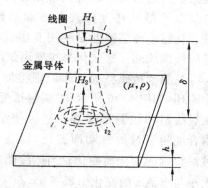

图 4-33　电涡流式传感器原理

电涡流传感器的测量电路，通常采用电桥和谐振电路。电桥电路是把线圈的阻抗作为电桥的一个桥臂，或用两个电涡流线圈组成差动电桥。谐振电路有调幅电路和调频电路两种。

图 4-34 所示的是分压式调幅电路原理图，图 4-35 所示的是调频测试电路的工作原理图。它们都是将传感器线圈接入 LC 调谐电路，使其谐振频率随被测量 δ 的变化而改变。而调谐分别控制着外接振荡器的幅值或频率，以实现被测量的信号转换。

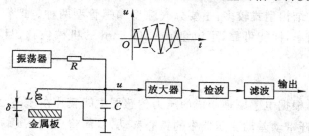

图 4-34　分压式调幅电路原理

图 4-35　调频电路工作原理

电涡流传感器结构简单，灵敏度高，测量范围大（$\pm 1 \sim \pm 10$ mm），分辨率高（可达 1 μm），动态特性好，抗干扰能力强，可用于非接触动态测试，常用于测量位移、振动、零件厚度和表面裂纹等。

三、互感型传感器

由于一个电路小电流的变化而在邻近另一个电路中引起感应电动势的现象称为互感。互感系数是表示器件在互感现象方面特性的一个物理量。互感型传感器就是利用互感现象将被测物理量转换成线圈互感变化来实现测试的。

互感型传感器的工作原理类似于变压器的工作原理，如图 4-36 所示，主要包括衔铁、初级绕组、次级绕组和线圈框架等。初级绕组、次级绕组的耦合能随衔铁的移动而变化，即绕组间的互感随被测位移的改变而变化。当原线圈 W 输入交变电流 i 时，副线圈 W_1 产生感应电动势 e_1，其大小与电流 i 的变化率成正比，即

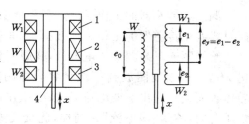

图 4-36　差动变压器传感器
1,3——次级线圈；2——初级线圈；4——衔铁

$$e_1 = -M \frac{\mathrm{d}i}{\mathrm{d}t}$$

式中，M 为互感系数。

在实际工程应用中，通常将两个结构尺寸和参数完全相同的次级绕组采用反向串接，以差动方式输出，所以又把这种传感器称为差动变压器式电感传感器，简称差动变压器，其结构原理如图 4-36 所示。当原线圈 W 被交流电压激励时，两个副线圈 W_1、W_2 将产生感应电势 e_1、e_2，如图 4-36 所示。当铁心处于两副线圈中间位置时，两个线圈的感应电动势相等，即 $e_1 = e_2$。由于两个线圈反向串接，此时输出电压 $e_y = e_1 - e_2 = 0$；当衔铁向上运动时，线圈 W_1 的互感系数比线圈 W_2 大，因此 $e_1 > e_2$；当衔铁向下运动时，则 $e_1 < e_2$。

互感型传感器的结构型式较多，主要分气隙型和螺管型两种。螺管型差动变压器精度高，灵敏度高，结构简单，性能可靠，可测量 $0 \sim 100$ mm 的机械位移，目前生产中多采用螺管型。

四、传感器实例

如图 4-37 所示，根据电感原理制成的压力传感器中间膜片在压差 $\Delta p = p_1 - p_2$ 的作用下产生位移，通过连杆带动差动变压器中的铁心移动，从而将压差 Δp 转换成变压器的电压输出。

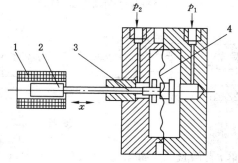

图 4-37　电感型压力传感器结构图
1——差动变压器；2——铁心；3——连杆；4——中间膜片

图 4-38 所示的是涡流位移传感器的结构图。扁平线圈 3 固定在保护套 4 和骨架 2 之间,传感器壳体上制有螺纹,用来调整线圈端面与被测金属表面间的初始距离。当被测表面相对传感器线圈端面移动时,线圈 3 的等效阻抗发生变化,该变化经后接测试电路转换成电压或电流信号输出。

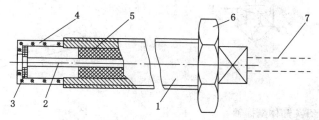

图 4-38　涡流位移传感器

1——壳体;2——框架;3——线圈;4——保护套;5——填料;6——螺母;7——电缆

第五节　压电式传感器

一、压电效应

对于某些介质,当沿着一定方向对其施力使其变形时内部就产生极化现象,同时在它的两个表面上产生符号相反的电荷;当外力去掉后,又重新恢复到不带电状态,这种现象称为压电效应。当力的方向改变时,电荷的极性也随之改变。有时人们把这种机械能转换为电能的现象,称为"正压电效应"。相反,当在电介质极化方向施加电场,这些电介质也会产生机械变形或机械压力;当施加电场撤去时,这些变形或应力也随之消失的现象,称为"逆压电效应",如图 4-39 所示。

二、压电材料

具有压电效应的材料称为压电材料,在自然界中大多数晶体都具有压电效应,但十分微弱。例如,压电晶体有石英等,压电陶瓷有钛酸钡、锆钛酸铅等,有机压电膜有 PVDF 聚偏氟乙烯等,压电半导体有硫化锌、碲化镉等。

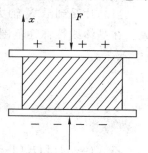

图 4-39　压电效应

1. 石英晶体

对于天然结构的石英晶体其理想外形是一个正六面体,在晶体学中它可用三个互相垂直的轴来表示,其中纵向轴 $Z—Z$ 称为光轴;经过正六面体棱线,并垂直于光轴的 $X—X$ 轴称为电轴;与 $X—X$ 轴和 $Z—Z$ 轴同时垂直的 $Y—Y$ 轴(垂直于正六面体的棱面)称为机械轴。通常把沿电轴 $X—X$ 方向的力作用下产生电荷的压电效应称为"纵向压电效应",而把沿机械轴 $Y—Y$ 方向的力作用下产生的电荷压电效应称为"横向压电效应",而沿光轴及 $Z—Z$ 方向受力则不产生压电效应,如图 4-40 所示。

假设从石英晶体上切下一片平行六面体晶体切片,如图 4-41 所示,使它的晶面分别平行于 X、Y、Z 轴,则切片在受到沿不同方向的作用力时会产生不同的极化作用,主要的压电效应有纵向效应、横向效应和剪切效应,如图 4-42 所示。

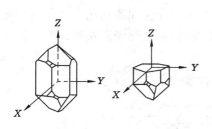

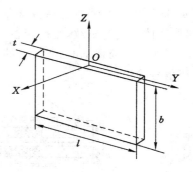

图 4-40　石英晶体坐标轴

（a）晶体外形；（b）坐标系

图 4-41　石英晶体切片

图 4-42　压电材料纵向效应与横向效应

当晶片受到沿 X 轴方向的压缩应力 σ_{xx} 作用时，晶片将产生厚度变形，并发生极化现象。在晶体线性弹性范围内，极化强度 P_{xx} 与应力 σ_{xx} 成正比，即

$$P_{xx} = d_{11}\sigma_{xx} = d_{11}\frac{F_x}{lb} \tag{4-52}$$

极化强度 P_{xx} 在数值上等于晶面上的电荷密度，即

$$P_{xx} = \frac{q_x}{lb} \tag{4-53}$$

将式（4-52）和式（4-53）整理，得

$$q_x = d_{11}F_x \tag{4-54}$$

式中，F_x 为沿 X 轴方向施加的力；d_{11} 为压电系数，当受力方向和变形不同时，压电系数也不同，对于石英晶体，则 $d_{11} = 2.3 \times 10^{-12}\text{C} \cdot \text{N}^{-1}$；$q_x$ 为垂直于 X 轴平面上的电荷。

由于 $q_x = d_{11}F_x$，则其极间电压为

$$U_x = \frac{q_x}{C_x} = d_{11}\frac{F_x}{C_x} \tag{4-55}$$

式中，$C_x = \dfrac{\varepsilon_0\varepsilon_r lb}{t}$ 为电极面间电容。

根据逆压电效应，晶体在 X 轴方向上将产生伸缩，即 $\Delta t = d_{11}U_x$，用应变表示为

$$\frac{\Delta t}{t} = d_{11}\frac{U_x}{t} = d_{11}E_x \tag{4-56}$$

式中，E_x 为 X 轴方向上的电场强度。

如果在同一晶片上作用力是沿着机械轴的方向，其电荷仍在与 X 轴垂直平面上出现，此时电荷的大小为

$$q_{XY} = d_{12} \frac{l}{t} F_Y = -d_{11} \frac{l}{t} F_Y \qquad (4-57)$$

根据逆压电效应,晶片在 X 轴方向将产生伸缩变形,即

$$\frac{\Delta l}{l} = -d_{11} \frac{1}{t} E_x \qquad (4-58)$$

无论是正压或逆压电效应,其作用力(或应变)与电荷(或电场强度)之间呈线性关系;晶体在哪个方向上有正压电效应,则在此方向上一定存在逆压电效应;石英晶体不是在任何方向都存在压电效应;由于切片的加工工艺和传感器的使用,当晶体受力时,往往同时存在 X 和 Y 方向的分力,致使同时产生纵向压电效应和横向压电效应。横向压电效应产生的电荷极性与纵向压电效应所产生的电荷极性相反,从而降低了压电晶体的纵向灵敏度。

2. 压电陶瓷

压电陶瓷属于铁电体一类的物质,是人工制造的多晶压电材料,它具有类似铁磁材料磁畴结构的电畴结构。压电陶瓷之所以具有压电效应,是由于陶瓷内部存在自发极化。这些自发极化经过极化工序处理而被迫取向排列后,陶瓷内即存在剩余极化强度。如果外界的作用(如压力或电场的作用)能使此极化强度发生变化,陶瓷就出现压电效应,如图 4-43 所示。

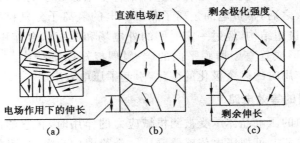

图 4-43 压电陶瓷原理
(a) 极化处理前;(b) 极化处理中;(c) 极化处理后

如果在陶瓷片上加一个与极化方向平行的压力 F,陶瓷片将产生压缩变形,片内的正、负束缚电荷之间的距离变小,极化强度也变小。因此,原来吸附在电极上的自由电荷,有一部分被释放,而出现放电现象。当压力撤销后,陶瓷片恢复原状(这是一个膨胀过程),片内的正负电荷之间的距离变大,极化强度也变大,因此电极上又吸附一部分自由电荷而出现充电现象。这种由机械效应转变为电效应,或者由机械能转变为电能的现象,就是正压电效应。陶瓷内的极化电荷是束缚电荷,而不是自由电荷。由于这些束缚电荷不能自由移动,所以在陶瓷中产生的放电或充电现象是通过陶瓷内部极化强度的变化,引起电极面上自由电荷释放或补充的结果,如图 4-44 所示。若在陶瓷片上加一个与极化方向相同的电场,由于电场的方向与极化强度的方向相同,所以电场的作用使极化强度增大。这时,陶瓷片内的正负束缚电荷之间距离也增大,就是说,陶瓷片沿极化方向产生伸长形变。同理,如果外加电场的方向与极化方向相反,则陶瓷片沿极化方向产生缩短形变。这种由于电效应而转变为机械效应或者由电能转变为机械能的现象就是逆压电效应,如图 4-45 所示。

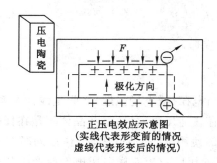

正压电效应示意图
（实线代表形变前的情况
虚线代表形变后的情况）

图 4-44 压电陶瓷充放电示意图

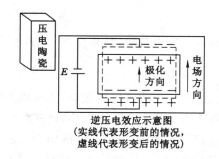

逆压电效应示意图
（实线代表形变前的情况，
虚线代表形变后的情况）

图 4-45 压电陶瓷逆放电示意图

3. 压电高分子材料

高分子材料属于有机分子半结晶或结晶聚合物，其压电效应较复杂，不但要考虑晶格中均匀的内应变对压电效应的贡献，还要考虑高分子材料中作非均匀内应变所产生的各种高次效应，以及与整个体系平均变形无关的电荷位移而表现出来的压电特性。

目前已发现的压电系数最高，且已进行开发应用的压电高分子材料是聚偏氟乙烯，其压电效应可采用类似铁电体的机理来解释。这种聚合物中碳原子的个数为奇数，经过机械滚压和拉伸制作成薄膜之后，带负电的氟离子和带正电的氢离子分别排列在薄膜的对应上下两边上，形成微晶偶极矩结构，经过一定时间的外电场和温度联合作用后，晶体内部的偶极矩进一步旋转定向，形成垂直于薄膜平面的碳-氟偶极矩固定结构。正是由于这种固定取向后的极化和外力作用时的剩余极化的变化，引起了压电效应。

三、压电传感器的等效电路

当压电传感器中的压电晶体承受被测机械应力的作用时，在它的两个极面上出现极性相反但电量相等的电荷。可把压电传感器看成一个静电发生器，也可把它视为两极板上聚集异性电荷，中间为绝缘体的电容器，如图 4-46 所示。

当两级板聚集异性电荷时，两级板呈现一定的电压，压电传感器可等效为电压源 U_a 和一个电容器 C_a 的串联电路；也可等效为一个电荷源 q 和一个电容器 C_a 的并联电路，如图 4-47 所示。

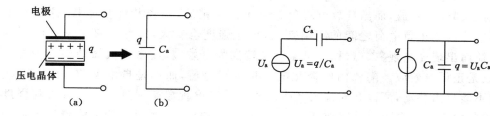

图 4-46 压电传感器等效电路

图 4-47 电压电荷等效电路
（a）电压等效电路；（b）电荷等效电路

只有当压电传感器外电路负载无穷大时，传感器内部信号电荷才能无"漏损"，压电传感器受力后产生的电压或电荷才能长期保存，否则电路将以某时间常数按指数规律放电。这对于静态标定以及低频准静态测量极为不利，必然带来误差。事实上，传感器内部不可能没有泄露,外电路负载也不可能无穷大,只有外力以较高频率不断地作用,传感器的电荷才能得以补充。因此,压电元件不适合于静态测量。

压电传感器的绝缘电阻 R_a 与前置放大器的输入电阻 R_i 相并联,压电陶瓷传感器固有电容 C_a 与连线分布电容 C_c 和前置放大器输入电容 C_i 并联,形成传感与测量放大电路等效电路,如图4-48所示。为保证传感器和测试系统有一定的低频或准静态响应,要求压电传感器绝缘电阻应保持在 10^{13} Ω以上,才能使内部电荷泄露减少到满足一般测试精度的要求。与上述相适应,测试系统则应有较大的时间常数,即前置放大器有相当高的输入阻抗,否则传感器的信号电荷将通过输入电路泄漏,即产生测量误差。

为了提高传感器灵敏度,可采用的方法有:增加压电陶瓷片数目;采用合理的连接方法(压电陶瓷片串联、压电陶瓷片并联,见图4-49)。其中,并联接法特点为:输出电荷大,时间常数大,宜用于测量缓信号,并且适合用于以电荷作为输出量的场合。串联接法特点为:输出电压大,本身电容小,电压作为输出信号,宜测量电路输入阻抗很高的场合。

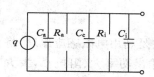

C_a 传感器的固有电容
C_i 前置放大器输入电容
C_c 连线点电容
R_a 传感器的漏电阻
R_i 前置放大器输入电阻

图4-48　传感器电路测量前端等效电路

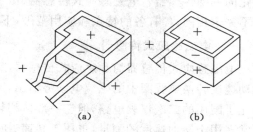

(a)　　　(b)

图4-49　压电片的连接方法

四、测试电路

压电传感器本身所产生的电荷量很小,而传感器本身的内阻又很大,因此其输出信号十分微弱,因此对后续电路提出了很高的要求。需要将压电传感器先接到高输入阻抗的前置放大器,经阻抗变换之后再采用一般的放大、检波电路来处理,然后才能将输出信号提供给指示仪器或记录设备。

压电传感器的低频响应取决于由传感器、连接电缆和负载组成的电路的时间常数 RC。当力的变化频率与测量回路时间常数(RC)的乘积远大于1时,前置放大器的输出电压 U_{sc} 与频率无关。这说明,在测量回路时间常数一定的条件下,压电传感器具有相当好的高频响应特性。但整个测量系统对电缆电容十分敏感。电缆过长或位置变化时均会造成输出的不稳定变化,从而影响仪器的灵敏度。解决这一问题的办法是采用短的电缆及驱动电缆,如图4-50所示。

当 A_0 足够大时,输出电压与 A_0 无关,只取决于输入电荷 q 和反馈电容 C_F ,改变 C_F 的大小便可得到所需的电压输出。C_F 一般取值 $100\sim10^4$ cF。因此,在一定条件下,电荷放大器的输出电压与压电传感器产生的电荷量成正比,与电缆引线所形成的分布电容无关。从而电荷放大器彻底消除了电缆长度的改变对测量精度带来的影响,电荷式压电传感器常用的后续放大电路如图4-51所示。

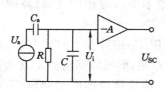

图 4-50　电压放大器电路

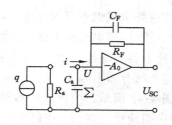

图 4-51　电荷放大器电路

第六节　磁电式传感器

　　磁电式传感器是通过磁电作用将被测物理量(如振动、位移、转速)等转化成感应电动势变化的一种传感器。电磁感应式传感器、霍尔式传感器都是磁电式传感器,它们的工作原理并不完全相同,各有各的特点和应用范围,下面分别予以介绍。

一、电磁感应式传感器

　　电磁感应式传感器简称感应式传感器,又称电动式传感器。它是利用电磁感应原理,将运动速度转换成线圈中的感应电动势输出。它不需要外加电源,输出功率大、阻抗小,大大简化了配用的二次仪表电路,但它一般体积较大,动态响应范围不大(通常 10～1 000 Hz),通常多用于振动速度的测量,也用于转速、扭矩等的测量。

　　(一) 工作原理

　　由电工学可知,对于一个匝数为 N 的线圈,当穿过该线圈的磁通量 ϕ 发生变化时,其感应电动势 e 为

$$e = -N\frac{\mathrm{d}\phi}{\mathrm{d}t} \tag{4-59}$$

　　可见,线圈感应电动势的大小,取决于线圈的匝数和穿过线圈的磁通变化率。磁通变化率与磁场强度、磁路磁阻、线圈的运动速度有关,如果改变其中任何一个因素,都会改变线圈的感应电动势。

　　利用导体和磁场的相对运动产生感应电动势的原理可以制成多种磁电感应式传感器。本节主要按结构方式分类,介绍动圈式和磁阻式磁电传感器。

　　(二) 动圈式磁电传感器

　　动圈式磁电传感器又可分为线速度型与角速度型。

　　图 4-52(a)所示为线速度型传感器的工作原理。在永久磁铁产生的直流磁场内,放置一个可动线圈,当线圈在磁场中做直线运动时,它所产生的感应电动势为

$$e = NBLv\sin\theta \tag{4-60}$$

式中　　N——有效线圈匝数,指在均匀磁场内参与切割磁力线的线圈匝数;

　　　　B——磁场的磁感应强度;

　　　　L——单匝线圈有效长度;

　　　　v——线圈与磁场的相对运动速度;

　　　　θ——线圈运动方向与磁场方向的夹角。

当 $\theta=90°$ 时,式(4-60)可写为

$$e = NBLv \tag{4-61}$$

由式(4-61)可知,当传感器结构参数确定后,B,L,N 均为常数,感应电动势 e 与线圈相对磁场的运动线速度 v 成正比,这是常见的绝对式磁电速度计的工作原理。

图 4-52(b)是角速度型传感器工作原理。线圈在磁场中转动时产生的感应电动势为

$$e = kNBA\omega \tag{4-62}$$

式中　ω——角频率;

　　　A——单匝线圈的截面积;

　　　k——依赖于结构的系数,$k<1$。

式(4-62)表明,当传感器结构一定时,N,B,A 均为常数,感应电动势与线圈相对磁场的速度成正比。这种传感器用于测量转速。

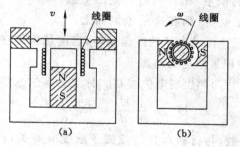

图 4-52　动圈式磁电传感器工作原理
（a）线加速度型;（b）角速度型

（三）变磁阻式传感器

磁阻式传感器又称变磁通式传感器或变气隙式磁电感应传感器,常用来测量旋转物体的角速度,它们的结构原理如图 4-53 所示。其工作原理是由运动着的物体(导磁材料)改变磁路的磁阻,引起磁力线增加或减弱,使线圈产生感应电动势,此种传感器由永久磁铁及缠绕其上的线圈组成。图 4-53 中,当轴旋转(或质量块 M 振动)时,气隙的变化使磁阻变化,致使磁通量变化,在线圈中感应出交变电动势,其频率与轴的转速成正比。磁阻式传感器使用方便,结构简单,在不同场合下可用来测量多种物理量。

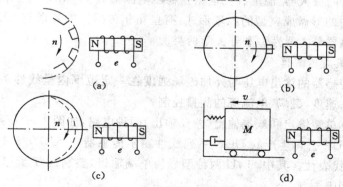

图 4-53　磁阻式传感器工作原理及应用实例
（a）频率测量;（b）转速测量;（c）偏心测量;（d）振动测量

二、霍尔传感器

霍尔传感器是基于霍尔效应的一种非接触式传感器。在磁场中被测量通过霍尔元件转换成电动势输出。霍尔传感器可应用于多种非电量测量,特别是在检测微位移、大电流、微弱磁场等方面得到了广泛应用。

（一）霍尔效应

如图 4-54 所示,一块长为 l、宽为 b、厚为 d 的 N 型半导体薄片,位于磁感应强度为 B 的磁场中,B 垂直于 l-d 平面。沿 l 通电流 I,N 型半导体中的载流子——电子将受到 B 作用而产生的洛伦兹力 F_L 的作用。

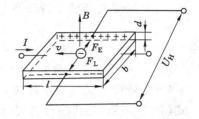

图 4-54　霍尔效应原理图

在力 F_L 的作用下,电子向半导体片的一个侧面偏转,在该侧面上形成电子的积累,相对的另一侧面上因缺少电子而出现等量的正电荷,则在这两个侧面上产生霍尔电场 E_H。该电场阻止运动电子的继续偏转,当电场作用在运动电子上的力 F_E 和洛伦兹力 F_L 相等时,电子的积累便达到动态平衡。

由于存在 E_H,半导体片两侧出现电位差 U_H,称之为霍尔电势。

$$U_H = \frac{1}{en}\frac{IB}{d} = R_H \frac{IB}{d} \tag{4-63}$$

式中,$R_H = 1/en$ 为霍尔系数,与材料本身的载流子浓度 n 有关;e 为电子电量。因 U_H 随 I 而变,将 I 称为器件的控制电流。

通常,把式(4-63)改写成

$$U_H = \frac{R_H}{d}IB = K_H IB \tag{4-64}$$

式中,$K_H = \dfrac{R_H}{d} = \dfrac{U_H}{IB}$,为器件的灵敏度,即在单位控制电流和单位磁感应强度下的霍尔电势。而且材料的厚度 d 愈小,K_H 就愈大,也即灵敏度愈高。

（二）霍尔传感器器件

霍尔元件输出要经二次或多次转换才能变成一般仪表接收信号。由于集成技术的发展,将霍尔敏感元件、放大器、温度补偿电路及稳压电源集成于一个芯片上构成霍尔传感器。有些霍尔传感器的外形做成典型的三端形式,有些霍尔传感器的外形与 DIP 封装的集成电路相同。霍尔传感器分为线性型和开关型两类。

1. 霍尔线性集成传感器

这种线性型传感器的输出电压与外加磁场强度在一定范围内呈线性关系,广泛用于位置、力、重量、厚度、速度、磁场、电流等的测量控制。

这种传感器有单端输出和双端输出（差动输出）两种电路,如图 4-55 所示。

美国 SPRAGUE 公司生产的 UGN 系列线性霍尔传感器中,UGN3501T、UGN3501U、UGN3501M 具有代表性。其中,T,U 两种型号为单端输出,差别是 T 型厚、U 型薄。M 型为双端输出 8 脚 DIP 封装。

2. 霍尔开关集成传感器

霍尔开关集成传感器由霍尔元件、放大器、施密特整形电路和开关输出等部分组成,其

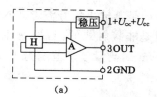 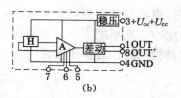

图 4-55　线性霍尔传感器结构

（a）单端输出；（b）差动输出

内部结构框图如图 4-56 所示。常用的霍尔开关传感器有 UGN3000。

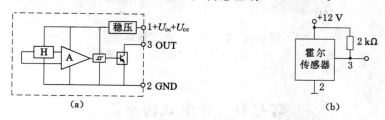

图 4-56　开关型霍耳传感器

（a）内部结构图；（b）工作电路

（三）应用

1. 微位移的测量

图 4-57 所示是两种位移传感器的工作原理。图 4-57（a）中磁系统由两块场强相同、同极性相对放置的磁铁组成。霍尔元件置于梯度磁场的中间，两磁铁正中间处作为位移参考原点，$\Delta z = 0$。此处磁感应强度 $B = 0$，霍尔电势 $U_H = 0$。当霍尔元件在 z 轴方向有位移时，即有霍尔电势输出。当两块磁铁越接近时，磁场梯度越大，灵敏度越高。在位移量 $\Delta z < 2$ mm 范围内，U_H 与 Δz 有良好的线性关系。其磁场梯度一般大于 0.03 T/mm，其分辨率可达 0.01 mm。图 4-57（b）中是两个直流磁系统共同形成的一个高梯度磁场，磁场梯度可达 1 T/mm，灵敏度较高，但其可测量的位移量特别小，一般 $\Delta z < 0.5$ mm。因此最适合于测振动等微小位移，特性曲线在 ±0.5 mm 范围线性好。

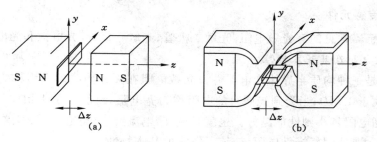

图 4-57　霍尔位移传感器的工作原理

2. 转速测量

图 4-58 所示为两种形式的霍尔转速传感器工作原理图。这两种传感器都采取将开关霍尔集成电路或霍尔元件固定在永磁体路径附近的方法。其中，图 4-58（a）是把永磁体粘贴在旋转体上部，图 4-58（b）是把永磁体粘贴在旋转体边缘。每个永磁体都形成一个小磁体，

当旋转体转动时,则霍尔电动势发生突变,图 4-58(c)是其输出信号波形。永磁体越多,分辨率越高,但最小脉冲周期不能小于计数周期。测量是非接触式的,对被测件影响很小,输出电压信号幅值与转速无关,转速测量范围 $1\sim10^5$ r/min,测量频率范围为 10 kHz。

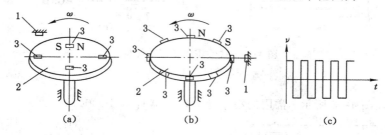

图 4-58　霍耳转速器的工作原理
1——霍耳元件;2——被测物体;3——永磁体

第七节　光电式传感器

光电式传感器是将光信号转换成电信号的传感器。光电效应是光电式传感器的物理基础。

一、光电效应

光电效应按工作原理不同可分为内光电效应和外光电效应两大类。

当物质(多为半导体)受到光线照射时,内部的原子释放出电子,但这些电子只能在物质内部运动,使物体电阻率发生变化或产生光生电动势的现象叫作内光电效应。其中,能使物体电阻率改变的现象称作光电导效应,如光敏电阻就是光电导效应器件;能产生一定方向电动势的现象叫作光生伏特效应,如光电池就是光生伏特效应的光电器件。

当物质(金属或金属的氧化物)受到光线照射时,光的能量转变为物质内的某些电子能量,使一些电子逸出物体表面,并向外发射的现象称为外光电效应,也称为光电子发射效应。基于外光电效应原理的光电器件有光电管和光电倍增管。

二、光电传感元件

光电式传感器常见的有光敏电阻、光敏二极管、光敏三极管、光电池和光电倍增管等。

(一)光敏电阻及其基本特性

光敏电阻是一种均质半导体光电器件。光敏电阻在无光照时的电阻称为暗电阻,其阻值很高,一般大于 1 MΩ;当受到光照时的电阻称为亮电阻,一般小于 1 kΩ。光敏电阻的暗电阻越大,而亮电阻越小则性能越好。也就是说,暗电流要小、亮电流要大,这样的光敏电阻的灵敏度就高。要使用好光敏电阻,应该了解它的基本特性。

1. 伏安特性

在一定的照度下,光敏电阻两端所加的电压与电流之间的关系,称为伏安特性(图 4-59)。根据特性曲线,在给定的电压情况下,光照度越大,光电流也就越大;在一定的光照度下,所加的电压越大,光电流也越大,而且没有饱和现象。当然不能无限制地提高电压,任何光敏电阻都有最大额定功率、最高工作电压和最大额定电流。

2. 光照特性

光敏电阻的光电流与光强之间的关系,称为光敏电阻的光照特性。不同类型光敏电阻的光照特性是不同的。但多数光敏电阻的光照特性类似于图 4-60 所示的曲线形状。

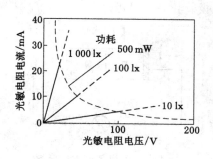

图 4-59　硫化镉光敏电阻的伏安特性曲线

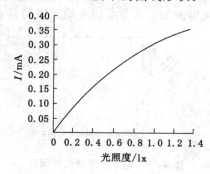

图 4-60　光敏电阻的光照特性曲线

由于光敏电阻的光照特性曲线呈非线性,因此它不宜作为测量元件,这是光敏电阻的一个缺陷。一般自动控制系统中光敏电阻常用作开关式光电信号传感元件。

3. 光谱特性

光敏电阻的光谱特性反映了光的波长与光敏电阻灵敏度的关系,图 4-61 所示为几种不同材料光敏电阻的光谱特性。光敏电阻对不同波长的光,其灵敏度是不同的。光敏电阻光谱响应的区域可以从紫外光区域到红外光区域。从图 4-60 中可以看出,硫化镉的峰值在可见光区域,而硫化铅峰值在红外光区域。因此在选用光敏电阻时,应该根据光源的波长来选用光敏元件,才能获得满意的结果。

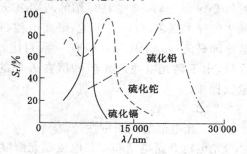

图 4-61　光敏电阻的光谱特性

（二）光敏二极管、光敏三极管

光敏二极管是一种 P-N 结单向导电性的结型光电器件,P-N 结装在管的顶部,且上面有一个透镜制成的窗口,以便将接收的光线集中于敏感面上。

光敏二极管的工作原理和电路如图 4-62 所示。光敏二极管工作在反向偏压状态,无光照时,反向电流很小,光敏二极管工作在截止状态。有光照时,反向电流增加,与光照度成正

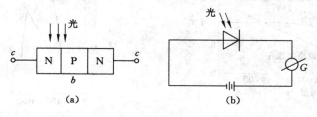

图 4-62　光敏二极管的工作原理和电路

(a) 光照射;(b) 电路

比例。可见,光敏二极管的光电特性较好。

光敏三极管的工作原理和电路如图 4-63 所示。它与一般三极管的结构相似,内部有两个 P-N 结,光照射在基-集结上,产生的光电流相当于一般三极管的基极电流,因此集电极电流是光电流的 β 倍。所以光敏三极管具有比光敏二极管较高的灵敏度。

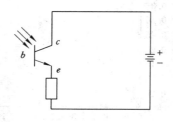

图 4-63　光敏三极管工作原理

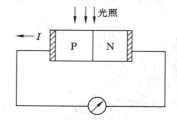

图 4-64　光电池的工作原理

（三）光电池

1. 结构原理

光电池是一种直接将光能转换为电能的光电元件,它有一个大面积的 P-N 结。当光照射到 P-N 结上时,便在 P-N 结的两端出现电动势,这就是光电池的工作原理(图 4-64)。光电池的种类很多,有硅光电池、硒光电池、锗光电池、砷光电池等。其中应用最多的是硒光电池和硅光电池,因为它们有一系列优点,例如性能稳定、光谱范围宽、频率特性好等。另外,由于硒光电池的光谱峰值在人们的视觉范围,所以常常应用到很多分析仪器和测量仪器中。

2. 工作特性

（1）光电池的光照特性

光电池开路电压和短路电流随光照度的变化曲线如图 4-65 所示。开路电压 U_{L0} 随光照度呈非线性增大,而短路电流 I_L 则随光照度呈线性增大,因此常将光电池接成电流源形式使用,以便获得线性光照特性。

（2）光电池的光谱特性

光谱特性是反映光电池对不同波长光的灵敏度,图 4-66 所示为硒光电池和硅光电池的光谱特性曲线。从曲线上可以看出,不同的光电池对不同波长的光,其灵敏度是不同的。因此,在使用光电池时,应该结合光源的性质来选择光电池,反之也可根据现有的光电池选择

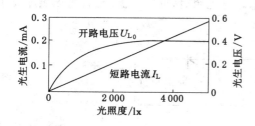

图 4-65　光电池的光照特性

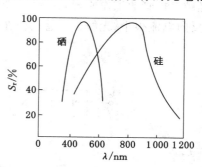

图 4-66　光电池的光谱特性

光源，才能获得满意的结果。

例如，硅光电池在 800 nm 附近、硒光电池在 540 nm 附近灵敏度最高。硅光电池的光谱范围广，在 450～1 100 nm 之间；硒光电池的光谱范围为 340～750 nm。因此，硒光电池适用于可见光，常用于光照度的测量。

在选用光电池时，除综合考虑其光照特性和光谱特性外，还须考虑它的频率特性、温度特性等。

三、光电传感器的检测电路及其应用

光电传感器在自动化技术领域应用十分广泛，就其应用范围来分，可分成两大类。

1. 函数型光电测量仪

函数型光电测量仪是利用光电流和光通量有确定的函数关系制成的光电测量仪器。例如，用硅光和硒光电池作为光电转换元件来测量光强的照度计，也可通过被测物理量与光通量之间的关系，制成成分分析仪器，例如，测量液体或气体的透明度或浑浊度的光电比色计或浊度计等。还可以通过入射光线在被测物体表面反射后的光通量变化，制成测量物体表面质量（表面粗糙度等）的仪器。

2. 开关型光电测量仪

开关型光电测量仪是利用光电元件在受光照或无光照时"有"或"无"电信号输出的特性制成的各种光电自动装置。在这一类应用中，光电元件用作开关式光电转换元件。例如，光电开关、光电式报警器、报警器以及光电式数字转速计中的光电传感器等。

图 4-67 为光电式数字转速表工作原理图。在电机的转轴上涂上黑白两种颜色；在电机轴转动时，反光与不反光交替出现，所以光电元件间断地接收光的反射信号，输出电脉冲。经过放大整形电路，输出整齐的方波信号，由数字频率计记录电机的转速。

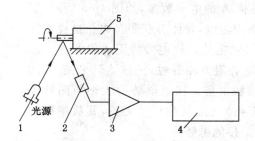

图 4-67　光电式数字转速表工作原理图

1——光照；2——光电元件；3——放大及整形电路；4——数字频率计；5——电机

由此可见，只要将被测物理量的变化转换成光信号的变化，就可以运用光电式传感器将其转换为相应变化的电信号。

光电式传感器广泛应用于自动检测和控制领域，它具有反应迅速、结构简单可靠、非接触测量等优点。光电式传感器不仅在民用工业上得到广泛应用，在军事上更有它重要的地位。用光电硫化铅光敏电阻做成红外探测器的装置有红外夜视仪、红外线照相及红外导航系统等。

第八节 热电式传感器

温度是表征物体冷热程度的物理量,它是七个基本物理量之一。热电式传感器是一种将温度变化转化为电量或电参量变化的传感器。在各种热电式传感器中,将温度转化为热电动势变化的称为热电偶传感器;将温度转化为电阻变化的称为热电阻传感器。金属热电阻式传感器简称为热电阻,半导体热电阻式传感器简称为热敏电阻。

一、热电偶

热电偶是由两种不同的导体连接成一闭合回路而制成的。它所用导体多为金属,如铜、康铜、镍铝等,但也可以是非金属导体和半导体。两导体的连接处称为接点。用热电偶测温时,一个接点置于被测温度 T 处,称为测试接点或热端;另一个接点恒定于某一参考温度 T_0,称为参考接点或冷端。如果两接点的温度不同,回路中就会产生电动势。这种现象称热电效应,也称塞贝克效应。

(一) 热电效应

热电效应是热电转化的一种现象。热电效应产生的电动势称热电势,它由两部分组成,即接触电势和温差电势。

1. 接触电势

导体中都有大量自由电子,材料不同,则自由电子的浓度不同。当两种不同的导体 A、B 接在一起时,在 A、B 的接触处就会发生电子扩散,若导体 A 的自由电子浓度大于导体 B 的自由电子浓度,那么在单位时间内,由导体 A 扩散到导体 B 的电子数要比导体 B 扩散到导体 A 的电子数多,如图 4-68 所示,于是导体 A 将因失去电子而带正电,导体 B 仍带负电。这样在接触处便形成电位差,称为接触电势。该电势将阻碍电子进一步扩散,当电子扩散能力和电势阻力相等时,扩散达到平衡,A、B间就建立了一个稳定的接触电势。接触电势的大小与两导体材料性质和温度有关,与导体的形状和尺寸无关,其数量级约为 $10^{-2} \sim 10^{-3} V$。接触点的接触电势为

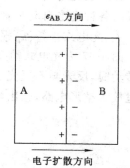

图 4-68 接触电势原理

$$e_{AB}(T) = \frac{kT}{e} \ln \frac{n_A}{n_B} \qquad (4-65)$$

式中　k——玻耳兹曼常数;

　　　　T——两接点处温度;

　　　　e——电子电量;

　　　　n_A, n_B——导体 A 和 B 自由电子浓度。

2. 温差电势

一根导体,当两端温度不同时,如图 4-68 所示,$T > T_0$,高温端的电子能量要比低温端的电子能量大,这时高温端的自由电子就要跑向低温端,高温端失去电子带正电,低温端获得电子而带负电。这样在导体两端便形成电位差,称为温差电势。该电势阻碍电子从高温端跑向低温端,直至动平衡,此时温差电势达到稳态值。温差电势的大小与导体材料和导体

两端温度有关,其数量级约为 10^{-5} V。当导体 A、B 两端温度分别 T 和 T_0,且 $T>T_0$ 时,A、B 导体温差电势分别为

$$e_A(T, T_0) = \int_{T_0}^{T} \sigma_A dT$$

$$e_B(T, T_0) = \int_{T_0}^{T} \sigma_B dT \tag{4-66}$$

式中　σ_A,σ_B——分别为 A、B 导体的汤姆逊系数;T,

　　　T_0——分别为导体两端的温度。

综上所述,由材料 A 和材料 B 组成的闭合回路,接点两端温度为 T 和 T_0,如果 $T>T_0$,回路有两个接触电势和两个温差电势,如图 4-68 所示。

其总电动势为

$$E_{AB}(T, T_0) = e_{AB}(T) + e_B(T, T_0) - e_{AB}(T_0) - e_A(T, T_0) \tag{4-67}$$

如果用 $E_{AB}(T)$ 表示在热端 T 由两种因素综合作用而形成的电动势,用 $E_{AB}(T_0)$ 表示在冷端 T_0 由两种因素综合作用而形成的电动势,则上式可简化为

$$E_{AB}(T, T_0) = E_{AB}(T) - E_{AB}(T_0) \tag{4-68}$$

可见,热电势 $E_{AB}(T, T_0)$ 等于温度 T 和 T_0 的函数之差。

当冷端 T_0 保持不变时,热电势 $E_{AB}(T, T_0)$ 仅是温度 T 的函数,则上式可以简写为

$$E_{AB}(T, T_0) = E_{AB}(T) - C \tag{4-69}$$

式中,C 为常数。

由此可得出,只要热电偶冷端温度保持不变,而将另一端放入被测温度场,就可以通过测量热电势来确定温度的值,这就是热电偶测温的原理。

(二) 热电偶的材料及结构

1. 热电偶材料

并不是所有的材料都能作为热电偶材料,也即热电极材料。国际上公认的热电极材料只有几种,已列入标准化文件中。按照国际计量委员会规定的《1990 年国际温标》的标准,规定了 8 种通用热电偶。下面简单介绍我国常用的几种热电偶,其具体特点及适用范围可参见相关手册或文献资料。

① 铂铑 10-铂热电偶(分度号 S)。正极为铂铑合金丝(用 90% 铂和 10% 铑冶炼而成);负极为铂丝。

② 镍铬-镍硅热电偶(分度号 K)。正极为镍铬合金;负极为镍硅合金。

③ 镍铬-康铜热电偶(分度号 E)。正极为镍铬合金;负极为康铜(铜镍合金冶炼而成)。这种热电偶也称为镍铬-铜镍合金热电偶。

④ 铂铑 30-铂铑 6 热电偶(分度号为 B)。正极为铂铑合金(70% 铂和 30% 铑冶炼而成);负极为铂铑合金(94% 铂和 6% 铑冶炼而成)。

标准化热电偶有统一分度表,而非标准化热电偶没有统一的分度表,在应用范围和数量上不如标准化热电偶。但这些热电偶一般是根据某些特殊场合的要求而研制的,例如,在超高温、超低温、核辐射、高真空等场合,一般的标准化热电偶不能满足需求,此时必须采用非标准化热电偶。使用较多的非标准化热电偶有铱铑系、镍铬-金铁等。

⑤ 钨铼热电偶。正极为钨铼合金(95% 钨和 5% 铼冶炼而成);负极为钨铼(80% 钨和

20％铼冶炼而成)。

它是目前测温范围最高的一种热电偶,测量温度长期为 2 800 ℃,短期可达 3 000 ℃;高温抗氧化能力差,可使用在真空、惰性气体介质或氢气介质中。其热电势和温度的关系近似直线,在高温为 2 000 ℃时,热电势接近30 mV。

其他种类的热电偶丝材料还有很多,在此不一一列举。

2. 热电偶结构

热电偶结构形式很多。按热电偶结构划分有普通热电偶、销装热电偶、薄膜热电偶、表面热电偶、浸入式热电偶。

① 普通热电偶。如图 4-69 所示,工业上常用的热电偶一般由热电极、绝缘套管、保护管、接线管、接线盒盖组成。这种热电偶主要用于气体、蒸汽、液体等介质的测温。这类热电偶已经制成标准形式,可根据测温范围和环境条件来选择合适的热电极材料及保护套管。

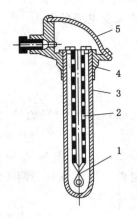

图 4-69 　普通热电偶
1——热电极;2——绝缘套管;
3——保护管;4——接线管;
5——接线盒盖

② 销装热电偶。如图 4-70 所示,根据测量端结构形式,可分为碰底型、不碰底型。裸露型、帽型等,分别如图 4-69(a)、(b)、(c)、(d)所示。销装热电偶由热电偶丝、绝缘材料(氧化铁)及不锈钢保护管经拉制工艺制成。其主要优点是:外径细、响应快、柔性强,可进行一定程度的弯曲;耐热、耐压、耐冲击性强;种类多。

(a) 　　　　(b) 　　　　(c) 　　　　(d)

图 4-70 　销装热电偶结构示意图
(a) 碰底型;(b) 不碰底型;(c) 裸露型;(d) 帽型

③ 薄膜热电偶。其结构可分为片状、针状等,如图 4-71 所示为片状结构,这种热电偶的特点是热容量小、动态响应快,适宜测微小面积和瞬变温度。测温范围为 200～300 ℃。

④ 表面热电偶。它有永久性安装和非永久性安装两种。它们主要用来测金属块、炉壁、涡轮叶片、轧辊等固体的表面温度。

⑤ 浸入式热电偶。它主要用来测铜水、钢水、铝水及熔融合金的温度。浸入式热电偶的主要特点是可直接插入液态金属中进行测试。

(三)热电偶冷端补偿

由热电偶测温原理知,只有当热电偶冷端温度保持

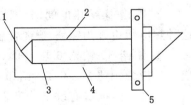

图 4-71 　片状热电偶结构
1——测量接点;2,3——薄膜;
4——衬底;5——接头夹

不变,热电势才是被测温度的单值函数。而且工业上使用的热电偶分度表和根据分度表刻划的测温显示仪表的刻度都是根据冷端温度为 0 ℃而制作的。另外实际使用时,由于热电偶热端(测量端)与冷端相距很近,冷端又暴露于空气中,易受环境的影响,因而冷端温度很难保持恒定,为此需要把冷端延伸并进行温度补偿。

1. 0 ℃恒温法

将热电偶的冷端保持在 0 ℃器皿内,图 4-72 所示是一个简单的冰点槽。为获得 0 ℃的温度条件,一般用纯净的水和冰混合,在一个大气压下冰水共存时,它的温度即为 0 ℃。冰点法是一种精确度很高的冷端处理方法,但使用起来比较麻烦,需保持冰水两相共存,故只适用于实验室使用,在工业生产现场使用极为不便。

2. 修正法

在实际使用中,热电偶冷端保持 0 ℃比较麻烦,但将其保持在某一恒温下,置热电偶冷端在一恒温箱里还是可以做到的。此时,可以采用冷端温度修正法。

根据中间温度定律 $E_{AB}(T,T_0)=E_{AB}(T,T_n)-E_{AB}(T,T_0)$,当冷端温度 $T \neq 0$ ℃而为某一恒定值时,由冷端温度而引起的误差值是一个常数,方法是可以由分度表上查得其电势值 $E_{AB}(T_n,0$ ℃$)$,将测得热电势值 $E_{AB}(T,T_n)$ 加上 $E_{AB}(T_n,0$ ℃$)$ 值,就可以获得冷端为 $T \neq 0$ ℃时的热电势值 $E_{AB}(T,T_0)$,经查热电偶分度表,即可得到被测热源的真实温度 T。

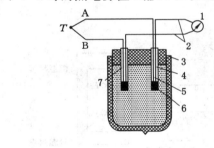

图 4-72　冰点槽

1——显示仪表;2——铜导线;3——盖;
4——试管;5——蒸馏水;6——冰水混合;7——冰点器

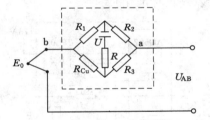

图 4-73　冷端温度补偿电路

3. 补偿电桥法

测温时保持冷端温度为某一恒温也有困难,可采用电桥补偿法,利用不平衡电桥产生的电势来补偿热电偶因冷端温度变化而引起的热电势的变化。如图 4-73 所示,U 是电桥的电源,R 为限流电阻。

补偿电桥与热电偶冷端处于相同的环境温度下,其中三个桥臂电阻用温度系数近于零的锰钢绕制,使 $R_1=R_2=R_3$,另一桥臂为补偿桥臂,用铜导线绕制。使用时选取 R_{Cu} 的阻值,使电桥处于平衡状态,电桥输出 $U_{ab}=0$,当冷端温度升高时,补偿桥臂 R_{Cu} 阻值增大,电桥失去平衡,输出 U_{ab} 随着增大。而热电偶的热电势 E_0,由于冷端温度升高而减小,若电桥输出值的增大量等于热电偶的减小量,则总输出值 $U_{AB}=E_0+U_{ab}$,就不随冷端温度的变化而变化。

在有补偿电桥的热电偶电路中,冷端温度若在 20 ℃时补偿电桥处于平衡,只要在回路中加入相应的修正电压,或调整指示装置的起始位置,就可达到补偿的目的,准确测出冷端为 0 ℃时的输出。

4. 二端集成温度传感器补偿

K 型热电偶的输出特性在 25±（10～20）℃ 范围可看作线性关系，其温度系数为 40.44 μV/℃，因此采用另一温度传感器产生相当于该温度系数的电压，此电压作为补偿电压与 K 型热电偶的热电势相加。图 4-74 所示为冷端补偿电路，它采用 AD592 温度传感器测冷端接点温度。对 AD592 提供 4～30 V 电压，就可获得与绝对温度成比例的输出电压。为降低 AD592 功耗，从而降低温度误差，本电路把 +15 V 通过 78L05 降低为 +5 V 后供给 AD592。

基准电阻 R_R 把 AD592 的输出电流转换成电压。AD592 在 0 ℃时输出电流为 273.2 μA，灵敏度为 1 μA/℃，因此，环境温度为 T 时，用 RP₂ 调节 R_R 上的压降使其为（273.2 μA+1 μA/℃×T ℃）×40.44 Ω 即可。

AD592 灵敏度为 1 μA/℃，因此，可对温度系数为 40.44 μA/℃ 的冷端结点进行补偿。但有 273.2 μA×40.44 Ω=11.05 mV 的误差电压，这可在后续放大电路中予以消除。

5. 延引热电极法

为使热电偶的冷端温度保持恒定（最好为 0 ℃），一般常用导线将热电偶的冷端延伸出来，使其置于恒温环境中（见图 4-75）进行测试。延伸用的补偿导线在一定范围内又具有和所连热电偶相同的热电性能。补偿导线采用多股廉价金属制造，不同热电偶采用不同的补偿导线（现已标准化）。

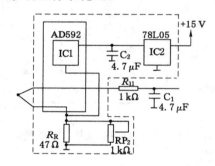

图 4-74　K 型热电偶基准接点补偿电路

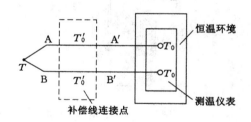

图 4-75　补偿导线连接方式

A，B 为热电偶；A′，B′为补偿导线；T'_0 为热电偶原冷端温度；T_0 为恒温条件冷端温度

二、热电阻

热电阻是利用物质的电阻串随温度变化的特性制成的电阻式测温系统。由纯金属热敏元件制作的热电阻称为金属热电阻，由半导体材料制作的热电阻称为半导体热敏电阻。

（一）金属热电阻

1. 工作原理、结构和材料

大多数金属导体的电阻都随温度变化（电阻-温度效应），其变化特性方程为

$$R_t=R_0(1+\alpha t+\beta t^2+\cdots)$$

式中，R_t，R_0 分别为金属导体在 t ℃和 0 ℃时的电阻值；α，β 为金属导体的电阻温度系数。

对于绝大多数金属导体，α，β 等并不是一个常数，而是温度的函数。但在一定的温度范围内，α，β 等可近似地视为一个常数。不同的金属导体，α，β 等保持常数所对应的温度范围

不同。选作感温元件的材料应满足如下要求：

① 材料的电阻温度系数 α 要大。α 越大,热电阻的灵敏度越高;纯金属的 α 比合金的高,所以一般均采用纯金属材料做热电阻感温元件。

② 在测温范围内,材料的物理、化学性质稳定。

③ 在测温范围内,α 保持常数,便于实现湿度表的线性刻度特性。

④ 具有比较大的电阻率 ρ,以利于减小元件尺寸,从而减小热惯性。

⑤ 特性复现性好,容易复制。

比较适合以上条件的材料有铂、铜、铁和镍等。

2. 铂热电阻(WZP)

铂的物理、化学性质非常稳定,是目前制造热电阻的最好材料。铂电阻除用作一般工业测温外,主要作为标准电阻温度计,广泛地应用于温度的基准、标准的传递。它的长时间稳定的复现性可达 10^{-4} K,是目前测温复现性最好的一种温度计。在国际实用温标中,铂电阻作为 $259.34 \sim 630.74$ ℃温度范围内的温度基准。

铂电阻一般由直径为 $0.02 \sim 0.07$ mm 的铂丝绕在片形云母骨架上且采用无感绕法[图4-76(b)],然后装入玻璃或陶瓷管等保护管内,铂丝的引线采用银线,引线用双孔瓷绝缘套管绝缘,见图4-76(a)。目前,亦有采用丝网印刷方法来制作铂膜电阻,或采用真空镀膜方法制作铂膜电阻。

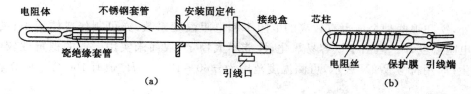

图 4-76　铂热电阻的结构

(a) 传感器结构;(b) 电阻体

铂热电阻的测温精度与铂的纯度有关,通常用百度电阻比 $W(100)$ 表示铂的纯度,即

$$W(100) = \frac{R_{100}}{R_0} \tag{4-70}$$

式中　R_{100}——100 ℃时的电阻值;

　　　R_0——0 ℃时的电阻值。

$W(100)$ 越高,表示铂电阻丝纯度越高,测温精度也越高。国际实用温标规定:作为基准器的铂热电阻,其百度电阻比 $W(100) > 1.392\ 56$,与之相应的铂纯度为 $99.999\ 5\%$,测温精度可达 $\pm 0.000\ 1$ ℃,作为工业用标准铂热电阻,$W(100) > 1.391$,其测温精度在 $-200 \sim 0$ ℃间为 ± 1 ℃,在 $0 \sim 100$ ℃间为 ± 0.5 ℃,在 $100 \sim 650$ ℃间为 $\pm (0.05\%)t$。

铂丝的电阻值 R 与温度 t 之间关系可表示为

$$R_t = R_0(1 + At + Bt^2), 0\ ℃ < t < 650\ ℃ \tag{4-71}$$

$$R_t = R_0[1 + At + Bt^2 + C(t-100)t^3], -200\ ℃ < t < 0\ ℃ \tag{4-72}$$

式中　R_t, R_0——温度分别为 t ℃和 0 ℃时铂电阻的电阻值;

　　　A, B, C——由实验测得的常数,与 $W(100)$ 有关。

对于常用的工业铂电阻[$W(100) = 1.391$],有

$$A = 3.968\ 47 \times 10^{-3}/℃$$
$$B = -5.847 \times 10^{-7}/℃^2$$
$$C = -4.22 \times 10^{-12}/℃^4$$

我国铂热电阻的分度号主要为 Pt-50 和 Pt-100 两种,其 0 ℃时的电阻值 R_0 分别为 50 Ω 和 100 Ω。此外,还有 R_0 为 1 000 Ω 的铂热电阻。

3. 铜热电阻(WZC)

铜丝可用于制作−50~150 ℃范围内的工业用电阻温度计。在此温度范围内,铜的电阻值与温度关系接近线性,灵敏度比铂电阻高$[\alpha_{铜} = (4.25 \sim 4.28 \times 10^{-3}/℃)]$,容易提纯得到高纯度材料,复制性能好,价格便宜。但铜易于氧化,一般只用于 150 ℃以下的低温测试和没有水分及无腐蚀性介质中的温度测试,铜的电阻率低($\rho_{铜} = 0.017 \times 10^{-6} Ω \cdot m$,而 $\rho_{铂} = 0.098 \times 10^{-6} Ω \cdot m$),所以铜电阻的体积较大。

铜电阻的百度电阻比 $W(100) > 1.425$,其测温精度在−50~50 ℃范围内为±0.5 ℃,在 50~100 ℃范围内为$±(1\%)t$。铜电阻的阻值 R 与温度 t 之间关系为

$$R_t = R_0(1 + \alpha t) \tag{4-73}$$

式中　R_t,R_0——温度分别为 t ℃和 0 ℃时铜电阻的电阻值;

　　　　α——铜电阻的电阻温度系数。

标准化铜热电阻的 R_0 一般设计为 100 Ω 和 50 Ω 两种,对应的分度号分别为 Cu100 和 CM50。

另外,铁和镍两种金属也有较高的电阻率和电阻温度系数,亦可制作成体积小、灵敏度高的热电阻温度计。但由于铁容易氧化,性能不太稳定,故尚未实用。镍的稳定性较好,已被定型生产,用符号 W2N 表示,可测温度范围为−60~180 ℃,R_0 值有 100 Ω、300 Ω 和 500 Ω 三种。

(二)热敏电阻

1. 热敏电阻的分类及结构

按热敏电阻随温度变化的典型特性可分为以下三种类型:

① 负温度系数热敏电阻(NTC),它的阻值随温度上升而减小,使用范围为−50~300 ℃。

② 正温度系数热敏电阻(PTC)。它的阻值随温度上升而增大,具有开关特性,使用范围为−50~150 ℃,主要用于彩电消磁,电气设备的过热保护及用作温度开关。

③ 临界温度热敏电阻(CTR)。具有开关特性,使用范围为 0~150 ℃,主要用于温度报警。

它们的特性如图 4-77 所示。

热敏电阻有珠粒状、圆柱状、圆片状。一般珠粒状由玻璃封装,圆柱状由树脂或玻璃封装,而圆片状一般由树脂封装。圆柱状热敏电阻,其外形与一般玻璃封装二极管一样。珠粒状热敏电阻因体积小,时间常数小,适合制造点温度计及表面温度计。

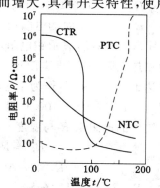

图 4-77　各种热敏电阻的温度特性

2. 基本特性

热敏特性是指热敏电阻的阻值与温度之间的关系,它是热敏电阻测温的基础。热敏电阻与温度之间的关系近似符合指数函数规律,即

$$R_T = R_0 e^{B\left(\frac{1}{T}-\frac{1}{T_0}\right)} \tag{4-74}$$

式中　T——被测温度(热力学温度);

　　　T_0——参考温度(热力学温度);

　　　R_T, R_0——分别为 T 和 T_0 时的热敏电阻值;

　　　B——热敏电阻的材料常数,可由实验获得,通常 $B=2\,000\sim6\,000$ K,在高温下使用时,B 值将增大。

热电特性的一个重要指标是,热敏电阻在其本身温度变化 1 ℃时电阻的相对变化量,称为热敏电阻的温度系数,即

$$\alpha_T = \frac{1}{R_T} \times \frac{\mathrm{d}R_T}{\mathrm{d}T} \tag{4-75}$$

由式(4-75),得

$$\alpha_T = -\frac{B}{T^2} \tag{4-76}$$

可见,α_T 随温度降低而迅速增大,约为铂热电阻的 12 倍,这种测温电阻的灵敏度很高。

PTC 热敏电阻的温度特性在室温居里点 T_c 一段温度范围内,表现出和一般半导体相似的 NTC 特性。从居里点附近开始,电阻串急剧上升,增大 $10^3\sim10^5$ 倍,电阻率在某一温度范围附近达最大值,此区域为 PTC 区。PTC 热敏电阻的特点之一是它的居里点 T_c 可通过掺杂来控制。

CTR 具有临界温度时,零功率电阻值发生阶跃式减少的特性,在临界点处阻值可变化 1~4 个数量级。

第九节　传感器的选用

传感器的种类繁多,同一类型的传感器又具有多种规格。在实际测量中,如何合理地选择传感器是经常会遇到的问题。在介绍了常用传感器初步知识的基础上,本节将简单介绍一下合理选用传感器的一些注意事项。

一、灵敏度

一般来说,传感器的灵敏度越高越好。灵敏度越高,传感器的输出就越大,意味着传感器能检测的信号变化量就越小。但是,传感器的测量范围就会越小,能量较小的干扰信号也容易被传感器检测到而混入测量信号中。

同一种传感器常常做成一个序列,有高灵敏度测量范围较窄的,也有测量范围宽灵敏度较低的。在使用时要根据被测量的变化范围(动态范围)并留有足够的余量来选择灵敏度适当的传感器。

当测量矢量信号时,要求传感器在该方向灵敏度越高越好,而横向灵敏度越小越好。测量多维矢量信号时,要求传感器的交叉灵敏度越小越好。

二、精确度

传感器的精确度表示其输出与被测量真值的一致程度。传感器位于测试系统的输入端,它能否真实地反映被测量,对整个测试系统是至关重要的。传感器的精确度越高,测量的结果就越接近被测量的真值。然而,精确度越高,其价格也越高,对测量环境的要求也越高,测量的成本也就越高。

因此还应考虑到经济性,应当从实际出发,选择能满足测量需要的足够精确度的传感器,不应一味地追求高精确度。

三、动态特性

在动态测量中,传感器的动态特性对测试结果有直接影响。传感器不可能在很宽的频率范围内满足不失真测量条件。但是在被测量的频率范围内,传感器的频率特性必须满足不失真测量条件。

一般来说,基于光电效应、压电效应等物性型传感器,固有频率高、响应较快、工作频率范围宽。而电感、电容、电阻、磁电等结构型传感器,往往由于传感器机械部件惯性的限制,固有频率低,可工作频率也较低。

四、可靠性

可靠性是传感器和一切测量仪器的生命。可靠性高的传感器能长期完成它的功能并保持其性能参数。为了保证传感器使用中的高度可靠性,除了选用设计合理、制作精良的产品外,还应该了解工作环境对传感器的影响。在机械工程中,传感器有时是在相当恶劣的条件下工作,包括灰尘、高温、潮湿、油污、辐射和振动等条件。这时传感器的稳定性和可靠性就显得特别重要。

五、工作方式

传感器的工作方式有接触和非接触测量、在线与离线测量等几种。工作方式不同,对传感器的要求也不同。

接触式传感器工作时必须可靠地与被测对象接触或固定在被测对象上,这时要求传感器与被测物之间的相互作用要小,其质量要尽可能地小,以减少传感器对被测对象运行状态的影响,非接触式传感器则无此缺点,特别适用于旋转和住复机构的在线检测。

在线测量是指在现场实时条件下进行的测量,是与实际情况更接近的测量方式。例如,在加工过程中对工件表面粗糙度的检测,自动化过程的控制与检测等都属于在线检测。在线检测的实现比较困难,对传感器及测试系统都有一定的特殊要求。光切法、干涉法、针触法等只能用于工件表面粗糙度的离线测量,而要实现加工过程小工件表面粗糙度的在线测量,只能采用激光检测法。采用在线检测和研制能实现在线检测的新型传感器,是当今测试技术发展的一个趋势。

思考与练习

1. 什么是传感器? 传感器由什么组成及可分为哪几大类? 其性能要求是什么?
2. 应变式传感器的工作原理是什么?
3. 电容式传感器分为哪几类? 各自特点是什么?

4. 热敏电阻有哪些类型？各有什么特点？

5. 电感式传感器的工作原理是什么？能够测量哪些物理量？

6. 霍尔电动势的大小、方向与哪些因素有关？

7. 光电效应有哪几种类型？与之对应的光电元件有哪些？简述各光电元件的优缺点。

8. 图 4-78 是磁阻式磁电传感器测量转速的原理图，试简述其工作原理。

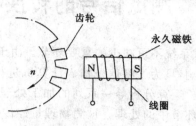

图 4-78

9. 压电传感器的灵敏度 $S_1 = 10$ pC/MPa，连接灵敏度为 $S_2 = 0.008$ V/pC 的电荷放大器，所用的笔式记录仪的灵敏度为 $S_3 = 25$ mm/V，当压力变化 $\Delta p = 8$ MPa 时，记录笔在记录纸上的偏移量为多少？

10. 说明用光纤传感器测量压力和位移的工作原理，并指出其不同点。

11. 试分析光栅传感器如何测量位移。

12. 用标准铂铑 10-铂热电偶检定镍铬-镍硅热电偶，在某一温度下铂铑 10-铂热电偶输出电动势为 7.345 mV（参比端温度为 0 ℃），根据该标准热电偶的分度值表查得对应温度值为 800 ℃，而被校验热电偶的输出热电势为 33.37 mV，从分度表查出对应温度值为 802.3 ℃，那么被检验热电偶的偏差和修正值各为多少？

第五章　测试信号的转换与调理

　　信号的转换与调理是测试系统不可缺少的重要环节。由于在测试过程中不可避免地会遭受各种内、外干扰因素的影响,且为了将信号输入计算机进行数据处理,因此经传感后的信号尚需经过调理、放大、滤波、运算分析等一系列的加工处理,以抑制干扰噪声、提高信噪比,便于进一步的传输和后续环节中的处理。被测物理量经传感环节通常被转换为如电阻、电容、电感或电压、电流、电荷等微弱的电参量的变化,这一过程被称为测试信号的转换与调理。经过调理后的信号必须进行有效的记录才能被相应的技术人员用来分析被测物理量的性质,从而认识客观规律。本章将讨论一些常用的信号测试环节,如电桥、调制与解调、信号的滤波及信号的放大等中间调理环节以及常见的记录显示仪器的特性。

第一节　电桥转换原理

一、电桥的概念及其分类

　　1. 电桥的概念

　　电桥是图 5-1 所示的一个四端网络,网络中每一支路称为桥臂,桥臂上可接入电阻、电容或电感变化的传感器,其阻抗参数用 $Z_1 \sim Z_4$ 表示。网络的一个对角接入工作电压 U_0,另一个对角为输出电压 U_y。桥式测量电路的作用是将电阻、电容或电感等电参量的变化转换为电压或电流输出。根据能量守恒的原理,在桥式电路中电参量是不能直接被转换为电能量的。转换的实质只是一种信息的传递。即通过电参量来控制工作电压的幅值变化,从而将电参量变化的信息加到输出电压信号上,其能量由工作电源提供。

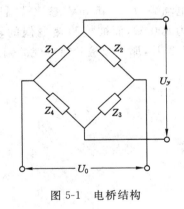

图 5-1　电桥结构

　　设桥臂阻抗变化规律为 $f(Z)$,电桥的输出、输入关系式可表达为

$$U_y = f(Z)U_0 \tag{5-1}$$

　　可见,当 U_0 为幅值稳定的工作电压时,U_y 的变化规律取决于各桥臂阻抗的变化。输出电压可用指示仪表直接测量,也可以送入放大器进行放大。

　　2. 电桥的分类

　　电桥是工程测试中应用很普遍的一种测量电路,按工作电源性质可分为直流电桥和交流电桥两类;按输出测量方式可分为不平衡电桥(偏值法)和平衡电桥(零值法)两类;按桥臂接入的阻抗元件不同则可分为电阻电桥、电容电桥和电感电桥三类,且元件在桥臂上也有串联接法和并联接法之分。根据阻抗元件和接法不同,可以组成各种形式的电桥,用来测量不同的参数和进行不同范围的测量。此外,工程中还用到一些特殊形式的电桥,如变压器电桥、双 T 电桥等。

二、电桥的平衡关系

当电桥四个桥臂的阻抗值 Z_1,Z_2,Z_3,Z_4 具备一定关系时,可以使电桥的输出 $U_y=0$,此时称电桥处于平衡状态。

1. 直流电桥的平衡条件

当工作电源 U_0 为直流时,桥臂元件为电阻 $R_3\sim R_4$。先研究图 5-2 所示输出 U_y 为开路电压的情况。设通过两条支路的电流分别为 I_1 和 I_2,由欧姆定律和 R_2、R_3 上的电压降可求出:

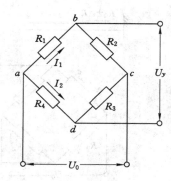

图 5-2 直流电桥

$$U_y = U_{ab} - U_{ad} = I_1 R_1 - I_2 R_4 = \frac{U_0}{R_1+R_2}R_1 - \frac{U_0}{R_3+R_4}R_4$$

$$= \frac{R_1 R_3 - R_2 R_4}{(R_1+R_2)(R_3+R_4)}U_0 \qquad (5\text{-}2)$$

由式(5-2)可知,若要使输出为零,亦即当电桥平衡时,则应有:

$$R_1 R_3 = R_2 R_4 \qquad (5\text{-}3)$$

由式(5-3)可知,直流电桥的平衡条件是两相对桥臂电阻值的乘积相等。当后接电路的输入电阻很大时,上述结论也近似地成立。

2. 交流电桥的平衡条件

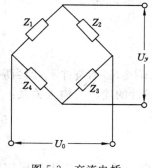

图 5-3 交流电桥

图 5-3 为交流电桥,工作电源为交流电压 U_0,桥臂元件可以为电阻、电容或电感。与直流电桥分桥过程相同,用复数阻抗 Z 代替 R,则有平衡条件式:

$$Z_1 Z_3 = Z_2 Z_4 \qquad (5\text{-}4)$$

由于复数阻抗中包含有幅值和相位信息,令 $Z_i = |Z_i| e^{j\varphi_i}$,代入式(5-4)中有 $|Z_1||Z_3| e^{j(\varphi_1+\varphi_3)} = |Z_2||Z_4| e^{j(\varphi_2+\varphi_4)}$。

在上式中,令两边的实数部分与虚数部分分别相等,可以导出用各桥臂阻抗模 Z_1 和阻抗角(阻抗角是各桥臂电流与电压之间的相位差)φ_i 表达的平衡条件:

$$\begin{cases} |Z_1||Z_3| = |Z_2||Z_4| \\ \varphi_1 + \varphi_3 = \varphi_2 + \varphi_4 \end{cases} \qquad (5\text{-}5)$$

由式(5-5)可知,交流电桥平衡必须满足相对两桥臂阻抗模的乘积相等和阻抗角之和相等两个条件。因此,调节交流电桥平衡要复杂些,调节元件不少于两个,其中应包括电阻和电抗元件。

3. 不平衡电桥转换原理

当桥路中一个桥臂或几个桥臂的阻抗值发生变化时,电桥的平衡关系就会被破坏,输出 $U_y \neq 0$。将阻抗测量传感器接入桥臂,并适当选择桥臂的参数,可以使 U_y 的变化仅与被测量值引起的阻抗变化有关,这就是不平衡电桥的转换原理。

三、电桥的连接方式

（一）直流电桥的连接方式

为了分析简便，设直流电桥各桥臂原始电阻值相等，即 $R_1=R_2=R_3=R_4=R_0$，并以图 5-4 所示的用电阻应变片测弹性梁的动应变为例，说明直流电桥的三种连接方式。

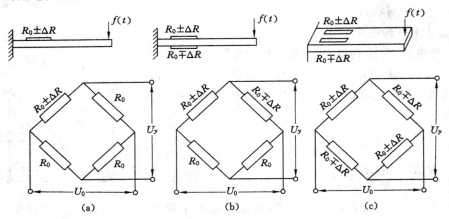

图 5-4　直流电桥连接方式

（a）半桥单臂连接；（b）半桥双臂连接；（c）全桥连接

1. 半桥单臂方式

如图 5-4(a)所示，弹性梁在交变力 $f(t)$ 的作用下产生动应变，应变片电阻值的变化为 $R_0\pm\Delta R$。将应变片接入一个桥臂后，电阻值增量 ΔR 为电桥输入量，根据式(5-2)求出电桥输出电压为：

$$U_y = \frac{\Delta R}{4R_0 + 2\Delta R} \cdot U_0 \tag{5-6}$$

由此可知，半桥单臂接法的输出和输入是非线性关系。在 $\Delta R \ll R_0$ 的条件下，即当应变引起的电阻值增量比应变片原始电阻小许多时，可以得到近似线性的输出与输入关系：

$$U_y \approx \frac{\Delta R}{4R_0} \cdot U_0 \tag{5-7}$$

2. 半桥双臂方式

在图 5-4(b)中，弹性梁上、下各贴一片应变片，当一片受拉应变时，另一片则受压应变，两片电阻值的增量为差动变化。将两片应变片分别接入相邻的两个桥臂中，则电桥的输出电压为：

$$U_y = \frac{\Delta R}{2R_0} \cdot U_0 \tag{5-8}$$

由此可知，相邻两桥臂有差动变化的连接方式，可以消除单臂接法所产生的非线性影响，并使电桥的灵敏度提高一倍。

3. 全桥连接方式

图 5-4(c)所示的是在弹性梁上、下各贴 2 片应变片的情况，将差动变化的一对应变片分别接入两个相邻的桥臂中，此时电桥输出电压为：

$$U_y = \frac{\Delta R}{R_0} \cdot U_0 \tag{5-9}$$

输出信号比半桥双臂接法增大一倍,可见全桥接法灵敏度最高。

（二）交流电桥的连接方式

交流电桥桥臂上的阻抗元件可以有不同的组合,各种组合方式除了要满足阻抗模的平衡条件外,还应注意阻抗元件的配合,以满足阻抗角的平衡条件。对容抗元件,$\varphi<0$;对感抗元件,$\varphi>0$;对纯电阻原件,$\varphi=0$。

1．电容电桥

图 5-5 是电容电桥。电桥中两相邻桥臂为纯电阻 R_2、R_3,而在另一对相邻桥臂上则接入电容 C_1、C_4,以满足对边阻抗角之和相等的要求。其中 R_1、R_4 可视为电容介质损耗的等效电阻,则

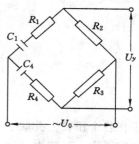

图 5-5　电容电桥

$$Z_1=R_1+\frac{1}{jwC_1} \quad Z_2=R_2$$

$$Z_3=R_3 \quad Z_4=R_4+\frac{1}{jwC_4}$$

根据式(5-4)平衡条件式,有：

$$\left(R_1+\frac{1}{jwC_1}\right)R_3=\left(R_4+\frac{1}{jwC_4}\right)R_2$$

展开有：

$$R_1R_3+\frac{R_3}{jwC_1}=R_2R_4+\frac{R_2}{jwC_4}$$

令上式两边的实数部分与虚数部分分别相等,则可得到以各元件参数表达的平衡条件：

$$\begin{cases}R_1R_3=R_2R_4\\[2mm]\dfrac{R_3}{C_1}=\dfrac{R_2}{C_4}\end{cases} \tag{5-10}$$

由式(5-10)可知,为达到电桥平衡,必须同时调节电容与电阻两个参数,使之分别取得电阻和电容的平衡。

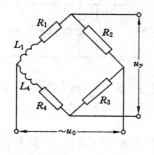

图 5-6　电感电桥

2．电感电桥

图 5-6 是电感电桥。电桥中两相邻桥臂为纯电阻 R_2、R_3,而另一对相邻桥臂则接入电感 L_1、L_4。其中 R_1、R_4 可视为电感线圈的有功电阻,则：

$$Z_1=R_1+jwL_1 \quad Z_2=R_2$$

$$Z_3=R_3 \quad Z_4=R_4+jwL_4$$

同理根据式(5-4)可得电感电桥的平衡条件：

$$\begin{cases}R_1R_3=R_2R_4\\L_1R_3=L_4R_2\end{cases} \tag{5-11}$$

由式(5-11)可知,为达到电桥平衡,要同时调节电感与电阻两个参数,使之各自达到平衡。

3．纯电阻交流电桥

图 5-7 为纯电阻交流电桥。其四个桥臂均接入电阻,由于导线间存在分布电容,就相当

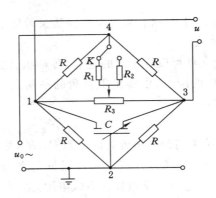

图 5-7   纯电阻交流电桥

于在各个桥臂上并联了一个电容,所以纯电阻交流电桥在平衡时,除了电阻平衡外,还须有电容平衡。可变电容器 C 可以使并联到相邻两桥臂的电容值产生差动变化,以实现电容平衡,粗调电阻 R_1、R_2 和微调电阻 R_3 可以调节电阻平衡。

四、其他形式电桥

1. 平衡电桥

图 5-8 是平衡电桥工作原理图。设被测量等于零时,电桥处于平衡状态,此时指示仪表 G 及可调电位器 H 指零。当某一桥臂随被测量变化时,电桥失去平衡,调节电位器 H,改变电阻 R_5 触电位置,可使电桥重新平衡,电表 G 指针回零。电位器 H 上的标度与桥臂电阻值的变化成比例,故 H 的指示值可以直接表达被测量的数值。

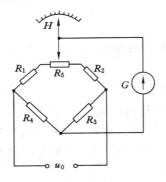

图 5-8   平衡电桥原理

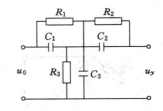

图 5-9   双 T 电桥

2. 双 T 电桥

图 5-9 是由两个 T 形网络构成的双 T 电桥。该电桥的输出电压 U_y 是被测信号频率 w 和电路中各阻抗参数的函数。因此,该电桥常被用作阻抗检测电路和滤波电路。

3. 变压器式电桥

变压器式电桥将变压器中感应耦合的两线圈绕组作为电桥的桥臂,图 5-10 表示出了其常用的两种形式。图 5-10(a)所示电压变压器电桥常用于电感比较仪中,其中感应耦合绕组 W_1、W_2 为变压器副边,平衡时有 $Z_1 Z_3 = Z_2 Z_4$。如果任一桥臂阻抗有变化,则电桥有电压输出。图 5-10(b)为电流变压器电桥,其中变压器的原边绕组 W_1、W_2(阻抗 Z_1、Z_2)与阻抗 Z_3、

Z_4 构成电桥的四个臂,若使阻抗 Z_3、Z_4 相等并保持不变,电桥平衡时,绕组 W_1、W_2 中两磁通大小相等但方向相反,激磁效应互相抵消,因此变压器副边绕组中无感应电动势产生,输出为零。反之当移动变压器中铁心位置时,电桥失去平衡,促使副边绕组中产生感应电动势,从而有电压输出。

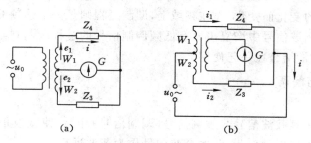

图 5-10　变压器电桥

(a) 电压变压器电桥;(b) 电流变压器电桥

上述两种电桥中的变压器结构实际上均为差动变压器式传感器,通过移动其中的敏感原件——铁心,将被测位移转换为绕组间互感的变化,再经电荷转换为电压或电流输出。与普通电桥相比,变压器式电桥具有较高的测量精度和灵敏度,且性能也较稳定,因此在非电量测量中得到广泛的应用。

五、电桥的使用性能与特点

电桥测量电路简单,测量精度和灵敏度高,对各桥臂阻抗变化引起的电压变化值能自动加减输出,在工程测试中广泛应用。

直流电桥的特点是采用稳定性高的直流电源作激励电源时,电桥的输出是直流量,可用直流仪表测量,精度高。但当电源电压不稳定或环境温度变化时,会引起电桥输出的变化,从而产生测量误差,易引入工频干扰,易受零漂和接地电位的影响。因此直流电桥适合于静态量的测量。

交流电桥要求工作电源的电压波形没有畸变,频率必须稳定,否则电桥对基波调平衡后,仍会有高次谐波的电压输出。交流电桥一般采用音频交流电源(5~10 kHz),后接电路采用简单的交流放大器。交流电桥容易受寄生参数和外界因素的影响。

第二节　调制与解调

工业生产过程中的一些被测量,如力、位移、温度等,经传感器转换后,其输出常常是缓变的电信号,这些信号特别是小信号在进行放大时,往往由于直流放大器的零点漂移和温度漂移而造成测量误差。因此经常采用调制技术把信号调制,使用交流放大器放大后,再采用解调技术把信号还原。另外,在进行工程遥测和有线或无线通信、光通信时,也往往利用调制与解调技术来实现信号的发送和接收。

所谓调制,是指利用某种信号来控制或改变一般为高频振荡信号的某个参数(幅值、频率或相位)的过程。当被控制的量是高频振荡信号的幅值时,称为幅值调制或调幅;当被控制的量为高频振荡信号的频率时,称为频率调制或调频;而当被控制的量是高频振荡信号的相位时,称为相位调制或调相。

在调制解调技术中,将控制高频振荡的低频信号称为调制波,载送低频信号的高频振荡信号称为载波,将经过调制过程所得到的高频振荡波称为已调制波。根据被控制参数(如幅值、频率)的不同分别有调幅波、调频波等不同的称谓。从时域上讲,调制过程即是使载波的某一参量随调制波的变化而变化;而在频域上,调制过程则是一个移频的过程。

解调是从已调制波信号中恢复出原有低频调制信号的过程。调制与解调是一对信号变换过程,在工程上常常结合在一起使用。

一、幅值调制与解调

(一) 原理

调幅是将一个高频载波信号与被测信号(调制信号)相乘,使载波信号的幅值随着被测信号的变化而变化。现以频率为 f_0 的余弦信号作为载波进行讨论。

由傅立叶变换的性质可知:两信号在时域相乘,对应其在频域中的傅立叶变换的卷积。即

$$x(t)y(t) \Leftrightarrow X(f) * Y(f)$$

余弦函数的频域图形是一对脉冲谱线

$$\cos(2\pi f_0 t) \Leftrightarrow \frac{1}{2}\delta(f - f_0) + \frac{1}{2}\delta(f + f_0)$$

一个函数与单位脉冲函数卷积的结果,就是将其图形由坐标原点平移至该脉冲函数处。所以,若以高频余弦信号作为载波,把信号 $x(t)$ 和载波信号相乘,其结果就相当于把原信号的频谱图形由原点平移至载波频率 f_0 处,其幅值减半,如图 5-11 所示。

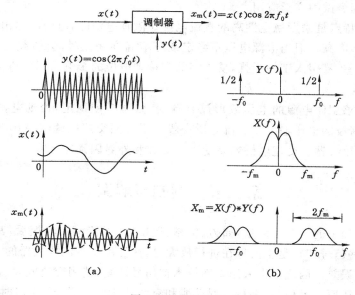

图 5-11　调幅过程
(a) 时域;(b) 频域

$$x(t)\cos(2\pi f_0 t) \Leftrightarrow \frac{1}{2}X(f) * \delta(f - f_0) + \frac{1}{2}X(f) * \delta(f + f_0) \qquad (5\text{-}12)$$

所以调幅过程就相当于"搬移"过程。

由于后续过程还要恢复原信号,所以应该避免调幅波 $x_m(t)$ 的重叠失真,因此要求载波频率 f_0 必须大于信号的最高频率 f_m,即 $f_0 > f_m$。在实际应用中往往选择载波频率高于信号最高频率数倍甚至数十倍。但载波信号频率的提高也受到后续放大电路截止频率的限制。

（二）解调方法

1. 同步解调

若把调幅波再次与原载波信号相乘,即

$$z(t) = x_m(t)y(t) = x_m(t)\cos(2\pi f_0 t) = x(t)\cos(2\pi f_0 t)\cos(2\pi f_0 t) \tag{5-13}$$

则其频域可表示为

$$Z(f) = \frac{1}{2}X(f) + \frac{1}{4}X(f + 2f_0) + \frac{1}{4}X(f - 2f_0) \tag{5-14}$$

频域图形将再一次进行"搬移",其结果如图 5-12 所示。若用一个低通滤波器滤去中心频率为 $2f_0$ 的高频成分,则可复现原信号的频谱(只是其幅值减小为一半,这可用放大处理来补偿),这一过程称为同步解调。"同步"指解调时所乘的信号与调制时的载波信号具有相同的频率和相位。

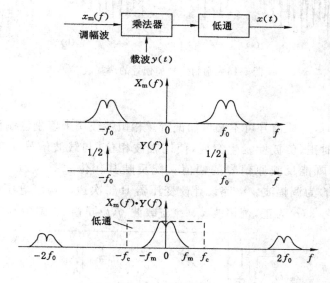

图 5-12 同步解调

由此可见,调幅的目的是使缓变信号便于放大和传输。解调的目的则是恢复原信号。广播电台把声音信号调制到某一频段,既便于放大和传送,也可避免各电台之间的干扰。在测试工作中,也常用调制-解调技术在一根导线中传输多路信号。

幅值调制装置实质上是一个乘法器。现在已有性能良好的线性乘法器组件。霍尔元件也是一种乘法器。从式(5-7)、式(5-8)和式(5-9)可以看出,电桥在本质上也是一个乘法装置,若以高频振荡电源供给电桥,则输出(U_y)为调幅波。

2. 整流检波

整流检波是另一种简单的解调方法。其原理是对调制信号偏置一个直流分量,使偏置后的信号具有正电压值，如图 5-13(a)所示，则该信号作调幅后得到的已调制波 $x_m(t)$ 的包络线将具有原信号形状。对调幅波 $x_m(t)$ 作简单的整流(全波或半波整流)和滤波便可恢复原调制信号，信号在整流滤波之后仍需准确地减去所加的偏置直流电压。

　　上述方法的关键是准确地加、减偏置电压。若所加偏置电压未能使调制信号电压位于零位的同一侧，如图 5-13(b)所示，那么在调幅后便不能简单地通过整流滤波来恢复原信号。采用相敏检波可解决这一问题。

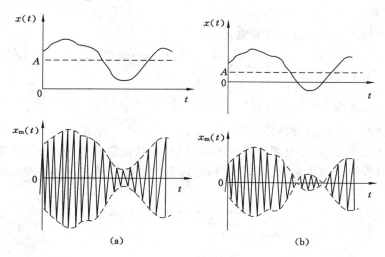

图 5-13　调制信号加偏置的调幅波

3. 相敏检波

　　采用相敏检波时，对原信号可不必再加偏置。相敏检波用来鉴别调制信号的极性，利用交变信号在过零位时正、负极性发生突变，使调幅波相位(与载波信号比较)也相应地产生180°相位跳变，从而既能反映原信号的幅值又能反映其相位。图 5-14 中 $x(t)$ 为原信号，$y(t)$ 为载波，波 $x_m(t)$ 为调幅波。电路设计使变压器 B 二次边的输出电压大于 A 二次边的输出电压。若原信号 $x(t)$ 为正，调幅波 $x_m(t)$ 与载波 $y(t)$ 同相，如图中 $0a$ 段所示。当载波

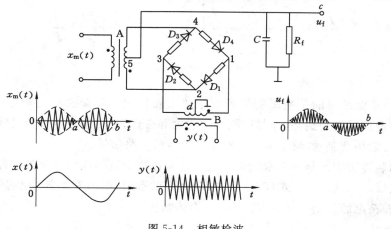

图 5-14　相敏检波

电压为正时，VD_1 导通，电流的流向是 d—1—VD_1—2—5—c—负载—地—d。当载波电压为负时，变压器 A 和 B 的极性同时改变，电流的流向是 d—3—VD_3—4—5—c—负载—地—d。若原信号 $x(t)$ 为负，调幅波 $x_m(t)$ 与载波 $y(t)$ 异相，如图中 ab 段所示。这时，当载波为正时，变压器 B 的极性如图中所示，变压器 A 的极性却与图中相反。这时 VD_2 导通，电流的流向是 5—2—VD_2—3—d—地—负载—c—5。当载波电压为负时，电流的流向是 5—4—VD_4—d—地—负载—c—5。因此在负载 R_f 上所检测的电压 u_f 就出现 $x(t)$ 的波形。

这种相敏检波是利用二极管的单向导通作用将电路输出极性换向。这种电路相当于在 $0a$ 段把 $x_m(t)$ 的零线下的负部翻上去，而在 ab 段把正部翻下来，所检测到的信号 u_f 是经过"翻转"后信号的包络。

相敏检波的另一典型应用是动态应变仪，图 5-15 为它的结构原理图。其中的电桥为应变仪电桥，用于敏感被测量，它由振荡器供给高频（10～15 kHz）振荡电压，被测量通过电阻应变片控制电桥输出。该输出经放大和相敏检波后再经低通滤波，最后恢复被测的信号。

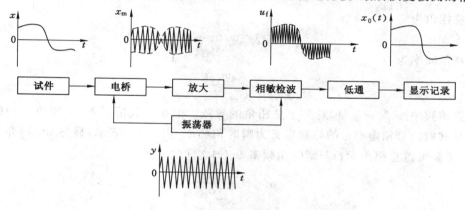

图 5-15　动态应变仪方框图

二、频率调制与解调

调频（频率调制）是利用信号电压的幅值来控制一个振荡器，使振荡器的输出是等幅波，但其振荡频率与信号电压成正比。当信号电压为零时，调频波的频率等于载波频率（中心频率）；当信号电压为正值时频率提高，当信号电压为负值时频率降低。在整个调制过程中，调频波的幅值保持不变，而瞬时频率随信号电压的变化进行相应的变化。所以，调频波是随信号电压变化的疏密不等的等幅波，如图 5-16 所示，其频谱结构非常复杂，虽与原信号频谱有

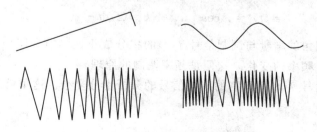

图 5-16　调频波与调制信号幅值的关系

（a）锯齿波调频；（b）正弦波调频

关,但却不像调幅那样进行简单的"搬移",也不能用简单的函数关系描述。为了保证测量精度,对应于零信号的载波中心频率应远高于信号的最高频率。

（一）原理

调频波的瞬时频率可表示为：

$$f = f_0 \pm \Delta f$$

式中　　f_0——载波频率,或称为中心频率;

　　　　Δf——频率偏移量,与调制信号的幅值成正比。

首先研究频率与相位之间的关系。一个等幅高频余弦信号可表达为

$$e(t) = A\cos \theta(t)$$

式中,$\theta(t)$为信号的总相角,它是时间 t 的函数。

对频率与相位均为常量（即未调制）的普通信号,有

$$e(t) = A\cos \theta(w_0 t + \varphi_0)$$

其总相角为

$$\theta(t) = w_0 t + \varphi_0$$

而其角频率为

$$w_0 = \frac{\mathrm{d}\theta(t)}{\mathrm{d}t}$$

这里角频率 w 为一常量,它等于总相角的导数。但在一般情况下,总相角 $\theta(t)$ 的导数可以不是常数。总相角 $\theta(t)$ 的导数定义为瞬时角频率,用 $w_i(t)$ 表示,显然 $w_i(t)$ 亦是时间的函数,于是可得总相角 $\theta(t)$ 与瞬时角频率 $w_i(t)$ 之间的关系为

$$w_i(t) = \frac{\mathrm{d}\theta(t)}{\mathrm{d}t}$$

而

$$\theta(t) = \int w_i(t)$$

设调制信号为 $f(t)$,由于频率调制信号其高频信号的角频率随 $f(t)$ 呈线性变化,故有

$$w_i(t) = w_0 + kf(t)$$

式中,k 为比例因子。于是调频信号的总相角为

$$\theta(t) = \int w_i(t)\mathrm{d}t = w_0 t + k\int f(t)\mathrm{d}t + \varphi_0 \tag{5-15}$$

由此可将调制信号表示为

$$e_i(t) = A\cos\left[w_o t + k\int f(t)\mathrm{d}t + \varphi_0 \right] \tag{5-16}$$

调频信号的总相角的增量与调制信号 $f(t)$ 的积分成正比[式(5-15)],而信号相位的任何变化均会引起信号频率的变化。这便是频率调制的原理。

对于采用任意信号 $f(t)$ 所调制的调频信号的分析十分复杂。这里就不再陈述。

（二）调频方法

1. 直接调频电路

把被测量的变化直接转换为振荡频率的变化称为直接调频式测量电路,其输出是等幅波。以电容或电感原理工作的传感器,在被测量小范围变化时,电容或电感也随之有近似的

线性变化关系,那么可由电容、电感做成振荡器,把其中一个参数与被测量联系,比如以电容做调谐参数。对一个自激振荡电路,其谐振频率与调谐参数(电容或电感)有关,即

$$f = \frac{1}{2\pi\sqrt{LC}} \qquad\qquad (5\text{-}17)$$

设 $C = C_0$ 时谐振频率为 f_0,当电容有 ΔC 变化时,有

$$\Delta f = -\frac{f_0}{2C_0}\Delta C$$

故

$$f = f_0 + \Delta f = f_0\left(1 - \frac{\Delta C}{2C_0}\right) \qquad\qquad (5\text{-}18)$$

由上式可知,回路的振荡频率将和调谐参数的变化呈线性关系,也就是说,在小范围内,它和被测量的变化有线性关系。

这种把测量的变化值直接转换为振荡频率的变化称为直接调频式测量电路,其输出也是等幅波。

2. 压控振荡器

另一种常用的调频电路是压控振荡器。压控振荡器的输出瞬时频率与输入的控制电压值呈线性关系。图 5-17 是采用乘法器的压控振荡器的原理图。A_1 是一个正反馈放大器,其输出电压受稳压管控制,为 $+u_w$ 或为 $-u_w$。M 是乘法器,A_2 是积分器。u_x 是正值常电压。假设开始时 A_1 输出处于 $+u_w$,乘法输出器 u_z 是正电压,A_2 的输出端电压将线性下降。当降到比 $-u_w$ 更低时,A_1 翻转,其输出将为 $-u_w$。同时乘法器的输出,即 A_2 的输入也随之变为负电压,其结果是 A_2 的输出将线性上升。当 A_2 的输出到达 $+u_w$,A_1 又将翻转,输出 $+u_w$。所以在常值正电压 u_x 下,这个振荡器的 A_2 输出频率一定的三角波,A_1 则输出同一频率的方波 u_y。

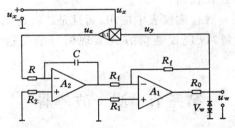

图 5-17　压控振荡器原理

乘法器 M 的一个输入端 u_y 幅度为定值 $\pm u_w$,改变另一个输入值 u_x 就可以线性地改变其输出 u_z,因此积分器 A_2 的输入电压也随之改变。这将导致积分器由 $-u_w$ 充电至 $+u_w$(或由 $+u_w$ 放电至 $-u_w$ 所需时间的变化。所以振荡器的振荡频率将和电压 u_x 成正比,改变 u_x 值就达到线性控制振荡频率的目的。

压控振荡电路有多种形式,现在已有集成化的压控振荡器芯片出售。

(三)频率调制的解调

对调频波的解调亦称鉴频,有多种方案可以使用。鉴频原理是将频率的变化相应地复原为原来电压幅值的变化。图 5-18 表示出了一种测试技术中常用的振幅鉴频电路。图中

L_1、L_2 为变压器耦合的原、副边线圈,它们与电容 C_1、C_2 形成并联谐振回路。回路的输入为等幅调频波 u_f,在回路谐振频率 u_f 处,线圈 L_1、L_2 中的耦合电流为最大,而副边输出电压 u_a 也最大。当 u_f 的频率偏离 u_f 时,u_a 随之下降。尽管 u_a 的频率与 u_f 的频率保持一致,但 u_a 的幅值却改变,其电压的幅值与频率之间的关系如图 5-18(b)所示。通常利用特性曲线中亚谐振区接近于直线的一段工作范围来实现频率-电压的转换,将调频的载波频率 f_0 设置在直线工作段中点附近,在有频偏 Δf 时频率范围为 $f_0 \pm \Delta f$。其中频偏 Δf 为一正弦波,因此由 $f_0 \pm \Delta f$ 所对应的变换得到的输出信号为一同频($f \pm \Delta f$)、幅值随频率变化的振荡信号。随着测量参数的变化,u_a 的幅值也随调频波 u_f 的频率作近似线性变化,调频波 u_f 的频率则和测量参数保持线性关系。后续的幅值检波电路是常见的整流滤波电路,它检测出调频调幅波的包络信号 u_0,该包络信号 u_0 反映了被测量参数 ΔC 的信息。

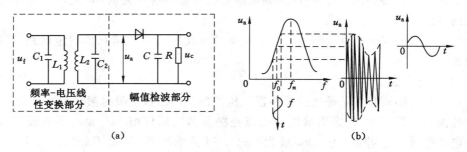

图 5-18 谐振振幅鉴频器原理
(a) 鉴频器;(b) 频率-电压特性曲线

频率调制的最大优点在于它的抗干扰能力强。由于噪声干扰极易影响信号的幅值,因此调幅波容易受噪声影响。与此相反,调频是依据频率变化的原理,对噪声的幅度影响不太敏感,因而调频电路的信噪比比较高。

调幅、调频技术不仅在一般检测仪表中应用,而且是工程遥测技术的重要内容。工程遥测是对被测量的远距离测量,以现代通信方式实现信号的发送和接收,都是利用了这一原理。

第三节 滤 波 器

滤波是选取信号中感兴趣的成分,而抑制或衰减掉其他不需要的成分。能实施滤波功能的装置称为滤波器,滤波器可采用电的、机械的或数字的方式来实现。

在信号处理中,往往要对信号作时域、频域的分析与处理。对于不同目的的分析与处理,往往需要将信号中相应的频率成分选取出来,而无需对整个的信号频率范围进行处理。此外,在信号的测量与处理过程中,信号会不断地受到各种干扰的影响。因此在对信号作进一步处理之前,有必要将信号中的干扰成分去除掉,以利于信号处理的顺利进行。滤波和滤波器便是实施上述功能的手段和装置。

一、滤波器分类

根据滤波器的选频作用,一般将滤波器分为四类,即低通、高通、带通和带阻滤波器。图 5-19 表示了这四种滤波器的幅频特性。

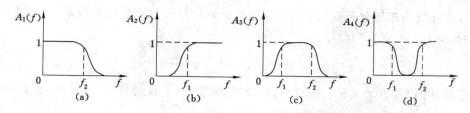

图 5-19　四种滤波器的幅频特性

（a）低通；（b）高通；（c）带通；（d）带阻

（1）低通滤波器。$0 \sim f_2$ 频率之间，幅频特性平直，它可以使信号中低于 f_2 的频率成分几乎不受衰减地通过，而高于 f_2 的频率成分受到极大地衰减。

（2）高通滤波器。与低通滤波相反，频率 $f_1 \sim \infty$，其幅频特性平直。它使信号中高于 f_1 的频率成分几乎不受衰减地通过，而低于 f_1 的频率成分将受到极大地衰减。

（3）带通滤波器。它的通频带在 $f_1 \sim f_2$ 之间。它使信号中高于 f_1 而低于 f_2 的频率成分可以不受衰减地通过，而其他成分受到衰减。

（4）带阻滤波器。与带通滤波相反，阻频带在频率 $f_1 \sim f_2$ 之间。它使信号中高于 f_1 而低于 f_2 的频率成分受到衰减，其余频率成分的信号几乎不受衰减地通过。

上述四种滤波器中，在通带与阻带之间存在一个过渡带，其幅频特性是一斜线，在此频带内，信号受到不同程度地衰减。这个过渡带是滤波器所不希望的，但也是不可避免的。

这四种滤波器的特性是有联系的。高通滤波器的幅频特性 $A_2(f)$ 可看作是 $[1 - A_1(f)]$，$A_1(f)$ 是低通滤波器的幅频特性，故可以用低通滤波器做负反馈回路而获得。带阻滤波器是低通和高通的组合，而带通滤波器则可以带阻做负反馈而获得。

滤波器还有其他不同的分类方法，例如，根据构成滤波器的元件类型，可分为 RC、LC 或晶体谐振滤波器；根据构成滤波器的电路性质，可分为有源滤波器和无源滤波器；也可根据滤波器所处理的信号性质，分为模拟滤波器与数字滤波器等。

广义地说，任何装置对输入的频率成分都有一定"筛选"作用，因此都可以看成是一个滤波器。例如隔振台对低频激励起不了明显的隔振作用，甚至可能有谐振放大，但对高频激励则可以起良好的隔振作用，故隔振台也是一种"低通滤波器"。用压电式加速度计测量结构（研究对象）的加速度时，如果确知系统的响应应该是低频的（例如用低频正弦激振），或者我们只对较低频率的振动成分感兴趣，我们常在加速度计与结构的连接处加一个"衬垫"，以减小测量的高频噪声。这一"衬垫"可称为机械滤波器。

二、理想滤波器

理想滤波器是一个理想化的模型，在物理上是不能实现的，但它对深入了解滤波器的传输特性是有作用的。根据线性系统的不失真传输条件，理想测量系统的频率响应函数应是：

$$H(f) = A_0 \mathrm{e}^{-\mathrm{j}2\pi f t_0} \tag{5-19}$$

式中 A_0 和 t_0 均为常数。若滤波器的频率响应 H_f 满足下列条件：

$$H(f) = \begin{cases} A_0 \mathrm{e}^{-\mathrm{j}2\pi f t_0}, & |f| < f_c \\ 0, & \text{其他} \end{cases}$$

则称为理想滤波器，其幅、相-频率特性如图 5-20（a）所示，图中频域图形以双边对称形式画出，相频图中直线斜率为 $(-2\pi t_0)$。

这种在频域为矩形窗函数的"理想"低通滤波器的时域脉冲响应函数是 sin 函数。如无相角滞后，即 $t_0 = 0$，则

$$h(t) = 2Af_c \frac{\sin(2\pi f_c t)}{2\pi f_c t} \qquad (5\text{-}20)$$

其图形如图 5-20(b)所示。$h(t)$ 将具有对称的图形，不仅延伸到 $t \to +\infty$，也延伸到 $t \to -\infty$。

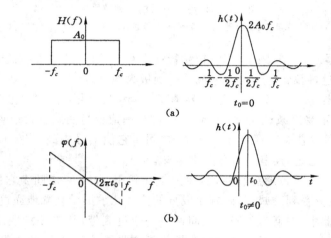

图 5-20　理想低通滤波器
(a) 幅频特性；(b) 脉冲响应

这种理想滤波器是不能实现的，因为 $h(t)$ 是滤波器在 $\delta(t)$ 作用下的输出，其图形却表明，在输入 $\delta(t)$ 到来之前，即 $t < 0$，滤波器就有了与输入 δ 相对应的输出。显然，这违背了因果关系，任何现实的滤波器不可能有这种预知未来的能力，所以理想低通滤波器是不可能存在的。可以推论，理想的高通、带通、带阻滤波器都是不存在的。实际滤波器的频域图形不可能出现直角锐变，也不会在有限频率上完全截止。原则地讲，实际滤波器的频域图形将延伸到 $|f| \to \infty$，所以一个滤波器对信号中通带以外的频率成分只能极大地衰减，却不能完全阻止。

讨论理想低通滤波器是为了进一步了解滤波器的传输特性，树立关于滤波器的通频带宽和建立比较稳定的输出所需要的时间之间的关系。

假如给滤波器单位阶跃输入 $u(t)$，即

$$u(t) = \begin{cases} 1, & t > 0 \\ \dfrac{1}{2}, & t = 0 \\ 0, & t < 0 \end{cases}$$

滤波器的输出 $y(t)$ 将是该输入和脉冲响应函数 $h(t)$ 的卷积。

$$y(t) = h(t) * u(t) \int_{-\infty}^{\infty} u(\tau)h(t-\tau)\mathrm{d}\tau \qquad (5\text{-}21)$$

这一积分的图形如图 5-21 所示。由图 5-21 可知，输出从零（图中 a 点）到稳定值 A_0（b 点）经过一定的建立时间 $t_b - t_a$。时移 t_0 仅影响曲线的左右位置，并不影响建立时间。这种建立时间的物理意义可解释如下：由于滤波器的单位脉冲响应函数 $h(t)$（见图 5-20）的图形

主瓣有一定的宽度 $\frac{1}{f_c}$，因此当滤波器的 f_c 很大亦即其通频带很宽时，$\frac{1}{f_c}$ 很小，$h(t)$ 的图形将变陡，从而所得的建立时间 $t_b - t_a$ 也将很小。反之，若 f_c 小，则 $t_b - t_a$ 将变大，即建立时间长。

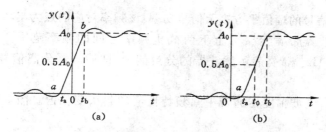

图 5-21　理想低通滤波器对单位阶跃输入的响应
(a) 无相角滞后，时移 $t_0 = 0$；(b) 有相角滞后，时移 $t_0 \neq 0$

建立时间也可以这样理解：输入信号突变处必然包含丰富的高频分量，低通滤波器阻挡住了高频分量，其结果是将信号波形"圆滑"了。通带越宽，衰减的高频分量越少，信号便有较多的分量更快通过，因此建立时间较短；反之，则长。

故低通滤波器的阶跃响应的建立时间 T_e 和带宽 B 成反比，或者说两者的乘积为常数，即

$$BT_e = 常数 \tag{5-22}$$

这一结论同样适用于其他（高通、带通、带阻）滤波器。

计算积分式(5-21)表明

$$t_b - t_a = \frac{0.61}{f_c} \tag{5-23}$$

若按理论响应值的 0.1~0.9 作为计算建立时间的标准，则有

$$t_b - t_a = \frac{0.45}{f_c} \tag{5-24}$$

滤波器带宽表示它的频率分辨能力，通带窄，则分辨率高。这一结论表明滤波器的高分辨能力与测量时快速响应的要求是矛盾的。若想采用一个滤波器从信号中获取某一频率很窄的信号（例如进行高分辨率的频谱分析），便要求有足够的建立时间，若建立时何不够，则会产生错误。对已定带宽的滤波器，一般采用 $BT_e = 5 \sim 10$ 便足够了。

三、实际滤波器

（一）实际滤波器的基本参数

图 5-22 所示为理想带通滤波器（虚线）与实际带通（实线）滤波器的幅频特性。对于理想滤波器，只需规定截止频率就可以说明它的性能，因为在截止频率之间的幅频特性为常数 A_0，截止频率以外的幅频特性为零。而对于实际滤波器，由于它的特性曲线没有明显的转折点，通带中幅频特

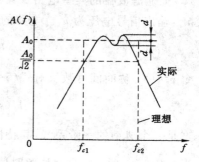

图 5-22　理想和实际带通滤波器
的幅频特性

性也并非常数,因此需要更多的参数来描述实际滤波器的性能,主要参数有截止频率、带宽、纹波幅度、品质因子(Q 值)以及倍频程选择性等。

(1)截止频率。幅频特性值等于 $\dfrac{A_0}{\sqrt{2}}$($-3\mathrm{dB}$)所对应的频率点(图 5-22 中的 f_{c1} 和 f_{c2})称为截止频率。若以信号的幅值平方表示信号功率,该频率对应的点为半功率点。

(2)带宽。滤波器带宽定义为上下两截止频率之间的频率范围 $E = f_{c2} - f_{c1}$,又称 $-3\mathrm{dB}$ 带宽,单位为 Hz。带宽表示滤波器的分辨能力,即滤波器分离信号中相邻频率成分的能力。

(3)纹波幅度。纹波幅度指通带中幅频特性值的起伏变化值。图 5-22 中纹波幅度以 $\pm\delta$ 表示,δ 值越小越好。

(4)品质因子(Q 值)。电工学中以 Q 表示谐振回路的品质因子,而在二阶振荡环节中,Q 值相当于谐振点的幅值增益系数,$Q = \dfrac{1}{2\zeta}$。对于一个带通滤波器来说,其品质因子 Q 定义为中心频率 f_0 与带宽 B 之比,即 $Q = \dfrac{f_0}{B}$。

(5)倍频程选择性。从阻带到通带,实际滤波器还有一个过渡带,过渡带的曲线倾斜度代表着幅频特性衰减的快慢程度,通常用倍频程选择性来表征。倍频程选择性是指上截止频率 f_{c2} 与 $f_{c1/2}$ 之间或下截止频率 f_{c1} 与 $f_{c1/2}$ 之间幅频特性的衰减值,即频率变化一个倍频程的衰减量,以 dB 表示。显然,衰减越快,选择性越好。

(6)滤波器因数(矩形系数)。滤波器因数 λ 定义为滤波器幅频特性的 $-60\ \mathrm{dB}$ 带宽与 $-3\ \mathrm{dB}$ 带宽的比,即

$$\lambda = \frac{B_{-60\mathrm{dB}}}{B_{-3\mathrm{dB}}} \tag{5-25}$$

对理想滤波器,$\lambda = 1$;对普通使用的滤波器,λ 一般为 1~5。

(二)RC 调谐式滤波器的基本特性

在测试系统中,常用 RC 滤波器。因为在这一邻域中,信号频率相对讲是不高的,而 RC 滤波器电路简单,抗干扰性强,有较好的低频性能,并且选用标准阻容元件也容易实现。

1.一阶 RC 低通滤波器

RC 低通滤波器的典型电路及其幅频、相频特性如图 5-23 所示。设滤波器的输入信号电压 u_x,输出信号电压为 u_y。电路的微分方程式为

$$RC\frac{\mathrm{d}u_y}{\mathrm{d}t} + u_y = u_x \tag{5-26}$$

令 $\tau = RC$,称时间常数。对式(5-26)进行拉氏变换,可得传递函数

$$H(s) = \frac{U_y(s)}{U_x(s)} \approx \frac{1}{\tau s + 1} \tag{5-27}$$

这是一个典型的一阶系统,其特性示于图 5-23 中。

当 $f \ll \dfrac{1}{2\pi RC}$ 时,$A(f) = 1$,此时信号几乎不受衰减地通过,并且 $A(f)$—f 关系为近似于一条通过原点的直线。因此,可以认为,在此情况下,RC 低通滤波器是一个不失真传输系统。

当 $f = \dfrac{1}{2\pi RC}$ 时，$A(f) = \dfrac{1}{\sqrt{2}}$，即

$$f_{c_2} = \frac{1}{2\pi RC} \tag{5-28}$$

此式表明，RC 值决定着上截止频率。因此，适当改变 RC 数值时，就可以改变滤波器的截止频率。

当 $f \gg \dfrac{1}{2\pi RC}$ 时，输出 u_y 与输入 u_x 的积分成正比，即

$$u_y = \frac{1}{RC}\int u_x \, \mathrm{d}t \tag{5-29}$$

此时 RC 低通滤波器起着积分器的作用，对高频成分的衰减率为 -20 dB/10 倍频程（或 -6 dB/倍频程）。如要加大衰减率，应提高低通滤波器的阶数。可以将几个一阶低通滤波器串联使用。但串联后后级的滤波电阻、电容对前一级电容起并联作用，产生负载效应。由于级间耦合，高频衰减率并非简单的叠加。

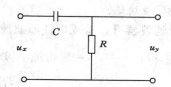

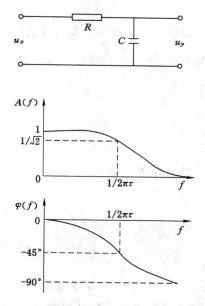

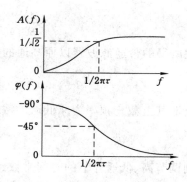

图 5-23　RC 低通滤波器及其幅、相频特性　　　图 5-24　RC 高通滤波器及其幅、相频特性

2. RC 高通滤波器

图 5-24 所示为 RC 高通滤波器及其幅、相频特性。设输入信号电压 u_x，输出信号电压为 u_y，则微分方程式为

$$u_y + \frac{1}{RC}\int u_y \, \mathrm{d}t = u_x \tag{5-30}$$

同理，令 $\tau = RC$，则传递函数为

$$H(s) = \frac{\tau s}{\tau s + 1} \tag{5-31}$$

频率响应、幅频特性和相频特性分别为

$$H(w) = \frac{jw\tau}{1 + jw\tau} \tag{5-32}$$

$$A(w) = \frac{w\tau}{\sqrt{1 + (w\tau)^2}} \text{ 或 } A(f) = \frac{2\pi f\tau}{\sqrt{1 + (2\pi f\tau)^2}} \tag{5-33}$$

$$\varphi(w) = \arctan\frac{1}{w\tau} \text{ 或 } \varphi(f) = \arctan\frac{1}{2\pi f\tau} \tag{5-34}$$

当 $f = \frac{1}{2\pi\tau}$ 时，$A(f) = \frac{1}{\sqrt{2}}$，滤波器的 -3dB 截止频率为 $f_{c_1} = \frac{1}{2\pi RC}$。

当 $f \gg \frac{1}{2\pi\tau}$ 时，$A(f) \approx 1$；$\varphi(f) \approx 0$。即当 f 相当大时，幅频特性接近于 1，相移趋于零，此时 RC 高通滤波器可视为不失真传输系统。

同样可以证明，当 $f \ll \frac{1}{2\pi\tau}$ 时，RC 高通滤波器的输出 u_y 与输入 u_x 的微分成正比，起着微分器的作用。

3. RC 带通滤波器

带通滤波器可以看成由低通滤波器和高通滤波器串联组成。如一阶高通滤波器的传递函数为 $H_1(s) = \frac{\tau s}{\tau s + 1}$，一阶低通滤波器的传递函数为 $H_2(s) = \frac{1}{\tau s + 1}$，则串联后传递函数为

$$H(s) = H_1(s)H_2(s) \tag{5-35}$$

幅频特性和相频特性分别为

$$A(f) = A_1(f)A_2(f) \tag{5-36}$$

$$\varphi(f) = \varphi_1(f) + \varphi_2(f) \tag{5-37}$$

串联所得的带通滤波器以原高通的截止频率为下截止频率，即

$$f_{c1} = \frac{1}{2\pi\tau_1} \tag{5-38}$$

相应地其上截止频率为原低通的截止频率，即

$$f_{c2} = \frac{1}{2\pi\tau_2} \tag{5-39}$$

分别调节高、低通环节的时间常数（τ_1 及 τ_2），就可得到不同的上、下截止频率和带宽的带通滤波器。但是要注意高、低通两级串联时，应消除两级耦合时的相互影响，因为后一级成为前一级的"负载"，而前一级又是后一级的信号源内阻。实际上两级间常用射极输出器或者用运算放大器进行隔离。所以实际的带通滤波器常常是有源的。

各种有源高阶低通、高通、带阻滤波器的特性和设计方法都可查阅有关专著。已经有多种市售的滤波器集成电路芯片可供选用，使设计和应用大为简化。

四、滤波器的综合应用

工程中为得到特殊的滤波效果常将不同的滤波器或滤波器组进行串联和并联。

1. 滤波器串联

为加强滤波效果，将两个具有相同中心频率的（带通）滤波器串联，其合成系统的总幅频特性是两滤波器幅频特性的乘积，从而使通带外的频率成分有更大的衰减。高阶滤波器便是由低阶滤波器串联而成的。但由于串联系统的相频特性是各环节相频特性的相加，因此

将增加相位的变化,在使用中应加以注意。

2. 滤波器并联

滤波器并联常用于信号的频谱分析和信号中特定频率成分的提取。使用时将被分析信号通入一组具有相同增益但中心频率不同的滤波器,从而各滤波器的输出反映了信号中所含的各个频率成分。实现这样一组带通滤波器组可以有两种不同的方式,一是采用中心频率可调的带通滤波器,通过改变滤波器的 RC 参数来改变其中心频率,使之追随所要分析的信号频率范围。由于在调节中心频率过程中一般总希望不改变或不影响到诸如滤波器的增益及 Q 因子等参数,因此这种滤波器中心频率的调节范围是有限的,从而也限制了它的使用性。另一种方法是采用一组由多个各自中心频率确定的、其频率范围遵循一定规律相互连接的滤波器。为使各带通滤波器的带宽覆盖整个分析的频带,它们的中心频率应能使相邻滤波器的带宽恰好相互衔接。

五、恒带宽比滤波器和恒带宽滤波器

为了对信号做频谱分析,或者摘取信号中某些特殊频率成分,可将信号通过放大倍数相同而中心频率各个不同的多个带通滤波器,各个滤波器的输出主要反映信号中在该通带频率范围内的量值。可以有两种做法:一种是使带通滤波器的中心频率是可调的,通过改变 RC 调谐参数而使其中心频率跟随所需要量测的信号频段。其可调范围一般是有限的。另一种做法是使用一组各自中心频率固定的,但又按一定规律相隔的滤波器组。图 5-25 所示的谱分析装置是将如图中所标明中心频率的各滤波器依次接通。如果信号经过足够的功率放大,各滤波器的输入阻抗也足够高,那么也可以把该滤波器组并联在信号源上,各滤波器的输出同时显示或记录,这样就能获得瞬时信号的频谱结构。这就成为"实时"的谱分析。

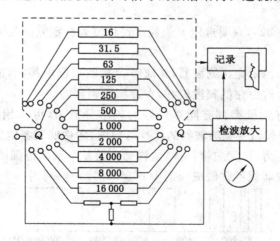

图 5-25　倍频程谱分析装置

对用于谱分析的滤波器组,各滤波器的通带应该相互连接,覆盖整个感兴趣的频率范围,这样才不致使信号中的频率成分"丢失"。通常的做法是使前一个滤波器的-3 dB 上截止频率(高端)等于后一个滤波器的-3 dB 下截止频率(低端),滤波器组还应具有相同的放大倍数。这样一组滤波器将覆盖整个频率范围,也是"邻接的"。当然,滤波器组应具有同样的放大倍数(对其各个中心频率而言)。

1. 恒带宽比滤波器

若采用具有同样 Q 值的调谐滤波器做成邻接式滤波器组,则该滤波器组是由一些恒带宽比的滤波器构成的。实际上 Q 值是带宽和中心频率之比值,滤波器的中心频率越高,其带宽也越大($B=\dfrac{f_n}{Q}$)。

假若一个带通滤波器的低端截止频率为 f_{c1},高端截止频率为 f_{c2},f_{c2} 和 f_{c1} 的关系总是可以用下式表示:

$$f_{c_2} = 2^n f_{c_1} \tag{5-40}$$

式中 n 称为倍频倍数。若 $n=1$,称为倍频程滤波器;若 $n=\dfrac{1}{3}$,则称为 1/3 倍频程滤波器。滤波器中心频率 u_f 则为:

$$f_n = \sqrt{fc_1 fc_2} \tag{5-41}$$

根据式(5-40)和式(5-41)可得 $f_{c_2}=2^{n/2} f_n$ 及 $f_{c_1}=2^{-n/2} f_n$,并由式 $f_{c2}-f_{c2}=B=\dfrac{f_n}{Q}$,最终可得:

$$\frac{1}{Q} = \frac{B}{f_n} = 2^{n/2} - 2^{-n/2} \tag{5-42}$$

故若为倍频程滤波器,$n=1$,$Q=1.41$;若 $n=\dfrac{1}{3}$,则 $Q=4.38$;若 $n=\dfrac{1}{5}$,则 $Q=7.2$。

对一组邻接的滤波器组也很容易证明:后一个滤波器的中心频率 f_{n2} 与前一个滤波器的中心频率 f_{n1} 之间也应有下列关系:

$$f_{n2} = 2^n f_{n1} \tag{5-43}$$

由式(5-41)和式(5-42),只要选定 n 值就可设计覆盖给定频率范围的邻接式滤波器组。

2. 恒带宽滤波器

对一组增益相同的恒带宽比滤波器,其通频带在低频段内甚窄,而在高频段内则较宽,因而滤波器组的频率分辨力在低频段较好,在高频段则甚差。

为使滤波器在所有频段都具有同样良好的频率分辨力,可采用恒带宽的滤波器。图5-26是恒带宽比滤波器和恒带宽滤波器的特性对照图,图中滤波器的特性都画成是理想的。为提高滤波器的分辨能力,带宽应窄一些,这样为覆盖整个频率范围所需要的滤波器数量就很大。因此恒带宽滤波器就不宜做成固定中心频率的,一般利用一个定带宽的定中心频率

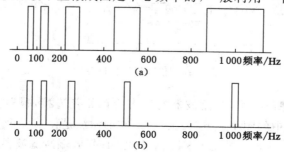

图 5-26 理想的恒带宽比和恒带宽滤波器的特性对照图

(a) 恒带宽比滤波器;(b) 恒带宽滤波器

的滤波器加上可变参考频率的差额变换来适应各种不同中心频率的定带宽滤波的需要。参考信号的扫描速度应能满足建立时间的要求,尤其是滤波器带宽很窄的情况,参考频率变化不能过快。实际使用中只要对扫频的速度进行限制,使它不大于$(0.1\sim0.5)B^2$ Hz/s,就能得到相当精确的频谱图。常用的恒带宽滤波器有相关滤波和变频跟踪滤波两种。这两种滤波器的中心频率都能自动跟踪参考信号的频率。

　　下面用一个例子来说明滤波器的带宽和分辨力。设有一个信号,由幅值相同而频率分别为 940 Hz 和 1 060 Hz 的两正弦信号所合成,其频谱如图 5-27(a)所示,现用两种恒带宽比的倍频程滤波器和恒带宽跟踪滤波器分别对它做频谱分析。

　　图 5-27(a)是实际信号;5-27(b)是用 1/3 倍频程滤波器(倍频程选择性接近于 25 dB,$B/u_f=0.23$)分档测量的结果;图 5-27(c)是用相当于 1/10 倍频程滤波器(倍频程选择性接近于 45 dB,$B/f_n\approx0.06$)测量并用笔试记录仪连续走纸记录的结果;图 5-27(d)是用恒带宽跟踪滤波器(-3 dB 带宽 3 Hz,-60 dB 带宽 12 Hz,滤波器因数 $\lambda=4$)的测量结果。

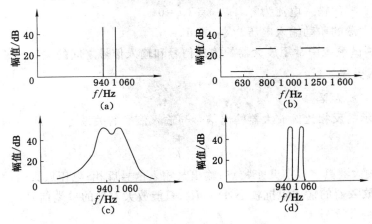

图 5-27　三种滤波器测量结果比较

　　从图 5-27 中可见,1/3 倍频程滤波器分析效果最差。它的带宽太大(例如在 $f_n=1\,000$ Hz 时,$B=230$ Hz),无法确切分辨出两频率成分的频率和幅值。又由于它的倍频程选择性较差,以致当中心频率改为 800 Hz 和 1 250 Hz 时,尽管信号已不在滤波器的通频带中,滤波器的输出仍然有相当大的幅值。因此这时仅就滤波器输出,人们无法辨别滤波器输出究竟是来源于通频带中的频率成分还是通频带外的频率成分。相反,所采用的恒带宽跟踪滤波器的带宽窄、选择性好,足以消除上述两方面的不确定性,可达到良好的频谱分析效果。恒带宽跟踪滤波器的频率分辨力可以达到很高。

第四节　信号的放大

　　在测试系统中,传感器或测试装置的输出大部分都是较弱的模拟信号,一般为 mV 级甚至 μV 级,不能直接用于显示、记录或 A/D 转换,必须进行放大。对于直流或缓变信号,以前由于直流放大器的漂移较大,对于较微弱的直流信号需要调制成交流信号,然后用交流放大器放大,再解调成为直流信号。目前由于集成运算放大器性能的改善,已经可以组成性能良好的直流放大器。集成运算放大器根据其性能可分为通用型、高输入阻抗型、高速型、高精度型、低漂移型、低功耗型等,可根据不同要求选用。利用运算放大器可组成反相输入、同相输入和差动输入放大器。

运算放大器是一种采用直接耦合的高增益、高输入阻抗、低漂移的差动放大器,其输入信号的频率范围可以从直流到兆赫兹。运算放大器的开环电压增益及输入阻抗很高,在实际应用运算放大器时,常用图 5-28 所示的理想运算放大器模型来表示。

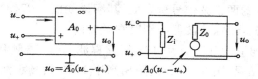

$$u_o = A_0(u_- - u_+) \qquad A_0(u_- - u_+)$$

图 5-28   运算放大器的电路符号及简单的等效电路

① 运算放大器的输入电流为零,即 $i_- = i_+ = 0$。

② 运算放大器的差动输入电压为零,即 $u_- = u_+$。

下面介绍测试系统中常用放大器的输出信号和输入信号之间的关系。

一、基本放大器

1. 反相比例放大器

图 5-29 所示的反相比例放大器输出信号与输入信号的关系为

$$u_o = -\frac{R_F}{R_1} u_i \qquad (5\text{-}44)$$

反相比例放大器具有以下几个特点:输出与输入信号反相;电压放大倍数 R_F/R_1 可大于 1,亦可小于 1;放大器的输入阻抗较小,$R_i = R_1$,只能放大对地的单端信号。

2. 同相比例放大器

图 5-30 所示的同相比例放大器输出信号与输入信号的关系为

$$u_o = \left(1 + \frac{R_F}{R_1}\right) u_i \qquad (5\text{-}45)$$

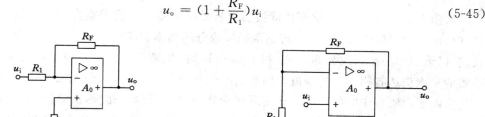

图 5-29   反相比例放大器   图 5-30   同相比例放大器

同相比例放大器的特点为:输出信号和输入信号相同;电压放大倍数≥1;放大器的输入阻抗很大;只能放大单端信号。电压跟随器是同相比例放大器的特例,其电压放大倍数为1,如图 5-31 所示。它一般在电路中用作缓冲放大器,把具有高输入阻抗的电路和低输入阻抗的电路连接起来。

用同相比例放大器来放大单臂电桥的输出信号电路如图 5-32 所示,由于同相比例放大

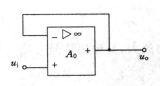

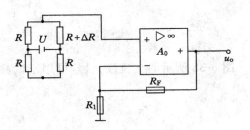

图 5-31 电压跟随器   图 5-32 同相比例放大器放大电桥信号

器的输入电阻很高,所以它与反相比例放大器的最大区别是在分析电路时根本不用考虑它的输入电阻对电桥输出的影响。其输出为

$$u_o = \frac{u}{4} \times \frac{\Delta R}{R}(1 + \frac{R_F}{R_1}) \tag{5-46}$$

3. 差动放大器

差动放大器如图 5-33 所示。当 $R_1 = R_2$、$R_F = R_3$ 时,差动放大器输出信号与输入信号之间的关系为

$$u_o = \frac{R_F}{R_1}(u_{i2} - u_{i1}) \tag{5-47}$$

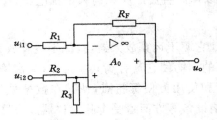

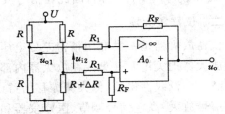

图 5-33 差动放大器   图 5-34 单臂电桥差动放大器

差动放大器的输出与两端的电压之差成正比,即差动放大器可用来放大差动信号。该电路的缺点是输入阻抗不大($R_i = R_1 + R_2 = 2R_1$)。

图 5-34 为单臂电桥输出信号接差动放大器进行放大的电路。该电路对电桥电源的选择及连接的要求非常宽松,只要输入端电压满足运算放大器的共模电压范围就行。由于差动放大电路的输入电阻不大,所以在分新电路时要考虑其对电桥输出的影响。当电桥开路时,其输出为

$$u_{o1k} = \frac{U}{4} \times \frac{\Delta R}{R} \tag{5-48}$$

接放大电路后的电桥输出信号为

$$u_{o1} = \frac{R_i}{R_{o1} + R_i} u_{1k} = \frac{U}{4} \times \frac{\Delta R}{R} \times \frac{2R_1}{R + 2R_1} = u_{i2}$$

式中,R_{o1} 是电桥的输出电阻;R_i 为差动放大电路的输入电阻。则图 5-34 电路的输出电压为

$$u_{o1} = \frac{R_F}{R_1}(u_{i2}) = \frac{R_F}{R_1}\left[\frac{2R_1 \Delta R U}{4R(R + 2R_1)}\right] = \frac{\Delta R R_F}{2R(R + 2R_1)}U \tag{5-49}$$

若取 $R_1 = 0$,电路就成为电流放大式电桥放大器,其输出信号为

$$u_\circ = \frac{U}{2} \times \frac{R_F}{R} \times \frac{\Delta R}{R} \tag{5-50}$$

4. 交流放大器

图 5-35 所示的交流放大器,可用于低频交流信号的放大,其输出信号与输入信号的关系为

$$u_\circ = -\frac{Z_F}{Z_1} u_i \tag{5-51}$$

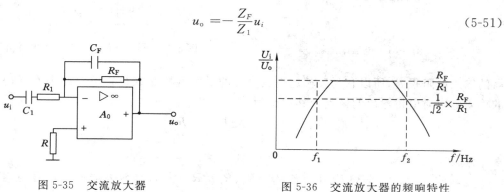

图 5-35　交流放大器　　　　　　图 5-36　交流放大器的频响特性

由于 Z_1 和 Z_F 都与频率 w 有关,所以放大器的放大倍数也与频率有关,其频率宽度在图 5-36 中的 f_1 和 f_2 之间,因此在信号放大时,可以抑制直流漂移和高频干扰电压。

二、仪器放大器

仪器放大器是一类专用精密差分电压放大器。它源于运算放大器,且优于运算放大器。仪器放大器把关键元件集成在放大器内部,其独特的结构使它具有高共模抑制比、高输入阻抗、低噪声、低线性误差、低失调漂移增益设置灵活和使用方便等特点,使其在数据采集、传感器信号放大、高速信号调节、医疗仪器和高档音响设备等方面备受青睐。仪器放大器是一种具有差分输入和相对参考端单端输出的闭环增益组件,具有差分输出和相对参考端的单端输出。与运算放大器不同之处是,运算放大器的闭环增益是由反相输出端与输出端之间连接的外部电阻决定的,而仪器放大器则使用与输入端隔离的内部反馈电阻网络。仪器放大器的两个差分输入端施加输入信号,其增益既可由内部预置,也可由用户通过引脚内部设置,或者通过与输入信号隔离的外部增益电阻设置。

第五节　测试信号的显示与记录装置

指示和记录装置是测试系统不可缺少的组成成分。实际上,人们总是通过指示器提供的示值和记录器所记录的数据来了解、分析和研究测量结果的。在某些场合下,将被测信号记录存储起来,事后随时重放,供人或仪器作进一步处理和分析是测试工作的重要组成部分。现将最常用的指示和记录装置大致介绍如下。

一、动圈式磁电指示机构

在许多指示和记录装置中采用动圈式磁电指示机构,如图 5-37 所示。可转动线圈处于很强的辐射状的均匀磁场中,信号电流 i 通过线圈所引起的电磁转矩将使线圈转动,直到电磁转矩与弹簧的弹性转矩平衡为止。此时转角 θ 与电流 i 成正比。这种机构实质上是一个

扭转型的二阶系统,完全可采用二阶系统的有关理论来分析它。

这种机构本质上是电流敏感装置,当用它来测量电压时,必须保持电路中电阻值的恒定,同时应当注意到温度增高时,线圈电阻将加大、磁场强度和弹簧刚度将减小。前两者导致转角减小而后者却使转角增大,通常在电路中串接一个由锰铜合金制成的温度补偿电阻 R_c。一旦温度变化时,它所产生的影响正好抵消线圈电阻 R_0、磁场强度和弹簧刚度三方面所产生的综合影响。

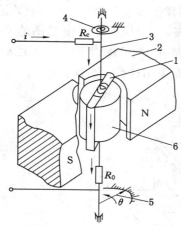

图 5-37　动圈式磁电指示机构
1——线圈;2——永久磁铁;3——轴承和支承;
4——弹簧(游丝);5——指针;6——铁芯

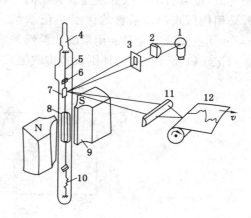

图 5-38　光线示波器原理
1——光源;2——圆柱透镜;3——光栅;
4——振子;5——张丝;6——支承;7——反射镜;
8——线圈;9——磁极;10——弹簧;
11——圆柱透镜;12——感光纸及走纸机构

这种被称为达松瓦尔的机构经过某些改进,可成为笔式记录器和光线示波器[图(5-38)]的核心部分。

当达松瓦尔机构的指针改变成记录笔并加上一套走纸机构,就成为笔式记录仪。作为二阶系统而言,由于其“质量”(转动构件)较大,弹性刚度(游丝刚度)较小,因而,其故有频率较低。目前常用的笔式记录仪,在笔尖幅值 10 mm 范围内,最高工作频率可达到 125 Hz。

二、光线示波器

由于笔式记录仪的惯性较大以及摩擦的存在,可记录信号频率都比较低。为了改善记录仪的动态特性,人们发明了光线示波器,其工作原理如图 5-38 所示。光线示波器是一种检流计式记录仪,它用一个转动惯量较小的振子取代了检流计式笔录仪的动圈部分,同时用“光笔”取代了机械笔,由于 $W_n = \sqrt{G/J}$,从而使其具有较高的固有频率,可以实现高频(最高可达 10 kHz)信号的不失真记录。

三、伺服记录仪

伺服记录仪的原理如图 5-39 所示。当待记录的直流电压信号 u_r 与电位器的比较电压 u_b 不等时,则有 Δu 输出。该电压经调制、放大、解调后驱动伺服电动机,并通过皮带等传动机构带动记录笔作直线运动,实现信号的记录同时又使电位器滑动触点随之移动,改变 u_b 的大小。当 $u_b = u_r$ 时,$\Delta u = 0$,后续电路没有输出,伺服电动机即停止转动,记录笔也不动了。信号电压 u_r 不断变化，记录笔也就跟随运动。如果电位器的 u_b 与其触点位移呈线性关系，则记录笔的移动幅值与 u_r 的幅值成正比。当记录纸在走纸机构的驱动下，作匀速移动，形成时间坐标，实现曲线 u_r-t 的记录。

根据上述原理，也可实现两变量 x、y 之间关系曲线的记录。当记录仪备有两套基本相同的伺服记录系统，使记录仪产生两个互相垂直的直线运动或一个旋转运动和一个对应的径向移动，从而可得出直角坐标记录图或极坐标记录图。从构造上来看，两运动可均由记录笔来完成，也可由笔和纸分别完成其中的一种运动。这样便形成多种形式的 X—Y 记录仪。

采用伺服式记录系统的优点是记录幅值准确性高，一般误差小于全范围的 0.2%～0.5%。其主要缺点是只能记录变化缓慢的信号，一般都在 10 kHz 以下。工业上大量的工程监测记录以及计算机的外围设备中的笔式绘图仪也是采用这类记录仪。

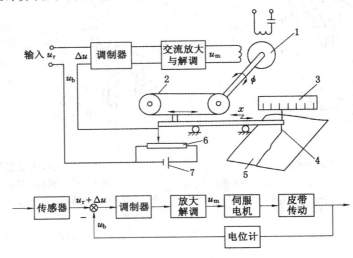

图 5-39　伺服式记录仪原理

1——伺服电动机；2——皮带；3——刻度板；4——记录笔；5——记录纸；

6——电位器；7——标准电池

四、采用阴极射线管的信号显示和记录装置

1. 阴极射线管（CRT）技术

目前以阴极射线管（CRT）为核心器件发展出许多种信号显示和记录系统。阴极射线管是一种真空电子器件，由电子枪、偏转系统和荧光屏等三大部分组成。电子枪发出的聚焦过的电子束，通过水平和垂直偏转板后撞击荧光屏。屏上的荧光材料受电子束撞击处将发出可见光线，呈现可见光点。受偏转板的作用，电子束在屏上撞击点将产生变动。尽管电子束迅速改变撞击点，但是荧光的余辉效应可以使光点保留一段时间（1 μs～1 s），形成相对稳定的图形。总之，阴极射线管是利用电子束撞击荧光屏，使之呈现光点通过控制电子束的强度和方向来改变光点的亮度和位置，令其按预定规律变化，而在荧光屏上显示预定的图像。

示波器是这类信号显示、记录系统中最常用的一种。它的最常见工作方式是显示输入信号的时间历程，即显示 $x(t)$ 曲线。在此工作方式下，水平偏转板由示波器内装的扫描信号发生器发出的斜坡电压来驱动，控制光点以恒速由左向右扫描，以显示时间的变化。垂直

偏转板则与输入信号连接。

如果断开水平偏转板和扫描信号发生器的连接,而和垂直偏转板一起,分别和一个输入信号相连,便可实现此两输入信号关系曲线的显示,也就是 X—Y 工作方式。这时,所画图形称李沙育图。

示波器具有频带宽、动态响应好等优点,适于显示瞬态、高频和低频的各种信号,并可有多种功能的扩展,能实现多种灵活的应用,如多线迹、字符、图形等各种显示。

普通示波器可以通过专用照相机对显示的图形拍照。这样做,能充分发挥示波器的优点(频带宽、动态响应好、功能多),并构成一种显示——记录方式。然而,相机快门和信号同步是困难的,也不易捕捉到感兴趣的信号,故需要有熟练的操作技能。

特殊的存储式 CRT 可长时间存留光屏上的示迹,直到得到抹迹的指令为止,存留持续时间可在几秒至几小时范围内调整。这种显示方式能让观察者从容观察、分析显示图形,选择感兴趣的图形并加以拍照。尽管各种 CRT 系统在信号显示领域中占据着统治地位,但已受到诸如液晶等扁平画板显示技术的严重挑战。

2. 液晶(LCD)图视显示技术

随着微电子技术的发展和集成电路的广泛应用,信息产品向小型化、节能化以及高密度化方向发展,CRT 的不足也逐渐显现出来。由于 CRT 是电真空器件,存在着体积大、较笨重、电压高、功耗大、辐射微量 X 射线等问题。虽然 CRT 的分辨率已达到高清晰度电视(HDTV)的要求,但像素密度不高,一般只有 100 dpi 左右。因此 LCD 等新型图视显示技术在很多领域已经开始取代 CRT 技术。

液晶的电光效应自 20 世纪 60 年代发现以来,以其轻量、薄型、能耗低、显示面积大的优势迅速在显示应用方面得到发展。经扩大视角、提高灰度的研究,尤其是 20 世纪 90 年代初,寻址薄膜晶体管阵列(TFT)的成熟化,使得液晶显示器件的性能发生了革命性飞跃,揭开了便携电子显示技术的新纪元。液晶不发光,它的显示原理是利用自身的光学各向异性对所通过的光进行调制,因此通常是在液晶屏后放置光源,称为背光源 LCD 显示器。

LCD 具有低电压、微功耗、平板化等特点,与 CMOS 集成电路匹配,用电池作为电源,适合应用于便携式显示。

LCD 图视显示屏一般采用动态驱动技术。但图视彩色显示的实际驱动电路远比 LCD 数码显示驱动复杂,一般与显示屏集成在一起,配套销售和使用。对于使用者来说,其接口就是一个扩展的外部并行接口。LCD 图视显示驱动和控制器内部显示缓冲存储器地址分配方法与存储容量没有统一标准,一般在产品说明书中予以说明,这就是为什么不同的显示屏需要生产厂家提供(或根据说明书编写)不同的显示驱动软件的原因。对于中小型 LCD 屏,有的不带显示控制和驱动电路,因此需要测试仪器设计者自己来设计。这种情况下,可以选用 LCD 显示控制集成电路和 LCD 显示驱动集成电路来实现。

图视显示技术的发展非常迅速,除传统的 CRT 技术、LCD 技术外,近年又出现了许多新型的平面显示技术,如等离子体显示(PDP)、场发射显示(FED)、电致发光(EL)、真空荧光显示(VFD)、有机电致发光(OEL)等。

五、数字式波形存储记录仪

图 5-40 是数字式波形存储系统的方框图。待记录的模拟信号经抗混叠滤波器后,被模-数转换成数字信号并存储起来。需记录、显示时再将存储信号取出,经数-模转换恢复成

原模拟信号。由于并非"实时"重放,因而可以适当改变重放速度(即改变时间比例尺)和信号幅值比例尺,从而可以充分展宽和放大波形,更能充分展示瞬态过程。

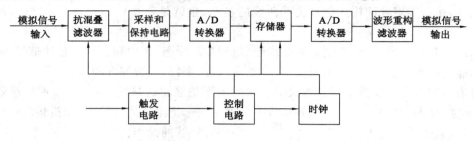

图 5-40　"波形存储"原理框图

"波形存储"系统可作为一个单独仪器和记录仪联用,也可作为记录仪的一个部件。由这种技术构成的示波器可以用 $X—Y$ 和 $X—T$ 两种方式显示,既可以用快速读出而显示在 CRT 上,也可以用慢速读出而外接绘图仪绘图。这种示波器可以读出幅值和时间的数值,其精确度远高于普通模拟 CRT 示波器的精确度。

这种技术的频率范围受模-数转换中采样频率的限制,其存储数据量受存储器的限制。目前能记录的最高频率已超过 100 MHz。

在 PC 机上插 A/D 卡,配以相应软件,即可用以存、显示波形,并可通过接口输出至打印、绘图设备。

六、磁记录器

一些记录器,如笔式记录器和光线示波器虽然能直观地记录信号的时间历程,却不能以电信号的方式重放,给后续处理造成许多困难。

磁记录虽然必须通过其他显示、记录器才能观察所记录的波形,但它能多次反复重放,以电量形式输出,复现信号。它可用与记录时不同的速度重放,以实现信号的时间压缩或扩展。它也便于复制,可以抹除并重复使用记录介质。磁记录的存储信息密度大、易于多线记录,记录信号频率范围宽(从直流到兆赫级),存储的信息稳定性好,对环境(温度、湿度)不敏感,抗干扰能力强。

磁记录器以磁带记录器和磁盘记录器两者使用最广,下面对这两种记录器作些介绍。

(一)磁带记录器

磁带记录器结构简单,便于携带,因而应用广泛。

1. 结构

磁带记录器由 4 个基本部分组成,第一部分是放大器,包括记录放大器和重放放大器。前者是将待记录信号放大并转换为最适合于记录的形式供给记录磁头,后者是将由重放磁头送来的信号进行放大和变换,然后输出。第二部分是磁头,也称磁电换能器,在记录过程中记录磁头将电信号转化为磁带上的磁迹,将信息以磁化形式保存在磁带中,在重放过程中重放磁头将磁带上的磁迹还原为电信号输出。第三部分是磁带,它是磁带记录器的记录介质。第四部分是磁带驱动和张紧等机构,它保证磁带沿着磁头稳速平滑地移动,以使信号的录、放顺利进行。

2. 工作原理

磁带记录器的基本组成如图 5-41 所示。磁带是一种坚韧的塑料薄带(如聚酯薄膜),厚

约 $50~\mu m$，一面涂有硬磁性材料粉末（例如 $\gamma\text{-}Fe_2O_3$），涂层厚约 $10~\mu m$。磁头是一个环形铁心，上绕线圈。在与磁带贴近的前端有一很窄的缝隙，一般为几微米，称为工作间隙，如图5-42 所示。

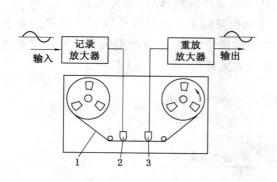

图 5-41　磁带记录器的基本组成
1——磁带；2——记录磁头；3——重放磁头

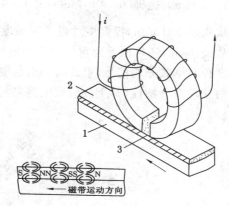

图 5-42　磁带和磁头
1——塑料带基；2——磁性涂层；3——工作间隙

（1）记录过程

当信号电流通过记录磁头的线圈时，铁心中产生随信号电流而变化的磁通。由于工作间隙的磁阻较高，大部分磁力线便经磁带上的磁性涂层回到另一磁极而构成闭合回路。磁极下的那段磁带上所通过的磁通和其方向随瞬间电流而变。当磁带以一定的速度离开磁极，磁带上的剩余磁化图像就反映输入信号的情况。

图 5-43 反映了磁带上的磁化过程。a—b—c—d 是磁滞回线，c—0—a 是磁化曲线。磁场强度 H 和信号电流成正比。当磁场强度为 H_2 时，磁极下工作间隙内磁带表层的磁感应强度为 B_2。当磁带离开工作间隙，外磁场去除，磁感应强度沿着磁滞回线到 B_{r2}，这就是在与信号电流相对应的外磁场强度 H_2 下磁化后的剩磁感应强度。对应不同 H 值的剩磁曲线就如图 5-43 中 0—1—2 所示。剩磁曲线通过 0 点，但并非直线，在 0 点附近有明显的非线性现象。

（2）重放过程

与记录过程相反，当被磁化的磁带经过重放磁头时，磁带上剩磁小磁畴的磁力线便通过磁极和铁心形成回路。因为磁带不断移动，磁带上留存的剩磁不断变化，铁心中的磁通也不断变化，在线圈绕组中就感应出电势。感应电势和磁通 Φ 的变化率成正比，即

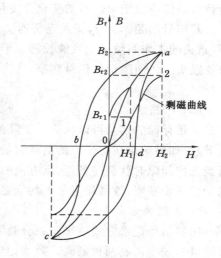

图 5-43　磁带磁化过程中的剩磁曲线

$$e = -W\frac{\mathrm{d}\Phi}{\mathrm{d}t}$$

$$(5\text{-}52)$$

式中　W——线圈匝数。

因为磁通 Φ 和磁带剩余磁感应强度成正比,即和记录时的信号电流有关,所以重放时的线圈电压输出也将是与信号电流的微分有关。如果信号电流为 $I_0 \sin wt$,输出电压将具有 $-I_0 w\cos wt$,也即 $I_0 w\sin \left(wt-\dfrac{\pi}{2}\right)$ 的形状。

从式(5-52)可知,提高重放磁头灵敏度,就应加多其线圈匝数(即增大 W)。

从式(5-52)还可以看出重放磁头的电压输出和信号频率有关且产生固定的相移。对于一个多种频率成分的信号,重放时会引起幅值畸变和相位畸变,造成严重失真。为补偿重放磁头的这种微分特性,其重放放大电路应具有积分放大特性,如图 5-44 所示。

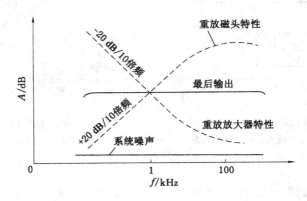

图 5-44　重放磁头及其放大器特性

重放磁头铁心中起作用的磁通是其工作间隙中桥接磁带的那部分磁通的平均值。磁带运行时该值应随记录信号的变化而变化,磁头线圈内才有感应电势。

若信号的频率为 f,记录走带速度为 v,则在磁带上记录的信号波长为 $\lambda=v/f$。实践表明,磁头的工作间隙是记录波长的一半时,重放输出电压效果最佳。因此,使用时应当根据重放磁头工作间隙记录信号频率,适当选择走带速度。一般磁带机有若干种走带速度可供选择。

(3)抹磁

磁带存储的信息可以抹除。消除的方法是利用"消去磁头",通入高频大电流(100 mA 以上)。如果记录在磁带上的信号波长 λ 远小于磁头工作间隙 d,那么磁带上的一个微段在行经工作间隙时就会受到正、反方向的多次反复磁化。当这微段逐渐离开工作间隙,高频磁场强度逐步减弱,故微段磁带上的剩磁逐渐减弱,直至最后在宏观上已不再呈磁性。

(二)记录方式

按照信号记录方式磁带记录分数字式和模拟式两类。在模拟记录方式中最常用的是直接记录和频率调制两种制式。数字记录也可分为多种制式。

1. 直接记录式(DR 式)

直接记录式最早出现,在语言、音响录制中用得很普遍,在测试信号记录中,在要求不高的场合中也还采用。从图 5-43 上的剩磁曲线看在 0 点附近有明显的非线性。如直接输入一个正弦信号,则磁带上的磁化波形将是一个畸变的钟形波,如图 5-45 所示。为解决这种非线性畸变,可以采用偏磁技术。偏磁技术常用的是交流偏磁技术。将一个高频振荡信号和欲记录信号叠加(是叠加,不是调幅)后供给记录磁头,使叠加后的信号幅值能和磁带的剩

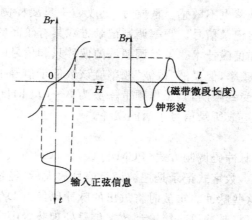

图 5-45　钟型畸变

磁曲线线性段相应,如图 5-46 所示。高频振荡上的低频信号(反映为叠加后信号的上下包络线)却是不失真的。

　　直接记录方式的优点是其结构简单,工作频带宽(50 Hz～1 MHz)。因为重放磁头的感应电势具有微分特性,对低频信号其感应电势很弱,而具有积分特性的重放电路却对低频噪声特别敏感,因此不宜记录 50 Hz 以下的低频信号。其频率上限则受走带速度和磁头工作间隙的限制。直接记录式的缺点是容易产生由于磁带上磁层不均、尘埃和损伤而造成"信号跌落"的误差。走带速度的不准确也将造成所录信号频率的误差。

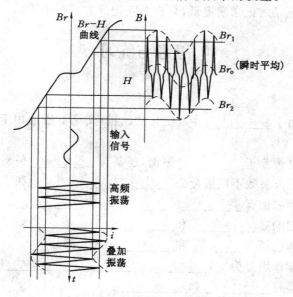

图 5-46　采用高频偏磁时磁带磁化响应

2. 频率调制(FM)记录方式

　　频率调制记录方式在测量用磁带记录器中应用较广。把信号变成调频波后,调频波是恒幅的,其频率的偏移正比于输入信号的幅值,如图 5-46 所示。这种调频波很容易转换为具有"0"和"1"两值的信号,或者转化为疏密不等的脉冲信号,所以将不受图 5-43 剩磁曲线非线性的影响,对信号跌落也不敏感。重放时,重放磁头只要检测出磁带上的频率信息,经过解调、低通滤波后输出记录信号。频率调制记录方式具有较高的精确度,抗干扰的性能更好,记录过程不再需要加偏磁技术。虽然调频波的偏移只和信号的幅值有关,信号的频率只反映调频波疏密变化的频率,但显然"载波"频率应该数倍于信号中的最高频率,因此FM记录方式的工作频率上限受到限制,其工作频带一般为$0\sim100$ kHz左右,适宜于记录低频信号。走带速度的偏差将造成所录信号幅值的误差。

3. 数字记录方式

数字记录方式也称脉冲码调制方式(PCM方式)。这种方式是由于数字计算机的广泛应用而相应发展起来的。数字式记录是把被记录信号放大后,经过A/D转换后为二进制代码脉冲,并由磁带记录这些脉冲。重放时将放出的脉冲码经由D/A转换再复原为模拟信号而恢复被记录波形,也可将脉冲码直接输到数字信号处理装置中去进行后续处理和分析。

数字式记录方式的特点是被记录的信息只是二进位制的"0"和"1"。磁带的数字记录是基于磁带磁性涂层的正或负方向的饱和磁化,所以在模拟信号记录中的磁化非线性问题在此不产生影响。在磁带作记录时,数据是以一连串脉冲的形式存储在磁带上,记录时,按事先规定的存储逻辑将脉冲相应地转换成饱和磁化而进行记录。

数字记录方式的优点是准确可靠;记录带速的不稳定对记录精度基本没有影响;记录、重放的电子线路简单;存储的信息重放后可直接送入数字计算机或专用数字信号处理机进行处理分析,因此有些场合也将它作为计算机的外储存装置。它的缺点是在进行模拟信号记录时需作数模转换,而需要模拟信号输出时,重放后还需作D/A转换。这样就使记录系统复杂化,另外数字记录的记录密度低,只有FM记录方式的1/10。

思考与练习

一、填空题

1. 直流电桥适用于_____参数变化的测量;交流电桥适用于_____参数变化的测量。

2. 纯电阻交流电桥除了_____平衡,还要有_____平衡。

3. 调制方式因载波参数不同可分为_____、_____和_____。

4. 调幅波的解调方法有_____、_____和_____。

5. 调频电路常用的有_____和_____。

6. 调频波的解调包括_____和_____两大部分。

7. 滤波器由选频作用分为_____、_____、_____和_____四种。

8. 常用的滤波器有_____和_____。

二、选择题

1. 调幅相当于在时域中将调制信号与载波信号(　　　)。

(A) 相乘　　　　(B) 相除　　　　(C) 相加　　　　(D) 相减

2. 电路中鉴频器的作用是(　　　)。

(A) 使高频电压转变为直流电压

（B）使电感量转变为电压量

（C）使频率变化转变为电压变化

（D）使频率转变为电流

3. 一选频装置,其幅频特性在 $f_2 \to \infty$ 区间近于平直,在 $f_2 \to 0$ 区间急剧衰减,这叫（　　）滤波器。

（A）低通　　　　（B）高通　　　　（C）带通　　　　（D）带阻

4. 一带通滤波器,其中心频率是 400 Hz,带宽是 50 Hz,则滤波器的品质因数等于（　　）。

（A）6　　　　　（B）8　　　　　（C）10　　　　　（D）12

三、判断题

1. 平衡纯电阻交流电桥须同时调整电阻平衡与电容平衡。（　　）

2. 调幅波是载波与调制信号的叠加。（　　）

3. 调幅时,调制信号的频率不变。（　　）

4. 带通滤波器的品质因数值越大,其频率选择性越好。（　　）

5. 将高通与低通滤波器串联可获得带通或带阻滤波器。（　　）

四、分析计算题

1. 一阻值 $R = 120\ \Omega$,灵敏度 $S = 2$ 的电阻丝应变片与阻值为 $120\ \Omega$ 的固定电阻组成电桥,供桥电压为 3 V。当应变片的应变为 2 $\mu\varepsilon$ 和 2 000 $\mu\varepsilon$ 时,分别求出单臂、双臂和全桥电桥的输出电压,并比较两种情况下的灵敏度。

2. 有人在使用电阻应变仪时,发现灵敏度不够,于是试图在工作电桥上增加电阻应变片数以提高灵敏度,问在下列情况下,是否可提高灵敏度?为什么?

（1）半桥邻臂各串联一片;

（2）半桥邻臂各并联一片。

3. 已知 RC 低通滤波器中 $R = 1\ \mathrm{k}\Omega$,$C = 1\ \mu\mathrm{F}$,试求:

（1）确定 RC 低通滤波器的频率响应函数 $H(f)$ 及幅频特性 $A(f)$ 和相频特性 $\psi(f)$;

（2）当输入信号 $\mu_x = 10\sin(1\ 000\ t)$ 时,求输出信号 μ_y。

五、简单题

1. 何谓电桥平衡?直流电桥平衡应满足什么条件?交流电桥应满足什么条件?

2. 什么是调制和解调?

3. 简述调幅的原理及其解调方法。

4. 简述调频的原理及其解调方法。

5. 滤波器的带宽与响应建立时间有何关系?其对测试工作有何意义?

6. 恒带宽比滤波器与恒带宽滤波器有何区别?各有何特点?

第六章　测试信号的分析与处理

　　信号的分析与处理是机械工程测试技术的重要内容,测试工作的目的是获取反映被测对象的状态和特征的信息。但是有用的信号总是和各种噪声混杂在一起的,有时本身也不明显,难以直接识别和利用。只有分离信号与噪声,并经过必要的处理和分析、清除和修正系统误差之后,才能比较准确地提取测得信号中所含的有用信息。因此,信号处理的目的是:① 分离信、噪,提高信噪比;② 从信号中提取有用的特征信号;③ 修正测试系统的某些误差,如传感器的线性误差、温度影响等。

　　本章先介绍随机信号的相关分析与功率谱分析及其应用,然后介绍数字信号处理的基本过程及数字信号处理过程中所碰到的问题与解决方法。

第一节　数字信号的分析与处理技术

　　随着计算机技术的发展,数字信号处理技术得到了越来越广泛的应用,它已成为现代科学技术必不可少的工具。模拟系统中很难解决的问题在数字信号处理中可以很容易地得到解决。数字信号处理已在各个技术领域都得到了非常广泛的应用。在军事以及通信上,利用声呐、雷达等实现军事目标的探测,进一步以数字信号进行存储与处理,以确定有关军事设施、兵力部署,或者飞机、舰艇的航行位置、速度、方向等信息。特别是近年来,在机械、冶金、建筑、交通、电力等部门,数字信号处理的应用亦得到了迅速的发展。例如,大型旋转机械的监测与故障诊断系统,是将振动、声音、位移、温度等物理量,通过传感器转换为电信号,输入计算机系统,对信号进行数据处理与分析,得到一系列特征参数,从而实现对系统的实时状态监测,并可进一步地进行故障诊断,找出振动与噪声源,提出对策。这对于提高大型设备安全性、可靠性、稳定性等,是一种重要的科学手段。

　　除了在通用计算机上发展各种数字信号处理软件外,还发展了专用的数字信号处理机。其在运算速度、分辨能力、功能等方面,都显示出优越性。例如,采用数字信号分析技术,对于 1024 采样点进行 A/D 转换,仅需 $4\sim15\ \mu s$;进行 FFT 运算需 250 ms,较快的只需数毫秒。可见,数字信号处理具有很强的实时能力,因此数字信号处理技术为科学技术的发展以及整个社会的技术进步起着重要的推动作用。

　　数字信号处理是一门专用的技术。结合机械工程测试实际,本节重点讨论数字信号采集过程中碰到的问题以及数字信号频谱分析技术等相关内容。

一、数字信号处理的基本过程

　　数字信号处理的基本过程如图 6-1 所示。数字信号处理的基本过程是先将模拟信号转化成数字信号,在此基础上再进行相关的数字信号处理与分析。在由模拟信号向数字信号的转化过程中会碰到许多问题,主要包括对模拟信号进行预处理、信号采样过程中带来的混叠,幅值量化过程中带来的量化误差,数据截断过程中带来的泄漏等。

图 6-1　数字信号处理的基本过程框图

预处理的目的就是为了使模拟信号最终能完整、准确、方便地转化成数字信号。预处理的内容包括电压幅值处理、抗混滤波、隔直和解调等。电压幅值处理就是将模拟信号的幅值进行衰减或放大,以符合采集系统输入信号量程的要求,保证采集过程中信号不过载,又能充分利用采集系统允许的电压输入范围,降低量化误差,对信号有效地进行分析。抗混滤波要求按照被测有用信号的最高频率进行低通滤波,滤掉无用的高频噪声,以免在采集过程中使得采集频率过高或者造成频率混叠。隔直的目的是去掉模拟信号中的直流分量,以便使得采集后的数字信号满足傅立叶变换要求,以便对数字信号进行频谱分析。如果在信号的测试或传输过程中,信号经过了调制,但没有解调,则应先进行解调再进行模数转换。

把连续时间信号转换为与其相对应的数字信号的过程称之为模数转换(A/D)过程,反之则称之为数模转换(D/A)过程,它们是数字信号处理的必要程序。模数转换的目的就是将模拟信号转换成数字信号以备进行数字信号分析。模数转换过程包括时域离散、幅值域离散和十进制数向二进制数的转换,简称采样、量化和编码。

模拟信号转换成数字信号后,必须对信号进行截断,也就是说计算机无法对无限量的数据进行分析。数据截取是通过对数据加窗(或加权)完成的,而加窗处理会带来泄漏。因此,如何选择窗函数,使泄漏降低到最少,是测试者所必须考虑的。

针对不同的分析目的,选择不同的采样频率、选取不同的采样点数和采用不同的窗函数加权,之后便可进行数据处理。数字信号处理技术就是利用计算机对数字信号进行的一系列的运算和处理。数字信号分析包括前边介绍的频谱分析、相关分析、功率谱分析和频响特性分析等。对数字信号进行傅立叶分析,简称离散傅立叶变换,记为 DFT。在实际工程中随着计算机技术的发展,快速傅立叶变换(FFT)作为 DFT 算法的改进,在数字信号频谱分析中得到了广泛应用。

二、时域采样及采样定理

模数转换过程中的时域离散和幅值域离散是两个重要过程。幅值域离散也称为量化,量化会带来量化误差;时域离散就是将模拟信号从时域上的连续变成时域上离散,但不能丢掉原连续信号的信息。理论上是利用采样函数与被采函数在时域上相乘,只要采样函数的采样频率足够高,被采信号的信息就不会丢掉。实际上是利用 A/D 转换器每隔一定采样时间获取一个值,只要采样时间足够短,便会获得足够精度的数据信号,因此,采样过程中,如何确定采样频率或采样时间是关键问题。下面从理论上给以说明。

现设被采时域模拟信号为 $x(t)$,对应的傅立叶变换为 $X(f)$,$X(f)$ 中的最高频率为 f_m,采样函数为 $g(t)$,其对应的傅立叶变换为 $G(f)$;采用频率为 f_s,采样时间为 T_s。根据采用函数频谱计算公式。

$$g(t) = \sum_{n=-\infty}^{\infty} \delta(t - nT_s) \qquad (6-1)$$

可知采用函数及其频谱为

$$g(t) = \sum_{n=-\infty}^{\infty} \delta(t - nT_s) \Leftrightarrow \frac{1}{T} \sum_{n=-\infty}^{\infty} \delta(f - kf_s) = G(f)$$

并且有

$$x(t) \xrightarrow[IFT]{FT} X(f)$$

时域离散就是将 $g(t)$ 与 $x(t)$ 相乘，采样结果记为 $\{x(nT_s)\}$，简记 $x(nT_s)$ 或 $x(n)$。根据脉冲函数的筛选性，采样后的结果为

$$x(n) = x(nT_s) = x(t)g(t) = \sum_{n=-\infty}^{\infty} x(t - nT_s) \qquad (6-2)$$

采样所得信号 $x(n)$ 对应的频谱：根据卷积定理，两信号时域相乘对应的傅立叶变换等于两信号频域的卷积，即

$$x(t)g(t) \xrightarrow[IFT]{FT} X(f) * G(f) \qquad (6-3)$$

$$X(f) * G(f) = X(f) * \left[\frac{1}{T_s} \sum_{k=-\infty}^{\infty} \delta(f - kf)_s \right]$$

$$X(f) * G(f) = \frac{1}{T_s} \sum_{-\infty}^{\infty} X(f - kf_s) \qquad (6-4)$$

即

$$\sum_{n=-\infty}^{\infty} x(t - nT_s) \xrightarrow[IFT]{FT} \frac{1}{T_s} \sum_{-\infty}^{\infty} X(f - kf_s) \qquad (6-5)$$

此式表明，一个连续信号经过理想采样以后，其频谱将沿着频率轴每隔一个采用频率 f_s，重复出现一次，即频谱产生了周期延拓。设 $x(t)$ 与 $X(f)$ 的波形如图 6-2(a1)和(a2)所示。

由图 6-2(c1)和(c2)可知，当采样频率 f_s 小于被采信号最高频率 f_m 的两倍时，频谱图出现了重叠现象，称为频混。频混现象又称频谱混叠效应，它是由于采集信号频谱发生变化，而出现高、低频成分发生混淆的一种现象。信号 $x(t)$ 的傅立叶变换为 $X(f)$，其频带范围为 $-f_m \sim f_m$；采样信号 $g(t)$ 的傅立叶变换 $G(f)$ 为周期信号，其周期为 f_s（T_s 为时域采样周期），$f_s = 1/T_s$。当采样周期 T_s 较小（f_s 较大）时，即 $f_s \geqslant 2f_m$ 时，卷积后的周期谱图互相分离，频谱图的尾部不会发生重叠，即不会发生频率混叠现象（图 6-3）。当 T_s 较大（f_s 较下）时，即 $f_s < 2f_m$ 时周期谱图相互重叠，即谱图之间高频与低频部分发生重叠，这就是频率混叠现象，这将使信号复原时丢失原信号中的高频信号。

上述两种情况表明，如果 $f_s \geqslant 2f_m$ 则不发生频率混叠现象，因此对采样信号的采样频率 f_s 须加以限制。信号 $x(t)$ 中的最高频率成分 f_m 取决于信号预处理时抗混滤波器的上截止频率，即采样时，从频域分析的角度，采样频率 f_s 必须大于或等于信号 $x(t)$ 中的最高频率成分 f_m（抗混滤波器的上截止频率）的两倍，即 $f_s \geqslant 2f_m$，这就是采样定理。在实际应用中，由于滤波器通常有一定的过渡频带，即模拟信号中还会存在一些大于抗混滤波器上截止频率的频率成分。为了避免过渡频带外噪声信号的干扰而产生混叠，采样频率 f 一般取

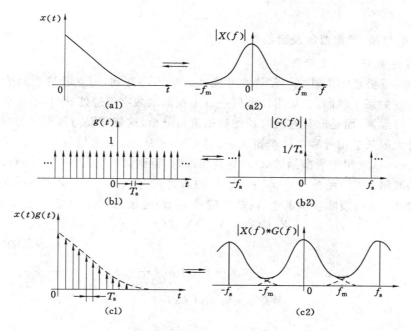

图 6-2　采样信号的混频现象

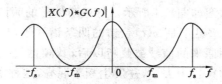

图 6-3　采样信号未混叠时频谱图

信号 $x(t)$ 中最高频率 f_m 的 3～4 倍,即 $f_s=(3～4)f_m$,这样才会达到较好的效果。

从时域采样曲线来分析的话,对采样后的时域离散信号进行观察,如果采样频率只取被采信号最高频率两倍的话,对最高频率信号而言一个周期内也只能采到 2 个点,2 个点是不足以描述信号特征的,因此按照上述频域分析角度得到的采样定理,采样频率 f_s 取信号 $x(t)$ 中的最高频率的两倍进行采样是不恰当的。要想准确描述信号特征,必须加大采样点数,即降低采样间隔时间(提高采样频率)。因此,实际工程上,采样频率一般取被采信号最高频率的 3～4 倍,甚至十倍以上,以此提高信号的分析精度。

三、量化及量化误差

模拟信号经时域离散后得到的数字量,在幅值上由 $x(t)$ 变为 $x(nT_s)$。每一个离散量 $x(nT_s)$ 的值也不是连续的,通常是带有小数点的数值。但是,在数字信号的转变过程中,要将采得的数字量转换成二进制数,以便计算机运算。因此,采样后的数字量必须通过整数来表征,否则无法转化成二进制数。将采样后的数字量 $x(nT_s)$ 整数化的过程就是量化,量化就是将 $x(nT_s)$ 按量化单位进行四舍五入取整数得到 $x(n)$。量化过程中的量化误差与采集过程中寄存器的位数和采集卡的最大输入幅值有关。现假设采集卡的输入幅值为 0～10 V,寄存器的位数为 8 位,即 $2^8=256$,量化误差为 $(10\ V\times1\ 000/256)\times1/2\approx19.5\ mV$,量化误差为小于 20 mV。

四、信号的截断、能量泄漏及窗函数

(一) 信号的截断及能量泄漏

信号处理的重要数学工具之一是傅立叶变换。应当注意到,傅立叶变换是研究整个时域和频域的对应关系。然而,当运用计算机进行工程测试数字信号处理时,不可能对无限长的数字信号进行运算,而是取其有限时长的数据进行分析,这就需要对数据进行截断。截断的方法就是将无限长的信号乘以一个窗函数。如图 6-4 所示,余弦信号 $x(t)$ 在时域分布为无限长($-\infty \sim \infty$),当用矩形窗函数 $w(t)$ 与其相乘时,得到截断信号 $x_T(t) = x(t)w(t)$。由于余弦信号的频谱 $X(f)$ 是位于 $-f_0$ 和 f_0 处的脉冲信号,而矩形窗函数 $w(t)$ 的频谱为 $\tau \sin C(\pi f \tau)$ 函数,按照频域卷积定理,则截断信号 $x_T(t)$ 的频谱 $X_T(f)$ 应为

$$X_T(f) = X(f) * W(f)$$

因为

$$X(f) = \frac{1}{2}\left[\sigma(f - f_0) + \sigma(f + f_0)\right]$$

$$W(f) = \tau \sin C(\pi f \tau)$$

所以

$$X_T(f) = \frac{\tau}{2}\left\{\sin C\left[\pi(f - f_0)\tau\right] + \sin C\left[\pi(f + f_0)\tau\right]\right\} \tag{6-6}$$

余弦信号截断后的频谱图如图 6-4 所示。将截断信号的频谱 $X_T(f)$ 与原始信号的频谱 $X(f)$ 比较可知,$X_T(f)$ 的频谱已不是 $x(t)$ 频谱的两条谱线了,将是两段振荡谱线叠加后的连续谱,并无限延伸,这表明原来的信号被截断以后,其频谱发生了畸变,原来集中在 f_0 处的能量被分散到两个较宽的频带中去了,并发生频率混叠,这种由于截断而产生的频率扩展与混叠现象称之为泄漏。

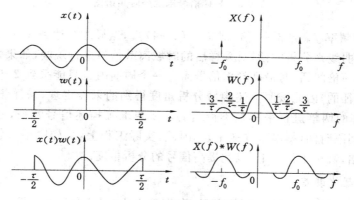

图 6-4　余弦信号截断后频谱图

信号截断以后产生的能量泄漏现象是必然的,因为窗函数 $w(t)$ 是一个频带无限的函数,所以即使原信号 $X(f)$ 是有限带宽信号,而在截断以后也必然成为无限带宽的函数,即信号的频域能量分布被扩展了。因此,只要信号一经截断,就不可避免地引起泄漏,因此信号截断必然导致一些误差,这是不可避免的。

　　降低泄漏的方法为增大窗的宽度和选择较好的窗函数。如果增大截断长度 τ，即矩形窗口加宽，则窗函数的频谱 $w(f)$ 旁瓣变小，主瓣变窄变高，能量主要集中到主瓣中。虽然理论上讲，其频谱范围仍为无限宽，但实际上主瓣以外的频率分量衰减较快，因而泄漏误差将减小。

　　泄漏与窗函数频谱的两侧旁瓣有很大关系。如果使旁瓣的高度降低，而使能量相对集中在主瓣，就可以较为接近于真实的频谱。为此，在时域截断过程中，尽可能采用主瓣大的窗函来截断信号，主瓣越大所产生的泄漏越少，由截断而带来的误差就越少。

　　（二）几种常用窗函数

　　实际应用的窗函数，可分为以下主要类型：① 幂窗——采用时间变量某种幂次的函数，如矩形、三角形、梯形或其他时间 t 的高次幂；② 三角函数窗——应用三角函数，即由正弦或余弦函数等组合的复合函数，如汉宁窗、海明窗等；③ 指数窗——采用指数时间函数，如 e^{-at} 形式，如高斯窗等。下面介绍几种常用窗函数的性质和特点。

　　1. 矩形窗

　　矩形窗属于时间变量的零次幂窗，其时域表达式为

$$w_R(t) = \begin{cases} 1, & |t| < \tau/2 \\ 0, & \text{其他} \end{cases} \tag{6-7}$$

时域简图和频谱图如图 6-5 所示。

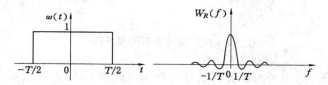

图 6-5　矩形窗时域简图和频谱图

　　矩形窗使用最多，习惯上不加窗直接截取信号就是加了矩形窗。这种窗的优点是主瓣比较集中，缺点是旁瓣较高，并有负旁瓣，导致变换中带进了高频干扰和泄漏，甚至出现负谱现象。

　　2. 三角窗

　　三角窗又称费杰窗，是幂窗的一次方形式，其时域表达式为

$$x(t) = \begin{cases} A\left(1 - \dfrac{|t|}{T}\right), & |t| < T \\ 0, & |t| > T \end{cases} \tag{6-8}$$

其时域简图和频谱图如图 6-6 所示。

　　三角窗与矩形窗相比较，主瓣宽度等于矩形窗的两倍，但旁瓣小，而且无负旁瓣。因此，三角窗与矩形窗相比，用三角窗截断所带来的泄漏比用矩形窗所带来的泄漏要少。

　　3. 汉宁窗

　　汉宁窗又称升余弦窗，其时间函数为

$$w(t) = \begin{cases} 0.5 + 0.5\cos\left(\dfrac{2\pi t}{\tau}\right), & |t| \leqslant \dfrac{\tau}{2} \\ 0, & |t| > \dfrac{\tau}{2} \end{cases} \tag{6-9}$$

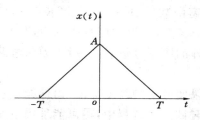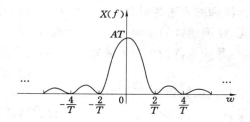

图 6-6　三角窗时域简图和频谱图

其频谱为

$$W(f) = 0.5\tau \sin C(\pi f\tau) + 0.25\tau \{\sin C[\pi(f\tau+1)] + \sin C[\pi(f\tau-1)]\} \quad (6\text{-}10)$$

由式(6-10)可看出,汉宁窗可以看成是三个矩形窗的频谱之和,或者说是三个 $\sin C(t)$ 型函数之和,而括号中的两项相对于第一个谱窗向左、右各移动了 $1/\tau$,从而使旁瓣互相抵消,消去高频干扰和漏能。汉宁窗的频谱如图 6-7 所示。汉宁窗与矩形窗相比,旁瓣小得多,因而泄漏也少得多,但是汉宁窗主瓣较宽。

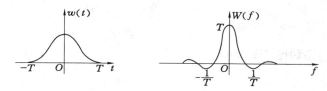

图 6-7　汉宁窗时域简图和频谱图

关于窗函数的选择,应考虑被分析信号的性质与处理要求,如果仅要求精确读出主瓣频率,而不考虑幅值精度,则可选用主瓣宽度比较窄而便于分辨的矩形窗,如测量物体的自振频率等;如果分析窄带信号,且有较强的干扰噪声,则应选用旁瓣幅度小的窗函数,如汉宁窗、三角窗等;对于随时间按指数衰减的函数,可采用指数窗来提高信噪比。表 6-1 给出了几种典型窗函数及其性能比较。

表 6-1　　　　　　　　　　　　　　　典型窗函数的性能

窗函数类型	-3 dB 带宽	最大旁瓣峰值 A/dB	旁瓣谱峰衰减速度 D/dB(oct)
矩形	0.89	-13	-6
三角形	1.28	-27	-18
汉宁	1.44	-32	-18
高斯	1.55	-55	-6

五、频域采样及栅栏效应

模拟信号 $x(t)$ 经时域采样函数 $g(t)$ 采样、幅值量化及窗函数 $w(t)$ 截断处理后,在时域中得到了一组数据(或称时域序列):$\{x(n), n=0,1,2,3,\cdots,N-1\}$,此时域序列共有 N 个数据,其对应的频域信号为 $X(f)$、$G(f)$、$W(f)$ 之间的卷积,即 $X(f) * G(f) * W(f)$,结果为一模拟信号,也就是说时域的一组数据对应的傅立叶变换为一模拟信号,这不是我们需要的,计算机分析得到的应该为离散数据。因此,从理论上必须对频域模拟信号进行离散,即进行频域采样。频域采样过程是在频域乘以一个采样函数 $G_f(t)$,其表达式为

$$G_f(f) = \sum_{K=-\infty}^{\infty} \delta(f - kf_0) \qquad (6\text{-}11)$$

$G_f(f)$ 对应的时域信号为

$$g_f(t) = \sum_{n=-\infty}^{\infty} \delta(t - nT) \qquad (6\text{-}12)$$

式中 f_0 为频域采样间隔,是频谱谱线的间隔,实际上 f_0 也是频谱分析的频率分辨率。T 实际上就是截断过程中窗函数的宽度。从时域与频域的对应关系上,不难知道:$f_0 = 1/T$;$f_0 = f_s/N$;$T = T_s/N$。只有这样时域和频域才有了完整的对应关系。频域采样曲线关系如图 6-8 所示。

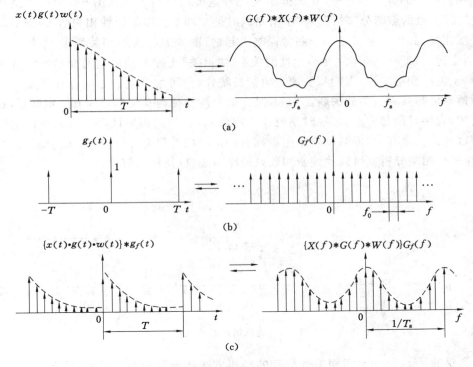

图 6-8　频域采样过程简图
(a) 加窗后图形;(b) 频域采样函数;(c) 频域采样后图形

从上述分析及图 6-8 中可以看到,时域采样截断后,时域序列 $x(n)$ 是以 N 为周期的序列;频域截断后,$X(f)$ 亦成为一个以 N 为周期的离散序列 $X(k)$,其中 $k = N$。实际分析中,人们在作离散傅立叶变换时,只将一个周期的时域序列 $\{x(n), n = 0, 1, 2, 3, \cdots, N-1\}$ 作为时域信号,对应的傅立叶变换的频域序列 $X(k)$ 亦为一周期时域序列 $\{x(n), n = 0, 1, 2, 3, \cdots, N-1\}$。

实际中信号的频谱可能出现在任何频率点上,但是频域采样时,f_0 不可能无限小,它是由窗函数的宽度等决定的。因此,在两条谱线之间就可能丢掉某些重要的频率成分,这就像透过栅栏看外面的景物,只要有栅栏就会挡住一些景物一样,只要进行频域采样就会有某些

频率成分的丢失,这就是栅栏效应。降低栅栏效应的办法是加大窗的宽度,或者在满足采样定理的情况下,利用频率细化技术降低栅栏效应。

另外,从图6-6及图6-8中也可以分析得到,如果被分析的时域信号为一周期信号,在截断时,必须进行整周期截取,否则将出现一定的分析误差。

第二节　相关分析及应用

一、相关与相关系数

对于确定性信号来说,两变量间的关系可用确定的函数来描述。对随机信号而言,其变量间虽然不存在确定的关系,但是它们之间也可能存在某种内涵的、统计上可确定的物理关系。在测试信号的分析过程中,相关分析是一种重要的分析方法。图6-9为两个随机变量x和y的若干数据点的分布情况,其中图6-9(a)是x和y完全的线性相关情形;图6-9(b)是中等程度相关,其偏差经常是由于测量误差引起的;图6-9(c)为不相关情形,数据点分布很散,说明变量x和y之间不存在确定性的关系。"相关"实际上是讨论两变量间线性关联的程度,对于随机变量来说,人们只要通过大量的统计,便可发现它们之间存在的某些特征方面虽不精确但却具有近似的关联。例如,某人的外貌特征与其父母之间有一定联系,自己同自己相比,青年时期与中年、老年时期也有一定联系,有一定相关性,又例如,车间的噪声来源与各台机器振源有关,即与每一个振源都有一定的相关程度,通过对车间的噪声信号进行测试,并进行相关分析就可以找到密切联系的噪声源,以便加以解决。

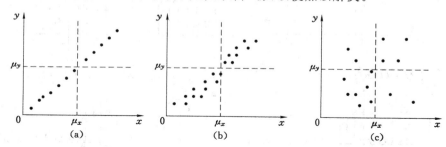

图6-9　随机信号的相关性

评价变量$x(t)$和$y(t)$间相关性程度的经典方法是通过相关系数ρ_{xy}进行描述的,其定义为

$$\rho_{xy} = \frac{E[(x-\mu_x)(y-\mu_y)]}{\sigma_x \sigma_y} \qquad (6\text{-}13)$$

式中,E表示求均值或数学期望;μ_x、μ_y分别为$x(t)$和$y(t)$的均值或数学期望;σ_x、σ_y分别为$x(t)$和$y(t)$的标准差。根据柯西-施瓦茨不等式:

$$\{E[(x-\mu_x)(y-\mu_y)]\}^2 \leqslant E[(x-\mu_x)^2]E[(y-\mu_y)^2] \qquad (6\text{-}14)$$

可知相关系数

$$|\rho_{xy}| \leqslant 1 \qquad (6\text{-}15)$$

当$\rho_{xy}=1$时,表明$x(t)$和$y(t)$两变量是理想的线性相关;当$\rho_{xy}=-1$时,也是理想的线性相关,但直线斜率为负;当$\rho_{xy}=0$时,$(x_i-\mu_x)$与$(y_i-\mu_y)$的正积之和等于其负积之和,因

而其平均积 σ_{xy} 为 0，此时表示 x、y 变量间完全不相关；$0<|\rho_{xy}|<1$ 表明 x、y 两变量有一定的相关程度，$|\rho_{xy}|$ 越小表明相关程度越低，$|\rho_{xy}|$ 越大表明相关程度越高。

二、自相关函数

为了进一步深入分析信号间的相互关联的关系，下面引入相关函数的概念，相关函数是在时差域内描述函数的。对于各态历经过程 $x(t)$ 和 $y(t)$，将式（6-13）展开，有

$$\rho_{xy} = \frac{E[(x-\mu_x)(y-\mu_y)]}{\sigma_x\sigma_y}$$

$$= \frac{E[x(t)y(t)] - \mu_x E[y(t)] - \mu_y E[x(t)] + \mu_x\mu_y}{\sigma_x\sigma_y}$$

$$(6-16)$$

对于 $x(t)$ 本身，考察其随时间变化自身的相关性，记 $x(t+\tau)$ 为 $x(t)$ 时移 τ 时刻后的样本，这样就得到两个样本值：$x(t)$、$x(t+\tau)$，根据数学上的关系可知：$x(t)$ 和 $x(t+\tau)$ 具有相同的均值和方差（或标准差）。现将相关系数表示为时差 τ 的函数：$\rho_{x(t)x(t+\tau)}$，简记为 $\rho_x(\tau)$。式（6-16）简化为

$$\rho_x(\tau) = \frac{E[x(t)x(x+\tau)] - 2\mu_x E[x(t)] + \mu_x^2}{\sigma_x\sigma_y}$$

$$= \frac{E[x(t)x(x+\tau)] - \mu_x^2}{\sigma_x^2}$$

$$(6-17)$$

所以

$$\rho_x(\tau) = \frac{\lim\limits_{T\to\infty}\frac{1}{T}\int_0^T x(t)x(x+\tau)\mathrm{d}t - \mu_x^2}{\sigma_x^2}$$

$$(6-18)$$

记

$$R_x(\tau) = \lim\limits_{T\to\infty}\frac{1}{T}\int_0^T x(t)x(t+\tau)\mathrm{d}t$$

$$(6-19)$$

式（6-18）改为

$$\rho_x(\tau) = \frac{R_x(\tau) - \mu_x^2}{\sigma_x^2}$$

$$(6-20)$$

称 $R_x(\tau)$ 为随机信号 $x(t)$ 的自相关函数，式（6-17）为其定义的数学关系式。由式（6-17）得

$$R_x(\tau) = \rho_x(\tau)\sigma_x^2 + \mu_x^2$$

$$(6-21)$$

根据自相关函数的定义及相关系数的特点，可知自相关函数具有以下特性：

（1）自相关函数为偶函数。

$$R_x(-\tau) = \lim\limits_{T\to\infty}\frac{1}{T}\int_0^T x(t)x(t-\tau)\mathrm{d}t$$

$$= \lim\limits_{T\to\infty}\frac{1}{T}\int_0^T x(t+\tau)x(t+\tau-\tau)\mathrm{d}(t+\tau)$$

$$= \lim\limits_{T\to\infty}\frac{1}{T}\int_0^T x(t+\tau)x(t)\mathrm{d}t$$

所以

$$R_x(\tau) = R_x(-\tau)$$

$$(6-22)$$

（2）自相关函数取值情况讨论如下：

由式（6-15）和式（6-21）可知相关函数取值范围为

$$\mu x^2 - \sigma x^2 \leqslant R_x(\tau) \leqslant \mu x^2 + \sigma x^2 \tag{6-23}$$

并且有

$$R_x(0) = \lim_{T \to \infty} \frac{1}{T} \int_0^T x(t)x(x)\mathrm{d}t = \psi_x^{\ 2} = \mu x^2 + \sigma x^2 \tag{6-24}$$

即，自相关函数总是在 $\tau = 0$ 处有极大值，且等于信号的均方值。当 $\tau \to \infty$ 时，自相关系数 $\rho_x(\tau \to \infty) = 0$，有

$$R_x(\tau \to \infty) \to \mu_x^2 \tag{6-25}$$

如果随机过程为零均值随机过程，那么此时的自相关函数值为

$$R_x(\tau \to \infty) \xrightarrow{\mu_x = 0} 0 \tag{6-25a}$$

由上面的分析可以得到自相关函数的可能图形，如图 6-10 所示。

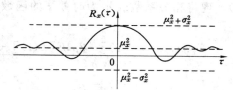

图 6-10　自相关函数的可能图形

（3）周期信号自相关函数的计算在一个周期内进行即可。现设 $x(t)$ 为一周期信号，周期为 T_0，则 $x(t)$ 自相关函数为

$$R_x(\tau) = \frac{1}{T_0} \int_0^{T_0} x(t)x(t+\tau)\mathrm{d}t \tag{6-26}$$

（4）自相关函数保留原信号频率及幅值信息，丢掉了自身的相位信息。

例 6-1　试求正弦信号 $x(t)$ 的自相关函数。

解：正弦函数 $x(t)$ 是一个均值为零的各态历经过程，利用上述自相关函数的定义及自相关函数的特点，可以得到正弦函数 $x(t)$ 的自相关函数为

$$R_x(\tau) = \lim_{T \to \infty} \frac{1}{T} \int_0^T x(t)x(x+\tau)\mathrm{d}t$$

$$= \frac{1}{T_0} \int_0^{T_0} A\sin(wt+\varphi)A\sin[w(t+\tau)+\varphi]\mathrm{d}t$$

式中，T_0 为 $x(t)$ 周期，$T_0 = \dfrac{2\pi}{w}$。

设 $wt + \varphi = \theta$，则 $\mathrm{d}t = \dfrac{\mathrm{d}\theta}{w}$，得

$$R_x(\tau) = \frac{A^2}{2\pi} \int_0^{2\pi} \sin\theta A\sin(\theta+w\tau)\mathrm{d}\theta = \frac{A^2}{2}\cos w\tau \tag{6-27}$$

由此例可以看出，正弦函数的自相关函数为一个与原信号具有相同频率的余弦函数，它保留了原信号的幅值和频率信息，但失去了原信号的相位信息，这就是自相关函数的特性之一。

图 6-11 是四种典型信号的自相关函数，稍加对比就可以看到自相关函数是区别信号类

型的一个非常有效的手段。只要信号中含有周期成分,其自相关函数在 τ 很大时都不衰减,并具有明显的周期性。不包含周期成分的随机信号,当 τ 很大时自相关函数就将趋近于零。宽带随机噪声的自相关函数很快衰减到零,窄带随机噪声的自相关函数则有较慢的衰减特性。

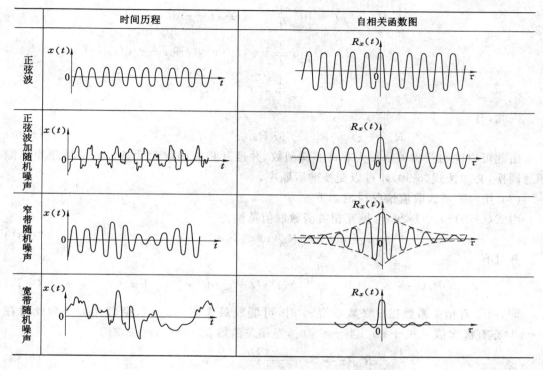

图 6-11　四种典型信号的自相关函数

三、互相关函数

设有两各态历经随机信号 $x(t)$ 和 $y(t)$,下面讨论 $x(t)$ 和 $y(t)$ 的互相关特性,由式(6-13)得

$$\rho_{xy}(\tau) = \frac{E\left[\{x(t)-\mu_x\}\{y(t+\tau)-\mu_y\}\right]}{\sigma_x\sigma_y}$$

$$= \frac{E[x(t)y(t+\tau)] - \mu_x E[y(t+\tau)] - \mu_y E[x(t)] + \mu_x\mu_y}{\sigma_x\sigma_y}$$

$$= \frac{E[x(t)y(t+\tau)] - \mu_x\mu_y}{\sigma_x\sigma_y}$$

$$= \frac{\lim\limits_{T\to\infty}\frac{1}{T}\int_0^T x(t)y(t+\tau)\mathrm{d}t - \mu_x\mu_y}{\sigma_x\sigma_y}$$

定义 $x(t)$ 和 $y(t)$ 的互相关函数为

$$R_{xy}(\tau) = \lim_{T\to\infty}\frac{1}{T}\int_0^T x(t)y(t+\tau)\mathrm{d}t \tag{6-28}$$

因此,有

$$\rho_{xy}(\tau) = \frac{R_{xy}(\tau) - \mu_x\mu_y}{\sigma_x\sigma_y} \tag{6-29}$$

下面讨论互相关函数的特性：

（1）互相关函数为非奇非偶函数。

$$
\begin{aligned}
R_{xy}(-\tau) &= \lim_{T\to\infty}\frac{1}{T}\int_0^T x(t)y(t-\tau)\mathrm{d}t \\
&= \lim_{T\to\infty}\frac{1}{T}\int_0^T x(t+\tau)y(t+\tau-\tau)\mathrm{d}(t+\tau) \\
&= \lim_{T\to\infty}\frac{1}{T}\int_0^T y(t)x(t+\tau)x(t)\mathrm{d}t
\end{aligned}
$$

因此，有

$$R_{xy}(-\tau) = R_{yx}(\tau) \text{ 或 } R_{xy}(\tau) = R_{yx}(-\tau) \tag{6-30}$$

由此可以说明互相关函数为非奇非偶函数，并且互相关函数两变量之间前后顺序不能随意调换，必须按式(6-30)才可以交换前后顺序。

（2）互相关函数取值情况讨论如下：

由式(6-15)和式(6-29)可得互相关函数取值范围为

$$\mu_x\mu_y - \sigma_x\sigma_y \leqslant R_{xy}(\tau) \leqslant \mu_x\mu_y + \sigma_x\sigma_y \tag{6-31}$$

并且有

$$R_x(\tau \to \tau_0) = \lim_{T\to\infty}\frac{1}{T}\int_0^T x(t)y(t+\tau_0)\mathrm{d}t \to \mu_x\mu_y + \sigma_x\sigma_y \tag{6-32}$$

即，由于自相关系数在 τ 取某一值 τ_0 时，可能取最大值：$\rho_{xy}=1$，则自相关函数此时在 $\tau\to\tau_0$ 时亦有极大值 $\mu_x\mu_y+\sigma_x\sigma_y$；当 $\tau\to\infty$ 时，互相关函数 $\rho_{xy}(\tau\to\infty)=0$，有

$$R_{xy}(\tau \to \infty) \xrightarrow{\mu_x = 0,\,\mu_y = 0} \mu_x\mu_y \tag{6-33}$$

如果随机过程为零均值随机过程，那么此时的互相关函数为

$$R_{xy}(\tau \to \infty) \xrightarrow{\mu_x = 0,\,\mu_y = 0} 0 \tag{6-34}$$

由上面的分析可以得到互相关函数的可能图形，如图6-12所示。

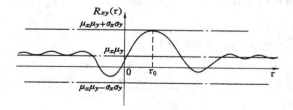

图 6-12　互相关函数的可能图形

（3）同频相关，不同频不相关

如果 $x(t)$ 和 $y(t)$ 为不同频的信号，则互相关函数为零：$R_{xy}(\tau)=0$。

如果 $x(t)$ 和 $y(t)$ 为同一频率的信号，则 $x(t)$ 和 $y(t)$ 的互相关函数可在一个周期内计算，即

$$R_{xy}(\tau) = \frac{1}{T_0}\int_0^{T_0} x(t)y(t+\tau)\mathrm{d}t \tag{6-35}$$

式中，T_0 为信号的周期。

（4）互相关函数保留原信号的频率、幅值信息及两信号之间的相位差信息。

例 6-2　设周期信号 $x(t)$ 和 $y(t)$ 分别为

$$x(t) = A\sin(wt + \theta)$$

$$y(t) = B\sin(wt + \theta - \varphi)$$

式中，θ 为 $x(t)$ 的初始相位角，φ 为 $x(t)$ 与 $y(t)$ 相位差。试求其互相关函数 $R_{xy}(\tau)$。

解：由于 $x(t)$ 和 $y(t)$ 为同周期信号，因此其互相关函数为

$$
\begin{aligned}
R_{xy}(\tau) &= \lim_{T \to \infty} \frac{1}{T} \int_0^T x(t) y(t + \tau) dt \\
&= \frac{1}{T_0} \int_0^{T_0} A\sin(wt + \theta) \cdot B\sin[w(t + \tau) + \theta - \varphi] dt \\
&= \frac{1}{2} AB\cos(wt - \varphi)
\end{aligned}
$$

T_0 为两信号的周期。由上述结果可知，两个相同频率的周期信号，其互相关函数既保留了两个信号的频率、对应的幅值 A 和 B 信息，同时保留了两信号相位差 φ 的信息。

四、相关函数的估计及应用

根据相关函数的定义，对随机信号而言，若想求得其相关函数，应在无限长的时间内进行运算。但在实际应用中，任何观察时间不可能是无限长的，通常是以有限的观察时间进行分析，亦即用有限长的样本记录来估计相关函数的真值。设样本记录的样本长度为 T，则自相关和互相关函数的估计值 $\hat{R}_x(\tau)$ 和 $\hat{R}_{xy}(\tau)$ 分别定义为：

$$\hat{R}_x(\tau) = \frac{1}{T} \int_0^T x(t) x(t + \tau) dt \tag{6-36}$$

$$\hat{R}_{xy}(\tau) = \frac{1}{T} \int_0^T x(t) y(t + \tau) dt \tag{6-37}$$

在实际运算中，要将一个模拟信号不失真地沿时间轴作时移不易实现，因此模拟信号的相关处理只适用于某些特定的信号，例如正、余弦信号等。由于上述原因，相关分析通常采用数字信号处理技术来完成，对具有有限个数据（点数为 N）的信号，其相关函数估计表达式为

$$\hat{R}_x(r) = \frac{1}{N} \sum_{n=0}^{N-1} x(n) x(n + r) \tag{6-38}$$

$$\hat{R}_{xy}(r) = \frac{1}{N} \sum_{n=0}^{N-1} x(n) y(n + r) \tag{6-39}$$

式中，$r = 0, 1, 2, \cdots, r < N$，为时移变量。

在实际工程中，利用相关函数的特性可以解决许多问题，主要表现在两方面：其一，通过相关分析可以进行信号的辨识，提出有用信号，剔除噪声，如利用不同类信号相关函数曲线的不同特点，可以在复杂信号中检出有用信号信息；其二，通过相关分析进行测速和测距，以便进行系统控制和故障诊断，如利用互相关函数进行测量物体运动或信号传播的速度和距离、对地下输油管道故障点的诊断等。

第三节　功率谱分析及应用

周期信号与非周期信号分别经傅立叶级数分解和傅立叶变换可以得到频域特征信息；随机信号经统计参量分析可以得到信号的时域特征和幅值域特征；相关分析得到了信号的相关特性，或者说相关分析描述的是信号的时差域特征。如果对相关函数进行傅立叶变换，则可得到信号在频域中的更进一步的特性，这就是信号的功率谱分析。

一、自功率谱密度函数

1. 定义

设 $x(t)$ 为一零均值的各态历经过程，且 $x(t)$ 中无周期性分量，由自相关函数 $R_x(\tau)$ 的性质知，当 $R_x \to \infty$ 时有：$R_x(\tau \to \infty) = 0$，$R_x(\tau)$ 满足傅立叶变换绝对可积的条件

$$\int_{-\infty}^{\infty} |R_x(\tau)| \, d\tau < \infty$$

则 $R_x(\tau)$ 的傅立叶变换可表示为

$$S_x(f) = \int_{-\infty}^{\infty} R_x(\tau) e^{-j2\pi f\tau} \, d\tau \tag{6-40}$$

其逆变换为

$$R_x(\tau) = \int_{-\infty}^{\infty} S_x(f) e^{j2\pi f\tau} \, df \tag{6-41}$$

式中，$S_x(f)$ 称为 $x(t)$ 的自功率谱密度函数，简称自谱或自功率谱。

自功率谱 $S_x(f)$ 与自相关函数 $R_x(\tau)$ 之间为傅立叶变换对的关系，即

$$R_x(\tau) \rightleftharpoons S_x(f) \tag{6-42}$$

由于 $S_x(f)$ 与 $R_x(\tau)$ 之间为傅立叶变换对的关系，两者是唯一对应的，所以 $S_x(f)$ 中包含了 $R_x(\tau)$ 的全部信息，由于 $R_x(\tau)$ 为偶函数，因此 $S_x(f)$ 亦为实偶函数。

2. 物理意义

当 $\tau = 0$ 时，由自相关函数和自功率谱定义关系式［式(6-19)和式(6-41)］可以得到

$$R_x(0) = \lim_{T \to \infty} \frac{1}{T} \int_0^T x^2(t) \, dt = \int_{-\infty}^{\infty} S_x(f) \, df = \psi_x^2 \tag{6-43}$$

如果 $x(t)$ 代表一电压信号的时间历程，把此电压加到 $1\ \Omega$ 的电阻上，则瞬时功率为 $P(t) = \dfrac{x^2(t)}{R} = x^2(t)$，瞬时功率的积分就是信号的总能量。因此，$R_x(0)$ 可以表示信号的平均功率。在机械系统中，如果 $x(t)$ 代表系统的振动位移，则 $x^2(t)$ 就表示积蓄在系统上的弹性势能，$\int_{-\infty}^{\infty} x^2(t) \, dt$ 表示系统的总能量，同样，$R_x(0)$ 也表示平均功率。从数学公式上讲，$\int_{-\infty}^{\infty} x^2(t) \, dt$ 不代表任何物理意义，只是针对具体问题时才代表一定物理意义。既然 $R_x(0)$ 代表平均功率，则 $S_x(f)$ 就表示信号的功率密度沿频率轴分布函数，因此称 $S_x(f)$ 为自功率谱密度函数。

3. 帕斯瓦尔定理

在时域中计算的信号总能量，等于在频域中计算的信号总能量，这就是帕斯瓦尔定理，即

$$\int_{-\infty}^{\infty} x^2(t)\mathrm{d}t = \int_{-\infty}^{\infty} |X(f)|^2 \mathrm{d}f \tag{6-44}$$

式(6-44)又叫作能量等式。这个定理可以用傅立叶变换的卷积公式导出。

设

$$x(t) \Longleftrightarrow X(f)$$
$$h(t) \Longleftrightarrow H(f)$$

按照频域卷积定理有

$$x(t)h(t) \Longleftrightarrow X(f) * H(f)$$

即

$$\int_{-\infty}^{\infty} x(t)h(t)\mathrm{e}^{-\mathrm{j}2\pi qt}\mathrm{d}t = \int_{-\infty}^{\infty} X(f)H(q-f)\mathrm{d}f$$

令 $q=0$,得

$$\int_{-\infty}^{\infty} x(t)h(t)\mathrm{e}^{-\mathrm{j}2\pi qt}\mathrm{d}t = \int_{-\infty}^{\infty} X(f)H(-f)\mathrm{d}f$$

又令 $h(t)=x(t)$ 得

$$\int_{-\infty}^{\infty} x^2(t)\mathrm{d}t = \int_{-\infty}^{\infty} X(f)X(-f)\mathrm{d}f$$

$x(t)$ 是实函数,则 $X(-f)=X^*(-f)$,即 $X(-f)$ 为 $X(f)$ 的共轭函数,从而有

$$\int_{-\infty}^{\infty} x^2(t)\mathrm{d}t = \int_{-\infty}^{\infty} X(f)X^*(f)\mathrm{d}f = \int_{-\infty}^{\infty} |X(f)|^2 \mathrm{d}f$$

证毕。

$|X(f)|^2$ 称为能谱,它是沿频率轴的能量分布密度。在整个时间轴上信号平均功率为

$$P_{av} = \lim_{T\to\infty} \frac{1}{T}\int_0^T x^2(t)\mathrm{d}t = \int_{-\infty}^{\infty} \frac{1}{T} |X(f)|^2 \mathrm{d}f$$

因此,并根据式(6-31),自功率谱密度函数和幅值谱的关系为

$$S_x(f) = \lim_{T\to\infty} \frac{1}{T} |X(f)|^2 \tag{6-45}$$

利用这一种关系,就可以直接对时域信号作傅立叶变换来计算功率谱。

$S_x(f)$ 是包含正、负频率的双边功率谱(图 6-13)。在实际测量中也常采用不含负频率的单边功率谱 $G_x(f)$。因此,$G_x(f)$ 也应满足帕斯瓦尔定理,即它与 f 轴包围的面积应等于信号的平均功率,故有

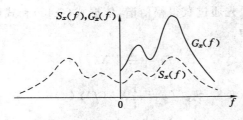

图 6-13　单边自谱与双边自谱

$$P_{av} = \int_{-\infty}^{\infty} S_x(f)\mathrm{d}f = \int_0^{\infty} G_x(f)\mathrm{d}f \tag{6-46}$$

因为 $S_x(f)$ 为偶函数,其图像以纵轴对称,所以将 $S_x(f)$ 幅频谱图像以对称轴对折到正频率轴,可以得到单边功率谱 $G_x(f)$ 幅频谱图像。如图 6-13 所示,$G_x(f)$ 与 $S_x(f)$ 关系由式(6-47)表示。

$$G_x(f) = 2S_x(f) \tag{6-47}$$

二、互功率谱密度函数

若互相关函数 $R_{xy}(\tau)$ 满足傅立叶变换绝对可积的条件:$\int_{-\infty}^{\infty} |R_{xy}(\tau)| \, \mathrm{d}\tau < \infty$,则 $R_{xy}(\tau)$ 的傅立叶变换可表示为

$$S_{xy}(f) = \int_{-\infty}^{\infty} R_{xy}(\tau) \mathrm{e}^{-\mathrm{j}2\pi f\tau} \, \mathrm{d}\tau \tag{6-48}$$

其逆变换为

$$R_{xy}(\tau) = \int_{-\infty}^{\infty} S_{xy}(f) \mathrm{e}^{\mathrm{j}2\pi f\tau} \, \mathrm{d}f \tag{6-49}$$

式中,$S_{xy}(f)$ 称为信号 $x(t)$ 和 $y(t)$ 互功率谱密度函数,简称互谱。$R_{xy}(\tau)$ 为 $S_{xy}(f)$ 的傅立叶逆变换。定义信号 $x(t)$ 和 $y(t)$ 互功率为

$$P = \lim_{T \to \infty} \frac{1}{T} \int_{-T/2}^{T/2} x(t)x(t) \, \mathrm{d}t \tag{6-50}$$

$$P = \int_{-\infty}^{\infty} \left[\lim_{T \to \infty} \frac{1}{T} Y(f)X^*(f) \right] \mathrm{d}f \tag{6-51}$$

又因为:

$$P = R_{xy}(0) = \int_{-\infty}^{\infty} S_{xy}(f) \, \mathrm{d}f \tag{6-52}$$

由此,可得互功率密度函数和幅值谱密度函数的关系为

$$S_{xy}(f) = \lim_{T \to \infty} \frac{1}{T} Y(f)X^*(f) \tag{6-53}$$

$R_{xy}(\tau)$ 为非奇非偶函数,因此 $S_{xy}(f)$ 具有虚、实两部分。同样,$S_{xy}(f)$ 保留了 $R_{xy}(f)$ 中的全部信息。

实际上,互功率谱不像自功率谱那样具有功率的物理意义,但是互功率谱描述了两信号的幅值及其之间的关系,是两随机信号间相关性的频域描述。

三、功率谱估计及应用

在生产实际的工程应用中,只能采用有限长度的样本计算功率谱,亦即用自谱和互谱的估计值来代替理论值,并且先通过获得幅值谱,依据式(6-45)和式(6-53),并假设样本长度为 T,则功率谱的估计值为

$$\hat{S}_x(f) = \frac{1}{T} |X(f)|^2 \tag{6-54}$$

$$\hat{S}_{xy}(f) = \frac{1}{T} X^*(f)Y(f) \tag{6-55}$$

$$\hat{S}_{yx}(f) = \frac{1}{T} X(f)Y^*(f) \tag{6-56}$$

功率谱估计在实际工程中有着广泛的应用。如图6-14所示的系统,输入、输出、系统的频率响应函数间的关系为

$$H(f) = \frac{Y(f)}{X(f)} \qquad (6-57)$$

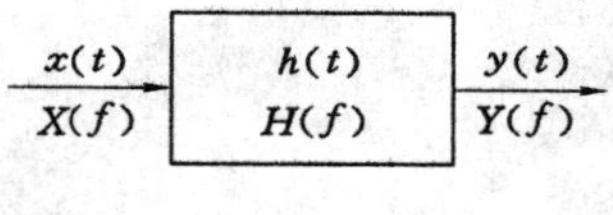

但是,由于系统的 $y(t)$ 中不仅仅包含有系统对 $x(t)$ 的响应,还可能含有许多噪声,因此利用式(6-57)进行频率响应函数分析时,会产生很大误差。因此,实际工程中通常采用式(6-58)进行分析。

图 6-14　系统特性分析框图

$$H(f) = \frac{S_{xy}(f)}{S_x(f)} \qquad (6-58)$$

式(6-58)利用了互相关函数的特点,可以极大地排除噪声的影响。分析时,可以进一步利用相干函数对测试分析结果进行判断,即利用相干函数来推断到底系统的响应有多大成分是由输入引起的。相干函数的定义为

$$\gamma^2(f) = \frac{|S_{xy}(f)|^2}{S_x(f)S_y(f)} \qquad (6-59)$$

相干函数的取值范围为

$$0 \leqslant \gamma^2(f) \leqslant 1 \qquad (6-60)$$

如果相干函数 $\gamma^2(f)$ 为 1,表明系统的响应完全是由输入引起的,系统中无任何干扰而且系统是线性的。如果相干函数 $\gamma^2(f)$ 为零,则表示系统的输出与系统输入完全不相干。如果相关函数 $\gamma^2(f)$ 处于 0~1 之间,则表明:① 测试系统中有外界干扰,系统的响应是由输入和外界干扰共同引起的,相干函数值越小,表明干扰越大;② 系统可能是非线性的。

思考与练习

一、分析计算题

1. 已知信号 $x(t) = x_0 \cos\left(2\pi f_0 t - \dfrac{\pi}{4}\right)$,试求 $x(t)$ 的自相关函数 $R_x(\tau)$ 和自功率谱 $S_x(f)$。

2. 假定有一个信号 $x(t)$,它有两个频率、相角均不等的余弦函数叠加而成。其数学表达式为 $x(t) = A_1 \cos(\omega_1 t + \varphi_1) + A_2 \cos(\omega_2 t + \varphi_2)$,求该函数自相关函数。

3. 求 $h(t)$ 的自相关函数。

$$h(t) = \begin{cases} \mathrm{e}^{-at} & (t \geqslant 0, a > 0) \\ 0 & (t < 0) \end{cases}$$

二、简答题

1. 举例说明相关分析与功率谱分析在实际中的应用。

2. 简述数字信号预处理包括哪些内容。

3. 简述采样定理,并说明如何避免混叠。

4. 为何要进行频域采样。

5. 泄露是如何造成的?能否避免?如何降低泄露?

第七章　测试技术的应用

在机械工程中,通过应变、应力与扭矩的测量,可以分析机械零件或机械结构的受力情况、工作状态的可靠性及设计计算的正确性。扭矩的测量对传动轴载荷的确定和控制以及对动传动系统各工作零件的强度设计有重要的指导作用。温度是表征物体冷热程度的物理量,它的概念建立在热平衡的基础上,两个冷热不同的物体相接触,热量将由高温物体向低温物体转移,也就是发生热交换,直到两个物体冷热程度一致,即达到热平衡。物质的性质与温度密切相关,在工程应用中,经常遇到温度的测量和调节等问题。本章讲述了应变、应力和扭矩的测量及温度的测量、热电偶等相关问题。

第一节　应变、应力的测量

一、应变的测量

（一）测试原理

一般常用电阻应变片来测量机械构件受力时产生的应力和应变。其工作原理:把应变片粘贴在被测对象变形的位置处,应变片敏感栅产生与被测构件相同的应变,电阻从而发生相应的变化,其变化量的大小与构件的变形成比例关系,通过测量电路将电阻的变化转换为电压或电流信号输出。所以电阻应变片就是把机械应变转换为电阻变化的元件。根据分析处理,得出受力后的应变、应力及相关物理量的值。

（二）电阻应变仪

电阻应变仪通常采用调幅放大电路,由电桥、前置放大器、功率放大器、低通检波器、相敏检波器、稳压电源等组成。

测量电路的应变电桥是将电阻、电感和电容等参数的变化转变成有一定驱动能力的电压或电流信号。应变片的电阻变化很不明显,所以电桥的输出信号就很微弱,通过放大器将电桥输出的信号进行放大,再经过解调、滤波等变换环节,才能得到所需信号。

根据被测应变装置的工作性质和变化频率不同,应变仪可分为静态电阻应变仪、动态电阻应变仪、静动态电阻应变仪和超动态电阻应变仪。静态电阻应变仪针对静态载荷作用下的应变、变化缓慢或变化后能在很短时间内稳定下来的应变进行测量。动态电阻应变仪主要测量动态应变,同时与其他记录仪配合使用,测量 $0\sim2$ kHz 范围内的动态应变,有时可达到 10 kHz。静动态电阻应变仪以静态应变测量为主,兼作 200 Hz 以下的低频动态测量。超动态电阻应变仪主要测量频率超过 10 kHz 的动态应变,如测量冲击、爆炸等变化十分剧烈的瞬态过程。

（三）应变的电路特性（电桥的和差特性）

测量电路通常采用交流电桥,电源供电以载波频率形式输出,应变电桥由四个电阻臂组成,如图 7-1 所示,电桥的电阻 R_1、R_2、R_3、R_4 在外力作用下产生的变化分别为 ΔR_1、ΔR_2、ΔR_3、ΔR_4,初始状态下电桥的各臂阻值相同,即 $R_1 = R_2 = R_3 = R_4$,$\Delta R \leqslant R$,所以电桥的输出电压可表示为

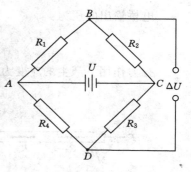

$$U_y = \frac{1}{4}U_0\left(\frac{\Delta R_1}{R_1} - \frac{\Delta R_2}{R_2} + \frac{\Delta R_3}{R_3} - \frac{\Delta R_4}{R_4}\right) \qquad (7\text{-}1)$$

当各桥臂应变力的灵敏度 S_g 相同时,电压表达式可写为

$$U_y = \frac{1}{4}U_0 \cdot S_g(\varepsilon_1 - \varepsilon_2 + \varepsilon_3 - \varepsilon_4) \qquad (7\text{-}2)$$

当电桥处于不同的工作方式时,其输出的电压也随之改变,如表 7-1 所示。

图 7-1　电桥电路

表 7-1 应变仪电桥工作方式和输出电压

工作方式	单臂	双臂	四臂
应变片所在桥臂	R_1	R_1、R_2	R_1、R_2、R_3、R_4
工作方式	$\frac{1}{4}(u_0 S_g \varepsilon)$	$\frac{1}{2}(u_0 S_g \varepsilon)$	$u_0 S_g \varepsilon$

注：R_1 或 R_1、R_3 产生 $+\Delta R$,则 R_2、R_4 产生 $-\Delta R$。

（四）应变片布置及电桥连接的原则

合适的应变片布置和连接方法不但能提高电桥灵敏度,进行温度补偿,还能消除弯矩影响,从复合力中排除干扰应力。

温度补偿通常采用温度自补偿和电路补偿法,后者采用两个相同的应变片,一个粘贴在被测对象上,作为工作片;另一个粘贴在与被测对象材料相同且处于相同温度下不受力的补偿件上,作为补偿片。

因此,根据测试的目的和对载荷分布的估计来布置应变片的位置和接桥方式,且应符合以下原则：

（1）应变片应粘贴在被测对象应变最大的位置处,并尽量排除非测力的影响。

（2）利用电桥和差特性,电桥连接应选取输出最大的接桥方法,并尽量排除非测力的影响。

（3）被测对象贴片位置处的应变与外载荷呈线性关系,且有足够的灵敏度和线性度。

（五）几种典型力作用下应变的测试

1. 拉力作用下应变的测试

拉力作用下被测对象只有正的应变,电桥连接成对臂半桥。在有弯矩作用时,电桥连接成全桥电路,可消除弯矩的影响,应变片布置有两种方法：

（1）应变片布置在被测构件的中性层上

选用两个应变片 R_A、R_B,另外添加两个补偿片 R_0 构成全桥电路,如图 7-2 所示,应变片 R_A、R_B 的应变量分别为：

$$\varepsilon_A = \varepsilon_{AF} = \varepsilon_F$$
$$\varepsilon_B = \varepsilon_{BF} = \varepsilon_F \qquad (7\text{-}3)$$

电桥输出电压为:

$$U_y = \frac{1}{4}U_0 \cdot S_g(\varepsilon_A + \varepsilon_B) = \frac{1}{2}U_0 \cdot S_g \cdot \varepsilon_F \qquad (7\text{-}4)$$

拉力作用下产生的应变为:

$$\varepsilon_F = \frac{2U_y}{U_0 \cdot S_g} \qquad (7\text{-}5)$$

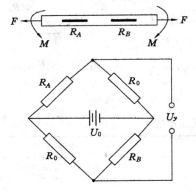

图 7-2　应变片在中性层上布置
的拉力测试图

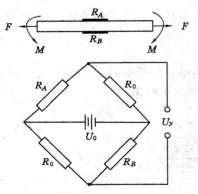

图 7-3　应变片在上下表面布置
的拉力测试图

（2）应变片布置在被测构件上下表面上

两个应变片 R_A、R_B 分别布置在被测构件的上、下表面,在拉力和弯矩同时作用时,如图 7-3 所示,应变片 R_A、R_B 的应变量分别为:

$$\varepsilon_A = \varepsilon_{AF} + \varepsilon_{AM} = \varepsilon_F + \varepsilon_M$$
$$\varepsilon_B = \varepsilon_{BF} - \varepsilon_{BM} = \varepsilon_F - \varepsilon_M \qquad (7\text{-}6)$$

电桥输出电压为:

$$U_y = \frac{1}{4}U_0 \cdot S_g(\varepsilon_A + \varepsilon_B) = \frac{1}{2}U_0 \cdot S_g \cdot \varepsilon_F \qquad (7\text{-}7)$$

拉力产生的应变为:

$$\varepsilon_F = \frac{2U_y}{U_0 \cdot S_g} \qquad (7\text{-}8)$$

2. 弯矩作用下应变的测试（排除拉力的影响）

图 7-4 所示为应变测试图,弯矩作用下既有正的应变,又有负的应变,故可接成全桥电路。应变片在上下表面上各布置两个。

应变片 R_A、R_B、R_C、R_D 的应变为:

$$\varepsilon_A = \varepsilon_{AF} + \varepsilon_{AM} = \varepsilon_F + \varepsilon_M, \quad \varepsilon_B = \varepsilon_{BF} - \varepsilon_{BM} = \varepsilon_F - \varepsilon_M \qquad (7\text{-}9)$$

$$\varepsilon_C = \varepsilon_{CF} + \varepsilon_{CM} = \varepsilon_F + \varepsilon_M, \quad \varepsilon_D = \varepsilon_{DF} - \varepsilon_{DM} = \varepsilon_F - \varepsilon_M \qquad (7\text{-}10)$$

电桥输出电压为:

$$U_y = \frac{1}{4}U_0 \cdot S_g(\varepsilon_A - \varepsilon_B + \varepsilon_C - \varepsilon_D) = U_0 \cdot S_g \cdot \varepsilon_M \qquad (7\text{-}11)$$

弯矩产生的应变为:

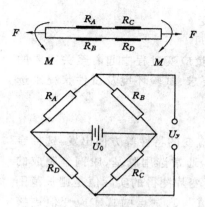

图 7-4　弯矩应变测试图

$$\varepsilon_M = \frac{U_y}{U_0 \cdot S_g} \qquad (7\text{-}12)$$

3. 扭矩作用下应变的测试

在如图 7-5 所示的扭矩应变测试图中，扭矩作用下试件的表面会产生大小相等、方向正交的应变，故可接成全桥电路。

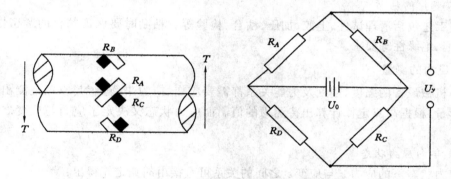

图 7-5　扭矩应变测试图

根据主应力方向，沿与轴线成 45°或 135°的方向各粘贴两个应变片。

应变片状态：

$$R_A: \quad \varepsilon_A = \varepsilon_{AT} = \varepsilon_T, \quad R_B: \quad \varepsilon_B = -\varepsilon_{BT} = -\varepsilon_T \qquad (7\text{-}13)$$

$$R_D: \quad \varepsilon_C = \varepsilon_{CT} = \varepsilon_T, \quad R_D: \quad \varepsilon_D = -\varepsilon_{DT} = -\varepsilon_T \qquad (7\text{-}14)$$

电桥输出电压为：

$$U_y = \frac{1}{4}U_0 \cdot S_g(\varepsilon_A - \varepsilon_B + \varepsilon_C - \varepsilon_D) = U_0 \cdot S_g \cdot \varepsilon_T \qquad (7\text{-}15)$$

扭矩产生的应变为：

$$\varepsilon_T = \frac{U_y}{U_0 \cdot S_g} \qquad (7\text{-}16)$$

在如图 7-6 所示的测试状态图中，在弯矩作用下，不论轴转到什么角度，四个应变片总是两两相对的大小相等、方向相反，起到了排除拉力和弯矩的影响；在拉力作用下，应变片上的应变始终相同。如果将其接在全桥电路中应变会相互抵消，最终对输出没有任何影响。

因此可以测出扭矩产生的应变。

（六）应变片的选择和应用

应变片作为传感器在测量应变过程中起着至关重要的作用,根据被测对象的测试要求、试验环境及试件状况来选择合适的应变片并进行粘贴。

1. 试件的测试要求

从测试精度和被测试件应变的特性等方面出发,选择合适的应变片。为了保证精度,通常选用胶基、康铜丝制成的敏感栅应变片。另外,由于应变片测得的实际值是栅长范围内的应变平均值,为了使此值与测试点的真实应变值更接近,在应变梯度大的测试处选用短基长的应变片。当测试路段中出现使电阻值发生变化的辅助设备时,应选用高阻值的应变片来减少电阻变化引起的误差。

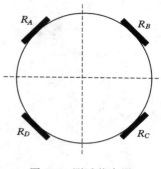

图 7-6　测试状态图

2. 试验环境及试件的特性

温度、湿度等环境因素也会影响测试的应变值,通常选择有温度补偿功能的应变片和防潮性胶膜应变片来减少环境带来的测试偏差。同时,选择应变片还要考虑试件本身的特性,如试件的材质、形状等。

3. 应变片的粘贴

粘贴工艺包括清理试件、上胶、加压、粘合、检验等。粘贴时要保证粘合的紧密性、牢固性、无气泡、绝缘性等要求。

二、应力的测量

许多机械设备的强度、刚度及力能关系都需要应变、应力来衡量,其原理是测出受力对象的变形量,根据胡克定律计算出待测力的值。而应力状态又决定了应力与应变之间的量值关系。

（一）单向应力状态

此应力状态下的应力 σ 与应变 ε 之间的关系可直接由胡克定律得出:

$$\sigma = E \cdot \varepsilon \tag{7-17}$$

式中, E ——弹性模量。

由上式可知,已知应变值可求出对应的应力值,再根据零件的几何形状、截面尺寸求出其所受载荷的大小。

（二）平面应力状态下主应力的测试

实际工程中,多数构件和结构处于平面应力作用下,其主应力方向可能是已知,可能是未知,因此平面应力状态下主应力的测试分为两种情况。

1. 主应力方向已知

例如一个内部承受压力作用的容器,其表面就处于平面应力状态,且主应力方向是已知的。只需沿两个互相垂直的主应力方向贴应变片 R_1、R_2,再贴一个温度补偿片 R,与 R_1 和 R_2 分别连成相邻半桥（见图 7-7）,如此便可测出主应变 ε_1、ε_2,代入公式（7-20）和（7-21）可计算出主应力。

$$\varepsilon_1 = \frac{4U_1}{U_0 \cdot S_g} \tag{7-18}$$

$$\varepsilon_2 = \frac{4U_2}{U_0 \cdot S_g} \tag{7-19}$$

$$\sigma_1 = \frac{E}{1-\mu^2}(\varepsilon_1 + \mu\varepsilon_2) \tag{7-20}$$

$$\sigma_2 = \frac{E}{1-\mu^2}(\varepsilon_2 + \mu\varepsilon_1) \tag{7-21}$$

式中　E——弹性模量；

　　　μ——泊松比。

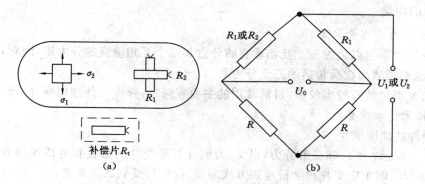

图 7-7　半桥单点测量内部承压容器表面应力

(a) 应变片的粘贴位置；(b) 相应的连接电桥

2. 主应力方向未知

在主应力方向未知的情况下，需要对一个测试点贴 3 个不同方向的应变片（见图 7-8），

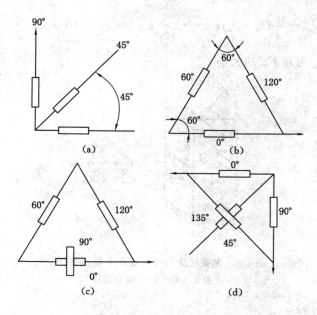

图 7-8　不同角度的应变花

(a) 直角形应变花；(b) 等边三角形应变花；(c) $T\text{-}\Delta$ 形应变化；(d) 双直角形应变花

测出对应方向的应变,然后确定主应力 σ_1、σ_2 和主方向角 θ,即采用应变花来测量应变,应变花由相互之间按一定角度关系排列的三个或多个应变片组成。测量过程中,先用应变花测出该点三个方向的应变,之后按照公式(不同的应变花对应不同的计算公式)求出对应的主应力和主方向角。

第二节　力与扭矩的测量

一、力的测量

(一)空间力系测量装置

一个空间力系可以化为三个互相垂直的分力和三个互相垂直的分力矩,因此,要测试空间的力系,就必须测出它所包括的三个分力和三个分力矩。

空间力系测量装置种类较多,目前常用的主要有两种:弹性元件加应变片、压电元件。

1. 弹性元件加应变片

(1)弹性柱加应变片

如图 7-9 所示,力 F 分三个分力,以 F_x 为例分析应变片的布置和电桥连接方法。采用 R_{x1}、R_{x2}、R_{x3}、R_{x4} 四个应变片和全桥连接方式测量,应变片受到的应变为:

$$R_{x1}:\quad \varepsilon_{x1} = \varepsilon_x + \varepsilon_y - \varepsilon_z \tag{7-22}$$

$$R_{x2}:\quad \varepsilon_{x2} = -\varepsilon_x + \varepsilon_y - \varepsilon_z \tag{7-23}$$

$$R_{x3}:\quad \varepsilon_{x3} = \varepsilon_x - \varepsilon_y - \varepsilon_z \tag{7-24}$$

$$R_{x4}:\quad \varepsilon_{x4} = -\varepsilon_x - \varepsilon_y - \varepsilon_z \tag{7-25}$$

电桥的输出电压为:

$$U_x = \frac{1}{4}U_0 \cdot S_g(\varepsilon_{x1} - \varepsilon_{x2} + \varepsilon_{x3} - \varepsilon_{x4}) = U_0 \cdot S_g \cdot \varepsilon_x \tag{7-26}$$

则 $\varepsilon_x = \dfrac{U_x}{U_0 S_g}$,根据 ε_x 可得 F_x 的大小。

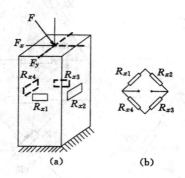

图 7-9　弹簧柱应变片布置和电桥连接图
(a) 应变片布置;(b) 电桥连接

(2)八角环+应变片

八角环加应变片的空间力系测量装置是由圆环加应变片转变来的。

对于圆环，当它受到一个径向力 F_y 的作用时，它会发生变化，如图 7-10(a)所示，经过观察可得出，左右两点与上下两点发生的形变最大，因此其表面产生的应变也最大，但前者两点和后者两点产生应变的方向恰恰相反。通过实验可知，与垂直方向成 $39.6°$ 夹角处的 B 点，其应变为零，因此该点又叫应变节点。将应变片分别贴在圆环水平两点的内外表面上，则 R_2 和 R_4 受压应变，R_1 和 R_3 受拉应变，若将其接在全桥电路中，可测得 F_y 的值。

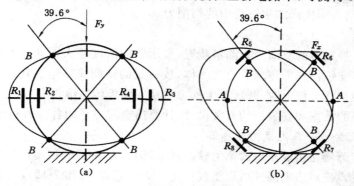

图 7-10　受力作用的圆环

(a) 垂直力作用；(b) 水平力作用

同理，当它受到一个切向力 F_x 的作用时，它也会发生变化，如图 7-10(b)所示，通过实验可知，此时产生的应变情况与 F_y 作用时正好相反，因此原来的应变节点(图中 B 点)变为应变最大的点，原来应变最大的点变为应变节点(图中 A 点)。将应变片粘贴在圆环的 B 点处，则 R_6 和 R_8 受压应变，R_5 和 R_7 受拉应变，若将其接在全桥电路中，可测得 F_x 的值。

当 F_x 和 F_y 同时作用时，将 $R_1 \sim R_4$ 与 $R_5 \sim R_8$ 分别接在电路中，可互不干扰测出 F_x 和 F_y。

圆环难以固定，且不容易确定 $39.6°$ 角，因此常用八角环代替圆环。当受到平面力 F 作用时，其变形如图 7-11(a)所示，当测试任意一个空间力 F 时，F_x 使八角环受到切向力，F_y

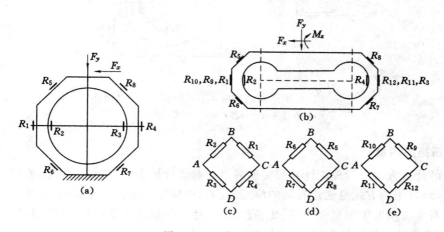

图 7-11　八角环测力图

(a) 八角环平面受力应变片布置图；(b) 应变片布置；(c) 测量；(d) 测量；(e) 测量

使八角环受到压应力，F_z使上环受到拉伸，下环受到压缩，此时增加$R_9 \sim R_{12}$四个应变片[见图7-11(b)]组成电桥测量F_z的大小。应变片$R_1 \sim R_{12}$分别受到上述应力的作用，分别接入电桥电路中，如图7-11(c)、(d)、(e)所示，可得出三个分力F_x、F_y、F_z，即得到空间力F的大小。

八角环测力仪应用非常广泛，主要测量车削力，若调整结构和贴片方式，还可以测量钻削、铣削、磨削、滚齿等生产加工过程中的切削力。

2. 测力架

测力架是一种典型的空间力系测量装置，采用轴向刚度甚大而其他方向刚度极小的挠性支承件。它将支承件和力传感器组成一体，按一定的空间关系组装在一个安装板上。当有空间力系作用在该系统上时，其所产生的力将从安装板传递给六个力传感器，从而可以从力传感器所测得的数据和安装板的有关尺寸，计算出空间力系的各分力和分力矩。

(二)压电元件——压电式力传感器

压电式力传感器是组成压电式测力仪的核心部件，是由不同切型的压电晶片组成的空间力系测量装置。三对压电晶片可以组成压电式力传感器(见图7-12)，其中X_0型切片具有纵向压电效应，可测量z向力；另外两对是Y_0型切片，两者安装方向互相垂直，具有横向压电效应，可测量x向力和y向力。该传感器可分别输出任意空间力作用在三个互相垂直方向的分力，再将其结果合成一个力，即为所求空间力。多向测力传感器可提高测力系统的刚度，同时又简化了测力仪的结构。

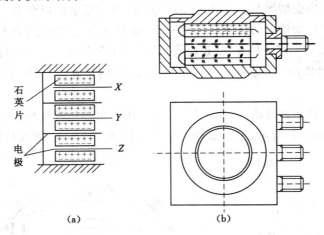

图 7-12 压电式力传感器
(a)单向测力传感器；(b)三向测力传感器

二、扭矩的测量

扭矩的计算方法分为理论计算和实验测量。前者计算困难，且精度很低，所以通常采用实验测量，最常用的方式是通过转轴的应变、应力、转角来测量。传递扭矩时，弹性元件产生与扭矩成对应关系的物理量变化(应变、应力等)，通过测量这些变化量来计算扭矩。

1. 应变片扭矩传感器的工作原理

应变片扭矩传感器的工作原理是利用轴体的扭转变形参数来测出轴体表面的主应变ε。

由材料可知,当受到扭矩作用时,轴表面产生最大切应力 τ_{max},在轴体上,与轴线成 $45°$ 夹角方向上产生最大正应力 σ_1 和 σ_2,两者与 τ_{max} 大小相同。当测得应变 ε_1 和 ε_2 后可算出 τ_{max}。沿与轴线成 $45°$ 粘贴应变计时,对应的切应变为

$$\tau = \frac{E\varepsilon_1}{1+\mu} \tag{7-27}$$

式中　E——材料的弹性模量;

　　　μ——材料的泊松比。

根据应力对应的应变与所受的扭矩成正比,可得轴的扭矩为

$$M = \tau W_n = \frac{E\varepsilon_1}{1+\mu} W_n$$

式中　W_n——材料的抗扭模量。

按最大正应力测扭矩时,应变计粘贴在相对于轴中心线 $45°$ 和 $135°$ 方向上(即主应变 ε_1 和 ε_2 的方向)。

2. 应变片式扭矩传感器

当扭矩传感器上的弹性轴发生扭转时,在与轴成 $45°$ 夹角的方向上产生压缩或拉伸,如果弹性轴受到转矩 M 作用时,应变片发生应变,其应变量为:

对于正方形截面积弹性轴

$$\varepsilon_1 = -\varepsilon_2 = 2.4 \frac{M}{a^3 G} \tag{7-28}$$

式中　ε_1,ε_2——与轴成 $45°$ 和 $135°$ 夹角方向上的应变;

　　　a——弹性轴的边长;

　　　G——弹性轴的弹性模量。

对于空心圆柱弹性柱

$$\varepsilon_1 = -\varepsilon_2 = \frac{8M}{\pi D^3 G \left[1 - \left(\dfrac{d}{D}\right)^4\right]} \tag{7-29}$$

式中　d,D——空心圆柱的内、外直径。

如图 7-13(a)所示,应变片粘贴在与轴线 $45°$ 夹角的方向上,应变片 R_1 和 R_2 垂直,这种布置可消除安装过程中产生的附加弯矩和轴向的影响,但此接桥方式还要考虑附加横向剪

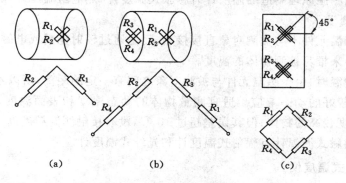

图 7-13　应变片的布片和接桥方式

力。图 7-13(b)和图(c)中选用四个应变片粘贴在弹性轴上,接桥方式可采用半桥和全桥连接,这样可消除附加横向剪力,同时还有良好的温度补偿、消除弯曲应力和轴向应力的作用。对于某些特殊要求的扭矩传感器,可以选用应变量较大的弹性元件来提高设备精度。

第三节　温度的测试

一、温度标准与测量方法

(一)温标

温度反映了物体冷热的程度,与自然界中的各种物理和化学过程相联系。当两个冷热程度不同的物体接触后就会产生导热换热,换热结束后两物体处于热平衡状态,则它们具有相同的温度。

温度是表征物体冷热程度的物理量,温度的高低用温标表示。温标的表达标准有华氏温标、摄氏温标、热力学温标和国际实用温标等,我国最常用的温度量值标准是国际实用温标。

国际实用温标是一种符合热力学温标又使用简单的温标。用它与一特定的热状态(比水三相点温度低 0.01 K 的热状态,即零摄氏度)之间的温度差即所表示的温度。这个温度差用开尔文温度来表示,即摄氏温度的表达公式为:

$$t = T - 273.15 \tag{7-30}$$

式中　t——摄氏温度的符号,它的单位称为摄氏度,常用符式 ℃ 表示。

　　　　T——开尔文温度。

(二)温度的测量方法

1. 接触式测温

接触式测温指温度计的敏感元件与被测对象直接接触,经过换热后两者温度相等。

在测温过程中,感温元件吸收被测物体的热量,破坏了被测物体的热平衡,所以要求感温元件的结构非常精细。不适宜测量小物体的温度和动态温度,测量结果滞后较大,这是接触式测温的缺点;其优点是测量精度在 1% 左右,直观、可靠,测量仪表也比较简单,适宜测量 1 000 ℃ 以下的物体温度。

利用接触式测温原理制造的温度计有膨胀式温度计、热电阻温度计、热电偶温度计等。

2. 非接触测温

温度计的感温元件不与被测对象直接接触,而是通过辐射能量或电磁原理进行热交换,由辐射能的大小来推算被测物体的温度。

在非接触测温时,由于感温元件与被测对象之间有一定的距离,所以不会破坏被测对象的热平衡,具有较好的动态响应。适宜测量物体的动态温度和表面温度,测量结果滞后很小,适宜测量温度较高的物体;但其误差超过 10 ℃,没有接触测温精度高。

常用的非接触式测温计有辐射式温度计和光纤式温度计。

二、非接触式温度仪

非接触式温度仪采用热辐射和光电检测的方法测量温度,通过物体辐射能传递的信号,建立波长与温度的特性方程关系式,因此也称为热辐射测温计。

其工作原理是：当给物体加热后，内部电子运动剧烈，内能和动能增加，其中一部分热能变为辐射能，辐射能的大小与物体的温度成正比；辐射能以电磁波的形式向四周辐射，其所含的波长范围极广。本节主要是研究能被物体吸收后转换为热能的射线，这些射线主要包括红外线和可见光，波长范围为 $0.4 \sim 40\ \mu\mathrm{m}$。这些波长含的能量称为辐射能。

（一）全辐射式温度仪

1. 全辐射定律（斯特藩-玻耳兹曼定律）

黑体的全辐射能与绝对温度的四次方成正比，全辐射能指单位时间内单位体积上物体辐射出从 $\lambda = 0$ 到 $\lambda = \infty$ 之间所有波长的总能量，表达式如下：

$$E_0 = \int_0^\infty e_0(\lambda, T)\,\mathrm{d}\lambda = \sigma T^4 \tag{7-31}$$

式中，$\sigma = 5.67 \times 10^{-8}\,[\mathrm{W/(m^2 \cdot K^4)}]$。

实际上，所有物体的全发射率 ε_T 都小于 1，所有其辐射能与温度之间的关系为 $E_0 = \varepsilon_T \sigma T^4$，这种物体称为灰体。

2. 热辐射温度计的原理

利用物体在全光谱范围内辐射能量与温度的关系测量温度。全辐射温度仪测得的温度总低于物体的真实温度 T，该温度称为辐射温度。

当实际物体的总辐射能量等于绝对黑体的总辐射能量时，黑体的温度称为实际物体的辐射温度 T_r，即 $\varepsilon_T \sigma T^4 = \sigma T_r^4$，则物体真实温度 T 与辐射温度 T_r 的关系为：

$$T = T_r \frac{1}{\sqrt[4]{\varepsilon_T}} \tag{7-32}$$

式中　ε_T——温度 T 时的物体全辐射系数。

全辐射温度计由辐射感温器、显示仪表及辅助装置构成。其工作原理如图 7-14 所示。被测物体的热辐射能量，经物镜聚集在热电堆（由一组微细的热电偶串联而成）上并转换成热电势输出，其值与被测物体的表面温度成正比，从显示仪表中输出测量值。

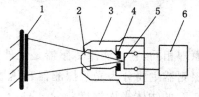

图 7-14　全辐射温度计的工作原理
1——被测物体；2——物镜；3——辐射感温器；4——补偿光栅；5——热电堆；6——显示仪表

（二）光学高温计（亮度式温度计）

根据物体发热后的单色辐射亮度随温度变化原理制成非接触式温度测量仪表。物体在一定温度下会出现发光现象，其发光亮度与温度有一定的关系。而辐射强度与其温度成正比，因此，物体亮度的强弱直接反映了其温度的高低，通过测得的亮度来反映物体的温度，所以也称亮度式温度计。

实际物体的单色辐射发射系数小于绝对黑体，因而光学高温计测得的温度低于物体的真实温度，故称为亮度温度。

物体真实温度 T 与亮度温度 T_L 的关系为

$$\frac{1}{T} - \frac{1}{T_{\text{L}}} = \frac{\lambda}{C_2} \ln \varepsilon_{\lambda T} \tag{7-33}$$

式中　$\varepsilon_{\lambda T}$——温度单色辐射发射系数；

　　　C_2——第二辐射常数，$C_2 = 0.014\ 388\ (\text{m} \cdot \text{K})$。

光学高温计结构简单、使用方便、测温范围广（$700 \sim 3\ 200\ ℃$），可满足工业测温准确度要求。其主要应用于高温熔体、炉窑的温度测量和冶金、陶瓷等非常重要的高温仪表测量。但是光学高温计需要人眼观察，手动平衡，不能实现自动化测温。

随着技术的发展，又出现了光电高温计。它弥补了光学高温计的缺点，实现了自动测量和控制，自动记录和远距离传送等功能，在工业中得到广泛应用。

（三）比色温度计

比色温度计以测量两个波长的辐射亮度之比为基础来测量温度。波长一般选在光谱的红色或蓝色区域内。比色式温度计测得的温度称为比色温度。

它的原理是：非黑体辐射的两个波长为 λ_1、λ_2 的亮度 $L_{\lambda 1 T}$ 和 $L_{\lambda 2 T}$ 之比等于绝对黑体对应的亮度之比值时，绝对黑体的温度即为该黑体的比色温度 T_P，则物体真实温度 T 与比色温度 T_P 之间的关系为

$$\frac{1}{T} = \frac{1}{T_P} = \ln\left(\frac{\varepsilon_{\lambda_1}}{\varepsilon_{\lambda_2}}\right) \frac{1}{C_2\left(\dfrac{1}{\lambda_1} + \dfrac{1}{\lambda_2}\right)} \tag{7-34}$$

按工作需要等条件要求，一般选择待测辐射体的两测量波长 λ_1 为蓝色区域，λ_2 为红色区域。

一般灰体的发射系数不随波长而变化，故比色温度等于真实温度。对于很多金属，由于单色发射系数随波长的增加而减小，故比色温度高于真实温度。

比色温度计也属于非接触测量计，反应速度快，测量范围宽，测量温度接近于实际值，其量程为 $800 \sim 2\ 000\ ℃$，测量精度为 0.5%，应用于连续自动检测钢水、铁水、炉渣和表面没有覆盖物的高温物体温度测量。

（四）红外测温

红外测温和辐射测温的原理相同，它的测温传感器是红外探测器，可将红外辐射能转换为电能后再输出信号。红外探测器主要分为光子探测器和热敏探测器。红外测温主要测量低温和红外线范围，即 $0 \sim 600\ ℃$ 的物体表面温度。

图 7-15 为红外测温仪的原理图，它由光学系统、光栅盘、电桥、调制器和指示器等构成。被测物体的热辐射线经光学系统聚焦，由光栅盘调制后转换成一定频率的光能，汇聚在热敏

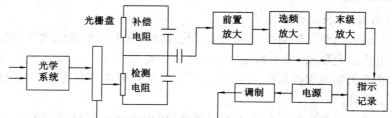

图 7-15　红外测温的工作原理

电阻探测器上，经电桥转变为交流电压信号，放大后由指示记录输出。

光学系统由锗、硅、热压硫化锌等红外光学材料制成，主要用于测量波长为 $0.76\sim5\ \mu m$ 的近、中红外区和波长为 $5\sim14\ \mu m$ 的中、远红外区的温度。

光栅盘由两片扇形光栅板组成，一块固定，另一块受光栅调制电路控制，按照一定频率转动，并起到开（可透光）、关（不可透光）作用，使入射线转换为一定频率的能量汇聚在探测器上。

调制器由微电机和调制盘组成。被测物体连续的辐射经过等间距小孔的调制盘后调制成交变的辐射状态，使红外探测器的输出转变为交变信号，然后用交变放大器处理。

思考与练习

1. 在静态测量和动态测量时，如何选用应变片？

2. 在扭矩的作用下如何测试应变？

3. 简述在空间力系测量装置中八角环测力的原理。

4. 简述应变片式扭矩传感器的工作原理。

5. 分析比较金属电阻温度计和半导体热敏电阻的特点。

6. 画出热电效应原理图，并阐述其测温原理。

7. 用镍铬-镍硅热电偶测量温度，当冷端温度 $T_0=30\ ℃$ 时，测得热电动势 $E(T,T_0)=27.19\ mV$，求真实温度？

8. 某单色辐射温度计的有效波长 λ 为 $0.7\ \mu m$，被测量物体发射率 $\varepsilon_{\lambda T}$ 为 0.5，测得亮度温度 T_L 为 $1\ 000\ ℃$，求被测物体的实际温度？

第八章 信号测试基本数学知识

复变函数是高等院校工科专业的一门专业基础课,更是自然科学和工程技术中常用的技术工具。傅立叶变换和拉氏变换在信号分析和处理中有着非常广泛的应用,本章将详细介绍机械工程信号测试基本数学知识,内容包括复数和复变函数、傅立叶变换和拉普拉斯变换。

第一节 复数与复变函数

一、复数的概念

历史上人们为了求解 $x^2+1=0$ 方程,首次引入了虚数记号,使 $i^2=1$。此时方程 $x^2+1=0$ 就有两个根:i 和 $-i$。下面我们将根据这一虚数单位来定义复数,并给出相关记号。

定义 对任意两实数 x 和 y,称 $z=x+iy$ 为复数。其中 $i^2=-1$,i 为虚数单位。x 和 y 分别称为 z 的实部和虚部,记作

$$x=Re(z), y=Im(z)$$

若 $x=0, y\neq 0$ 时,$z=iy$ 称为纯虚数;若 $y=0, x\neq 0$ 时,$z=x$ 称为实数。两个复数相等是指它们的实部和虚部都相等。

特别注意当 $z=x+iy=0$ 时,$x=0, y=1$;与实数不同虚数一般不能比较大小;0 既是纯虚数,又是实数。

$x=iy$ 为 $z=x+iy$ 的共轭复数,记为 $\bar{z}$。共轭的概念是相互的,即 $\bar{\bar{z}}=z$。

二、复数的四则运算

对任意两个复数 $z_1=x_1+iy_1, z_2=x_2+iy_2$,定义如下四则运算。

(1)加、减法运算

$$z_1 \pm z_2 = (x_1+iy_1) \pm (x_2+iy_2) = (x_1 \pm x_2) + i(y_1 \pm y_2) \tag{8-1}$$

(2)乘法运算

$$z_1 z_2 = (x_1+iy_1)(x_2+iy_2) = (x_1 x_2 - y_1 y_2) + i(x_2 y_1 + x_1 y_2) \tag{8-2}$$

复数的乘法可以比照两个二项式相乘的乘法法则进行,只需将 $i^2=-1$ 代入即可。

(3)除法运算

当 $z_2 \neq 0$ 时,规定

$$z = \frac{z_1}{z_2} = \frac{x_1 x_2 + y_1 y_2}{x_1^2 + x_2^2} + i \frac{x_2 y_1 - x_1 y_2}{x_1^2 + x_2^2} \tag{8-3}$$

(4)复数四则运算的运算律

与实数的情形一样,复数的运算也满足交换律、结合律和分配律:

交换律：$z_1 + z_2 = z_2 + z_1$；　$z_1 z_2 = z_2 z_1$；

结合律：$(z_1 + z_2) + z_3 = z_1 + (z_2 + z_3)$；

分配律：$z_1(z_2 + z_3) = z_1 z_2 + z_1 z_3$；

例 8-1　设 $z_1 = 5 - 5i, z_2 = -3 + 4i$，求 $\dfrac{z_1}{z_2}$ 及它的实部和虚部。

解：

$\because \quad \dfrac{z_1}{z_2} = \dfrac{5 - 5i}{-3 + 4i} = \dfrac{7 + i}{-5} = -\dfrac{7}{5} - \dfrac{1}{5}i$

$\therefore \quad$ 其实部为 $-\dfrac{7}{5}$，虚部为 $-\dfrac{1}{5}$。

三、复数表示方法

1. 复数的代数和向量表示

一个复数 $z = x + iy$ 由一对有序实数 (x, y) 唯一确定，所以对于平面上给定的直角坐标系，复数的全体与该平面上点的全体成一一对应关系，从而复数 $z = x + iy$ 可以用该平面上坐标为 (x, y) 的点来表示，即为复数的代数表示。此时，x 轴称为实轴，y 轴称为虚轴，两轴所在的平面称为复数平面或 Z 平面。

复数 z 还与从原点指向点 $z = x + iy$ 的平面向量一一对应，因此复数 z 也能用向量 $\overrightarrow{op}$ 来表示，即为复数的向量表示，如图 8-1 所示。

2. 复数的三角和指数表示

由直角坐标与极坐标的关系：$x = r\cos\theta, y = r\sin\theta$ 还可以把 z 表示成：

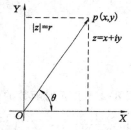

图 8-1　复数的代数和向量表示

$$z = r(\cos\theta + i\sin\theta) \tag{8-4}$$

式 (8-4) 为复数的三角表示式。利用复数的三角表示可以讨论复数的积、商和方根的运算法则。

利用欧拉 (Eider) 公式：$e^{i\theta} = \cos\theta + i\sin\theta$，代入式 (8-4)，则：

$$z = re^{i\theta} \tag{8-5}$$

式 (8-5) 为复数的指数表示式。

四、复数的模和幅值

1. 复数的模

向量的长度称为 z 的模或绝对值，记作：

$$|z| = r = \sqrt{x^2 + y^2} \tag{8-6}$$

复数的模显然有如下性质：

$$|z| \leqslant |x| + |y|, \; z\bar{z} = |z|^2 \tag{8-7}$$

2. 复数的辐角及其主值

以正实轴为始边，以向量 $\overrightarrow{op}$ 为终边的角（o 为原点），其弧度数称为复数 $z = x + iy$ 的辐角，$z \neq 0$ 时记作 $\arg z = \theta$，这时有

$$\tan\arg z = \frac{y}{x} \tag{8-8}$$

我们知道,任何一个复数 $z \neq 0$ 有无穷多个辐角。如果 θ_1 是其中的一个,则有

$$\arg z = \theta_1 + 2k\pi \quad (k\text{ 为任意整数}) \tag{8-9}$$

就给出了 z 的全部辐角。在 $z \neq 0$ 的辐角中,我们把满足 $-\pi < \theta \leqslant \pi$ 的 θ_0 称为 $\arg z$ 的主值,记作 $\arg z = \theta_0$。需要注意一点,当 $z = 0$ 时,此时 $|z| = 0$,辐角不确定。

当复数位于不同象限或者坐标时,我们可以求出主辐角不同的表达式,不同的辐角的主值 $\arg z (z \neq 0)$ 可以由反正切 $\arctan \frac{y}{x}$ 值按下列关系来确定:

$$\theta_0 = \arg z = \begin{cases} \arctan \dfrac{y}{x}, & x > 0 \\[2mm] \dfrac{\pi}{2}, & x = 0, y > 0 \\[2mm] \arctan \dfrac{y}{x} + \pi, & x < 0, y \geqslant 0 \\[2mm] \arctan \dfrac{y}{x} - \pi, & x < 0, y < 0 \\[2mm] -\dfrac{\pi}{2}, & x = 0, y < 0 \end{cases} \tag{8-10}$$

例 8-2 求下列函数的模与辐角。

(1) $\dfrac{1}{3+2i}$; （2）$\left(\dfrac{1+\sqrt{3}\,i}{2}\right)^n$

解:

$$\because \frac{1}{3+2i} = \frac{3-2i}{(3+2i)(3-2i)} = \frac{3}{13} + \left(\frac{-2}{13}\right)i$$

$$|z| = \sqrt{\left(\frac{3}{13}\right)^2 + \left(-\frac{2}{13}\right)^2} = \frac{1}{\sqrt{13}}$$

$$\therefore \arg|z| = -\arctan \frac{2}{3}$$

2) $\because \dfrac{1+\sqrt{3}\,i}{2} = e^{i\frac{\pi}{3}}$,则 $\left(\dfrac{1+\sqrt{3}\,i}{2}\right) = e^{i\frac{\pi}{3}} = \cos\dfrac{n\pi}{3} + i\sin\dfrac{n\pi}{3}$

$$\therefore |z| = 1, \arg z = \frac{n\pi}{3} + 2k\pi (\text{满足} -\pi < \frac{n\pi}{3} + 2k\pi \leqslant \pi \text{ 的 } k)$$

例 8-3 将 $z = -3 - \sqrt{3}\,i$ 转化为三角表示式和指数表示式。

解:

$\because r = \sqrt{3^2 + 3} = \sqrt{12}$,且 z 位于第三象限,则 $\theta_0 = \arg z = \arctan\left(\dfrac{\sqrt{3}}{3}\right) - \pi$;

$\therefore z$ 的三角表达式为 $z = \sqrt{12}\left[\cos\left(-\dfrac{5}{6}\pi\right) + i\sin\left(-\dfrac{5}{6}\pi\right)\right] = \sqrt{12}\left(\cos\dfrac{5}{6}\pi - i\sin\dfrac{5}{6}\pi\right)$

则 z 的指数表达式为 $z = \sqrt{12}\,e^{-\frac{5}{6}\pi i}$。

五、复变函数

定义 设 D 是一个复数 $z = x + iy$ 的集合。如果有一个确定的法则 f 存在,对于集合

D 中的每一个复数 z,总有一个或几个复数 $w=u+iv\in G$ 与之对应,那么称 f 是定义在 D 上的复变函数（简称复变函数),记作

$$w=f(z) \text{ 或 } f:D\rightarrow G$$

集合 D 称为复变函数的定义域,$G=f(D)$ 称为值域,并把 z 称为函数的自变量,w 称为因变量。

关于复变函数的概念这里作以下几点说明:

(1) 如果 z 的一个值对应着 w 的一个值,那么我们称函数 $f(z)$ 是单值的;如果 z 的一个值对应着 w 的两个或两个以上的值,那么我们称函数 $f(z)$ 是多值的。如无特别声明,以后所讨论的函数均为单值函数。

由于给定了一个复数 $z=x+iy$ 就相当于给定了两个实数 x 和 y,而复数 $w=u+iv$ 亦同样地对应着一对实数 u 和 v,所以复变函数 w 和自变量 z 之间的关系 $w=f(z)$ 相当于两个关系式:

$$u=u(x,y), \quad v=v(x,y)$$

它们确定了自变量为 x 和 y 的两个二元实变函数。

例 8-4　若已知 $f(z)=x\left(1+\dfrac{1}{x^2+y^2}\right)+iy\left(1-\dfrac{1}{x^2+y^2}\right)$,将 $f(z)$ 表示成 z 的函数。

解: 设 $z=x+iy$,则 $x=\dfrac{1}{2}(z+\bar{z})$,$y=\dfrac{1}{2i}(z-\bar{z})$,代入化简得 $f(z)=z+\dfrac{\bar{z}}{z\bar{z}}=z+\dfrac{1}{z}$

(2) 如果把 W 看作另一复平面,则复变函数 $f:D\rightarrow G$ 可以看作 Z 平面上的点集到 W 平面的一个映射（变换)。G 中的点 w 称为 D 中的点 z 的像,而 D 中的点 z 称为 G 中的点 w 的原像。

例 8-5　函数 $w=\dfrac{1}{z}$ 是将 z 平面中 $x=1$ 变成了 w 平面的什么曲线?

解:

函数 $w=\dfrac{1}{z}=\dfrac{1}{x+iy}=\dfrac{x-iy}{x^2+y^2}=\dfrac{x}{x^2+y^2}-i\dfrac{y}{x^2+y^2}$,函数 $u=\dfrac{x}{x^2+y^2}$,$v=\dfrac{-y}{x^2+y^2}$,

由 $x=1$,则 $u^2+v^2=\dfrac{1}{1+y^2}=u$,整理即 $\left(u-\dfrac{1}{2}\right)^2+v^2=\left(\dfrac{1}{2}\right)^2$,函数 $w=\dfrac{1}{z}$ 把 z 平面直线为 $x=1$ 的映射成 w 平面上的一圆周。

第二节　Fourier 变换

所谓积分变换,实际上就是通过积分运算,把一个函数变成另一个函数的一种变换。这类积分一般要含有参变量,具体形式可写为:

$$\int_a^b k(t,\tau)f(t)\mathrm{d}t = F(\tau) \tag{8-11}$$

这里 $f(t)$ 是要变换的函数,称为象原函数;$F(\tau)$ 是变换后的函数,称为象函数;$k(t,\tau)$ 是一个二元函数,称为积分变换核。

数学中经常利用某种运算先把复杂问题变为比较简单的问题,求解后,再求其逆运算就可得到原问题的解。在数学上积分变换是求解方程的重要工具,能实现卷积与普通乘积之

间的互相转化;而在工程上是频谱分析、信号分析、线性系统分析的重要工具。

一、Fourier 积分

傅立叶(Fourier)是一位法国数学家和物理学家的名字。1807 年 Fourier 首次在论文中提出运用正弦曲线来描述温度分布,在论文里有个在当时具有争议性的决断:任何连续周期信号可以由一组适当的正弦曲线组合而成。当时拉格朗日坚持认为 Fourier 的方法无法表示带有棱角的信号(如在方波中出现非连续变化斜率)。法国科学学会屈服于拉格朗日的威望,否决了傅立叶的论文,直到后来拉格朗日死后 15 年这个论文才被发表出来。

其实拉格朗日是对的:正弦曲线无法组合成一个带有棱角的信号。但是,我们可以用正弦曲线来非常逼近地表示它,逼近到两种表示方法不存在能量差别,基于此,傅立叶是对的。

周期信号在满足狄里赫利条件的情况下,才可以展开成三角函数集($\sin n\omega_0 t, \cos n\omega_0 t$)或复指数函数集($e^{jn\omega_0 t}$)的 Fourier 级数,由此可得到对应的周期信号在频域的描述形式三角函数展开式和复指数函数展开式。

设 $f(t)$ 周期为 $2l$ 的周期函数,狄里赫利认为只有满足一定条件时,周期信号才能展开成傅立叶级数。所谓的狄里赫利条件,其内容为:

(1) 在一周期内,函数是绝对可积的,即 $\int_{t_1}^{t_1+2l} |f(t)| \mathrm{d}t$ 应为有限值;

(2) 在一周期内,函数的极值数目为有限;

(3) 在一周期内,函数 $f(t)$ 或者为连续的,或者具有有限个第一类的间断点,即在这些不连续点上,$f(t)$ 的函数值必须是有限值。

后面所涉及的结论基本上就是建立在上述定理的基础上。

1.周期函数 Fourier 展开

我们限制函数以 $2l$ 为周期的函数 $f(t)$,如果在 $\left[-\dfrac{\pi}{2}, \dfrac{\pi}{2}\right]$ 上满足狄里赫利条件,那么在 $\left[-\dfrac{\pi}{2}, \dfrac{\pi}{2}\right]$ 上函数 $f(x)$ 就可以展开成 Fourier 级数。在 $f(t)$ 的连续点处级数的三角函数为

$$f(t) = \frac{a_0}{2} + \sum_{n=1}^{\infty} \left(a_n \cos n\frac{\pi}{l}t + b_n \sin n\frac{\pi}{l}t\right), \quad n = 1,2,3,\cdots \tag{8-12}$$

其中,$w_0 = \dfrac{\pi}{l}$,ω_0 为角频率(圆频率),它是质点沿圆周运动的角速度(设旋转一周的时间为 $2l$)$a_n \cos n\omega_0 x + b_n \sin n\omega_0 x$,称为第 n 次谐波,振幅

$$A_0 = \sqrt{a_n^2 + b_n^2} \text{(注:定积分性质积分与字母无关)}$$

$$a_0 = \frac{1}{l} \int_{-l}^{l} f(t)\mathrm{d}t, \quad n = 1,2,3,\cdots$$

$$a_n = \frac{1}{l} \int_{-l}^{l} f(t)\cos n\frac{\pi}{l}t\,\mathrm{d}t, \quad n = 1,2,3,\cdots \tag{8-13}$$

$$b_n = \frac{1}{l} \int_{-l}^{l} f(t)\sin n\frac{\pi}{l}t\,\mathrm{d}t, \quad n = 1,2,3,\cdots$$

将欧拉公式:$e^{it} = \cos t + i\sin t \Rightarrow \cos \dfrac{n\pi}{l}t = \dfrac{e^{i\frac{n\pi}{l}t} + e^{-i\frac{n\pi}{l}t}}{2}$,$\sin \dfrac{n\pi}{l}t = \dfrac{e^{i\frac{n\pi}{l}t} - e^{-i\frac{n\pi}{l}t}}{2i}$ 代入式(8-

12)可得如下式子

$$f(t) = \frac{a_0}{2} + \sum_{n=1}^{\infty} \left(a_n \frac{\mathrm{e}^{i\frac{n\pi}{l}t} + \mathrm{e}^{-i\frac{n\pi}{l}t}}{2} + b_n \frac{\mathrm{e}^{i\frac{n\pi}{l}t} - \mathrm{e}^{-i\frac{n\pi}{l}t}}{2} \right), n = 1, 2, 3, \cdots \qquad (8\text{-}14)$$

其中：

$$a_n = \frac{1}{l} \int_{-l}^{l} f(t) \frac{\mathrm{e}^{i\frac{n\pi}{l}t} + \mathrm{e}^{-i\frac{n\pi}{l}t}}{2} \mathrm{d}t, n = 1, 2, 3, \cdots$$

$$b_n = \frac{1}{l} \int_{-l}^{l} f(t) \frac{\mathrm{e}^{i\frac{n\pi}{l}t} - \mathrm{e}^{-i\frac{n\pi}{l}t}}{2} \mathrm{d}t, n = 1, 2, 3, \cdots$$

设 $w_n = \frac{n\pi}{l}$，将系数代入得：

$$f(t) = \frac{a_0}{2} + \sum_{n=1}^{\infty} \left(\frac{1}{l} \int_{-l}^{l} f(t) \frac{\mathrm{e}^{iw_n t} + \mathrm{e}^{-iw_n t}}{2} \mathrm{d}t \frac{\mathrm{e}^{iw_n t} + \mathrm{e}^{-iw_n t}}{2} + \frac{1}{l} \int_{-l}^{l} f(t) \frac{\mathrm{e}^{iw_n t} - \mathrm{e}^{-iw_n t}}{2i} \mathrm{d}t \frac{\mathrm{e}^{iw_n t} - \mathrm{e}^{-iw_n t}}{2i} \right)$$

整理后得复指数形式的傅立叶级数：

$$f(t) = \sum_{n=-\infty}^{+\infty} (c_n \mathrm{e}^{iw_n t}) \qquad (8\text{-}15)$$

其中 $c_n = \frac{1}{2l} \int_{-l}^{l} f(t) \mathrm{e}^{-iw_n t} \mathrm{d}t (n = \cdots -2, -1, 0, 1, 2, \cdots)$，$\int_{-l}^{l} f(t) \mathrm{e}^{-iw_n t} \mathrm{d}t (n = \cdots -2, -1, 0, 1, 2, \cdots)$，$\mathrm{d}t$ 为确定的数，与 $\mathrm{e}^{-iw_n t}$ 无关。

2. 非周期函数 Fourier 展开

由前面的介绍我们知道一个周期函数满足一定条件可以展开成傅立叶级数，而对于非周期函数 $f(t)$ 约可以看成是某个周期函数（设周期为 $2l$）$2l \rightarrow \infty$ 转化而来。这个结论为我们将非周期函数展开为无穷多个周期函数的叠加提供了途径，即：周期 $\xrightarrow{l=+\infty}$ 非周期，则

$\Delta w_n = \frac{\pi}{l} \xrightarrow{l=+\infty} 0$，对式(8-15)取极限有

$$f(t) = \lim_{l \to +\infty} \sum_{n=-\infty}^{+\infty} (c_n \mathrm{e}^{iw_n t}) = \lim_{l \to +\infty} \sum_{n=-\infty}^{+\infty} \left(\frac{1}{2l} \int_{-l}^{l} f(\tau) \mathrm{e}^{-iw_n t} \mathrm{d}\tau \mathrm{e}^{iw_n x} \right)$$

$$\xrightarrow{\frac{1}{l} = \frac{\Delta w_n}{\pi}} \lim_{\Delta w_n \to 0} \sum_{n=-\infty}^{+\infty} \left(\frac{1}{2\pi} \int_{-\infty}^{+\infty} f(\tau) \mathrm{e}^{-iw_n t} \mathrm{d}\tau \mathrm{e}^{iw_n x} \Delta w_n \right)$$

$$\xrightarrow{w_n \to w} \frac{1}{2\pi} \int_{-\infty}^{+\infty} \left[\int_{-\infty}^{+\infty} f(\tau) \mathrm{e}^{-iw\tau} \mathrm{d}\tau \right] \mathrm{e}^{iwx} \mathrm{d}w$$

详细的证明请读者参考其他教材，这里只是作一个形式的推导。

定理　（Fourier 积分定理）若 $f(t)$ 在 $(+\infty, -\infty)$ 上满足下列条件：

(1) $f(t)$ 在任一有限区间满足狄利克雷条件；

(2) $f(t)$ 在无限区间 $(+\infty, -\infty)$ 上绝对可积（即积分 $\int_{-\infty}^{+\infty} |t(t)| \mathrm{d}t$ 收敛），则有：

$$f(t) = \frac{1}{2\pi} \int_{-\infty}^{+\infty} \left[\int_{-\infty}^{+\infty} f(\tau) \mathrm{e}^{-iwt} \mathrm{d}\tau \right] \mathrm{e}^{iwt} \mathrm{d}w \qquad (8\text{-}16)$$

成立，而左端的 $f(t)$ 在它的间断点 t 点处，应以 $\dfrac{f(t+0) + f(t-0)}{2}$ 来代替。

注意：

(1) 定理的条件是充分而非必要的，严格的证明需要很多纯数学的理论知识，故从略，

有兴趣的同学可自行查阅资料。

（2）定理中的公式称为函数 $f(t)$ 的 Fourier 积分公式，式(8-16)是 Fourier 积分公式的复数形式。

（3）利用欧拉公式及奇偶函数的积分性质，由式(8-16)不难推出 Fourier 积分公式的三角形式

$$\because f(t) = \frac{1}{2\pi}\int_{-\infty}^{+\infty}\left[\int_{-\infty}^{+\infty}f(\tau)\mathrm{e}^{-\mathrm{i}w\tau}\mathrm{d}\tau\right]\mathrm{e}^{\mathrm{i}wt}\mathrm{d}w = \frac{1}{2\pi}\int_{-\infty}^{+\infty}\left[\int_{-\infty}^{+\infty}f(\tau)\mathrm{e}^{-\mathrm{i}w(t-\tau)}\mathrm{d}\tau\right]\mathrm{d}w$$

$$= \frac{1}{2\pi}\int_{-\infty}^{+\infty}\left[\int_{-\infty}^{+\infty}f(\tau)\cos\,w(t-\tau)\mathrm{d}\tau\right]\mathrm{d}w + \frac{\mathrm{i}}{2\pi}\int_{-\infty}^{+\infty}\left[\int_{-\infty}^{+\infty}f(\tau)\sin\,w(t-\tau)\mathrm{d}\tau\right]\mathrm{d}w$$

又 $\because \int_{-\infty}^{+\infty}f(\tau)\sin\,w(t-\tau)\mathrm{d}\tau$ 是关于 w 的奇函数，则有

$$\int_{-\infty}^{+\infty}\left[\int_{-\infty}^{+\infty}f(\tau)\sin\,w(t-\tau)\mathrm{d}\tau\right]\mathrm{d}w = 0$$

$\int_{-\infty}^{+\infty}f(\tau)\cos\,w(t-\tau)\mathrm{d}\tau$ 是关于 w 的偶函数，故式(8-16)可以改写为

$$f(t) = \frac{1}{\pi}\int_{-\infty}^{+\infty}\left[\int_{-\infty}^{+\infty}f(\tau)\cos\,w(t-\tau)\mathrm{d}\tau\right]\mathrm{d}w \tag{8-17}$$

式(8-16)即为 Fourier 积分公式的三角形式。

二、Fourier 变换

定义　若函数 $f(t)$ 满足 Fourier 积分定理条件，则令

$$F(w) = F[f(t)] = \int_{-\infty}^{+\infty}f(t)\mathrm{e}^{-\mathrm{i}wt}\mathrm{d}t \tag{8-18}$$

式(8-18)为 $f(t)$ 的傅立叶(Fourier)变换式，$F(w)$ 为 $[f(t)]$ 的 Fourier 变换。由此可见 Fourier 变换是将时域函数映射到频域函数。

$$f(t) = F^{-1}[F(w)] = \frac{1}{2\pi}\int_{-\infty}^{+\infty}F(w)\mathrm{e}^{\mathrm{i}wt}\mathrm{d}w \tag{8-19}$$

表示形式如下

$$f(t) \xrightarrow[F^{-1}]{F} F(w)$$

式(8-19)为 $F(w)$ 的傅立叶(Fourier)逆变换式。

总结一下，即若函数 $f(t)$ 满足如下两个条件：

（1）$f(t)$ 在实轴的任何有限区域 $[a,b]$ 上满足狄利克雷(Dirichlet)条件，即 $f(t)$ 在 $[a,b]$ 上连续或有限个第一类间断点，且至多有有限个极值点；

（2）$|f(t)|$ 在区间 $[-\infty,+\infty]$ 的反常积分收敛。

则有函数 $f(t)$ 的傅立叶变换 $F(w)$ 存在，且 $F(w)$ 傅立叶逆变换也同时存在。事实上依据傅氏定理，有：

$$\frac{1}{2\pi}\int_{-\infty}^{+\infty}F(w)\mathrm{e}^{\mathrm{i}wt}\mathrm{d}w = \begin{cases} \dfrac{1}{2}\left[f(t+0)+f(t-0)\right], & \text{在 } f(t) \text{ 的连续点处} \\[2mm] f(t), & \text{在 } f(t) \text{ 的不连续点处} \end{cases} \tag{8-20}$$

其中 $F(w) = \int_{-\infty}^{+\infty}f(t)\mathrm{e}^{-\mathrm{i}wt}\mathrm{d}t$，式(8-20)以后会经常用。

例 8-6　求下列函数的 Fourier 变换

(1) $f(t) = \begin{cases} e^{-\beta t} & (t > 0) \\ 0 & (t < 0) \end{cases}$ $(\beta > 0)$; (2) $g(t) = \begin{cases} 1 & (|t| < 1) \\ 0 & (|t| > 1) \end{cases}$

解：

代入上述公式(8-18)化简得：

(1) $F[f(t)] = \int_0^{+\infty} e^{-(\beta + iw)t} dt = \lim_{R \to +\infty} \int_0^R e^{-(\beta + iw)t} dt = \lim_{R \to +\infty} \left(\frac{-1}{\beta + iw} e^{-(\beta + iw)t} \right) \Big|_0^R = \frac{1}{\beta + iw}$;

(2) $F[f(t)] = \int_{-\infty}^{+\infty} g(t) e^{-iut} dt = \int_{-1}^1 e^{-iut} dt = \frac{-1}{iw} e^{-iut} \Big|_{-1}^1 = \frac{2\sin w}{w}$

三、单位脉冲函数 δ 函数及其傅立叶变换

1. δ 函数的概念

在物理和工程技术中，除了用到指数衰减函数外，还常常会碰到单位脉冲函数。因为在许多物理现象中，除了有连续分布的物理量外，还会有集中在一点的量（点源），或者具有脉冲性质的量。例如瞬间作用的冲击力、电脉冲等。

有了这种函数，对于许多集中在一点或一瞬间的量，例如点电荷、点热源、集中于一点的质量以及脉冲技术中的非常狭窄的脉冲等，就能够像处理连续分布的量那样，用统一的方式来加以解决。

引例 在原本电流为零的电路中，在时间 $t = 0$ 时刻进入一单位电量的脉冲，现在需要确定电流 $I(t)$。

$$q(t) = \begin{cases} 0 & (t \neq 0) \\ 1 & (t = 0) \end{cases}$$

而 $I(t) = q'(t) = \lim_{\Delta t \to 0} \dfrac{q(t + \Delta t) - q(t)}{\Delta t} = \begin{cases} 0 & (t \neq 0) \\ \infty & (t = 0) \end{cases}$，且 $\int_{-\infty}^{+\infty} I(t) dt = 1$

从上述例子可以看出，在通常意义下的函数类中找不到一个函数能够用来表示上述两个函数。为此引入一个新的函数，这个函数就是狄拉克(δ 函数)。

定义 满足以下两个条件的函数称为狄拉克函数：

$$\text{(i)} \quad \delta(t) = \begin{cases} 0 & (t \neq 0) \\ \infty & (t = 0) \end{cases}; \quad \text{(ii)} \int_{-\infty}^{+\infty} \delta(t) dt = 1 \tag{8-21}$$

$t = t_0$ 时刻 δ 函数定义，其物理意义：在某时刻出现宽度无限小，幅度无限大，面积为 1 的脉冲。

$$\text{(i)} \quad \delta(t - t_0) = \begin{cases} 0 & (t \neq t_0) \\ \infty & (t = t_0) \end{cases}; \quad \text{(ii)} \int_{-\infty}^{+\infty} \delta(t - t_0) dt = 1 \tag{8-22}$$

工程上 δ 用一个长度为 1 的有向线段来表示，如图 8-2 所示，该线段的长度表示 δ 的积分值，称为 δ 的强度。如图 8-3 所示，表示为 δ 平移 t_0 得到 $\delta(t - t_0)$ 函数。

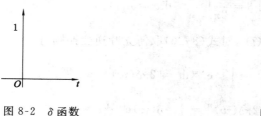

图 8-2 δ 函数   图 8-3 $\delta(t - t_0)$ 函数

有了 δ 函数，对于许多集中在一点或一瞬时的量，例如质点的线密度、瞬时作用力及脉冲技术中非常窄的脉冲电流等都可以借助于 δ 函数来表示。例如：

（1）在 $t=t_0$ 时刻作用一冲量为 I 的瞬时力可表示为：

$$F(t) = I\delta(t - t_0)$$

（2）在 $t-t_0$ 时刻产生一电量为 q 的脉冲电流可表示为：

$$i(t) = q\delta(t - t_0)$$

2. δ 函数的积分及其性质

设 $f(t)$ 为无穷次可微函数，可知：

$$\int_{-\infty}^{+\infty} \delta(t - t_0) f(t) \mathrm{d}t = \lim_{\varepsilon \to 0^+} \int_{-\infty}^{+\infty} \delta_E(t - t_0) f(t) \mathrm{d}t$$

$$\int_{-\infty}^{+\infty} \delta(t - t_0) f(t) \mathrm{d}t = \lim_{\varepsilon \to 0^+} \int_{-\infty}^{+\infty} \delta_E(t - t_0) f(t) \mathrm{d}t \ (\text{令 } t_0 = 0)$$

$$= \lim_{\varepsilon \to 0^+} \int_{t_0}^{t_0 + \varepsilon} \frac{1}{\varepsilon} f(t) \mathrm{d}t = \lim_{\varepsilon \to 0^+} f(t_0 + \varepsilon\theta)(0 < \theta < 1)(\text{积分中值定理})$$

$$= f(t_0)$$

由其 δ 函数定义及其积分可知 δ 函数具有如下性质（证明过程略）：

（1）（筛选性质）设 $f(t)$ 为无穷次可微函数，有：

$$\int_{-\infty}^{+\infty} \delta(t - t_0) f(t) \mathrm{d}t = f(t_0) \tag{8-23}$$

式（8-22）δ 函数筛选性质，证明过程就是上面的积分过程。

（2）（奇偶性质）$\qquad\qquad \delta(t) = \delta(-t) \tag{8-24}$

（3）（微分性质）设 $f(t)$ 为无穷次可微函数，有：

$$\int_{-\infty}^{+\infty} \delta^{(n)}(t - t_0) f(t) \mathrm{d}t = (-1)^n f^{(n)}(t_0) \tag{8-25}$$

（4）（积分性质）对于单位阶跃函数有 $u(t) = \begin{cases} 1 & (t > 0) \\ 0 & (t < 0) \end{cases}$，则有：

$$\int_{-\infty}^{+\infty} \delta(\tau) \mathrm{d}\tau = u(t) \tag{8-26}$$

即单位阶跃函数是单位脉冲函数的原函数，此外还有 $\dfrac{\mathrm{d}u(t)}{\mathrm{d}t} = \delta(t)$。单位阶跃函数下面还要进行介绍。

3. δ 函数的傅立叶变换

对 δ 函数取拉氏变换和拉氏逆变换，进行化简并对比，可知：

$$\begin{cases} F[\delta(t)] = \displaystyle\int_{-\infty}^{+\infty} \delta(t) \mathrm{e}^{-\mathrm{i}\omega t} \mathrm{d}t = \mathrm{e}^{-\mathrm{i}\omega t} = 1 \\ F^{-1}[1] = \dfrac{1}{2\pi} \displaystyle\int_{-\infty}^{+\infty} \mathrm{e}^{\mathrm{i}\omega t} \mathrm{d}w = \delta(t) \end{cases} \tag{8-27}$$

由于 $\displaystyle\lim_{R \to +\infty} \int_{-R}^{R} \mathrm{e}^{\pm\mathrm{i}\omega t} \mathrm{d}w = 2\pi\delta(t)$，对式（8-26）取傅立叶逆变换则有

$$\begin{cases} F[1] = \displaystyle\int_{-\infty}^{+\infty} \mathrm{e}^{-\mathrm{i}\omega t} \mathrm{d}t = 2\pi\delta(w) \\ F^{-1}[2\pi\delta(w)] = \displaystyle\int_{-\infty}^{+\infty} \delta(w) \mathrm{e}^{\mathrm{i}\omega t} \mathrm{d}w = 1 \end{cases} \tag{8-28}$$

同样令 $t = t - t_0$，有

$$
\begin{cases}
F[\delta(t-t_0)] = \int_{-\infty}^{+\infty} \delta(t-t_0) e^{-iwt} dt = e^{-iwt} \\
F^{-1}[e^{-iwt_0}] = \frac{1}{2\pi} \int_{-\infty}^{+\infty} e^{iw(t-t_0)} dw = \delta(t-t_0)
\end{cases}
\tag{8-29}
$$

下面举几个简单例子。

例 8-7 计算下列各式

(1) $F[2\sin t \cdot \cos t]$ 　　　　　　　　(2) $F^{-1}[2\cos^2 w]$

解： (1) $\because 2\sin t \cdot \cos t = \sin 2t = \dfrac{e^{i2t} - e^{-i2t}}{2i}$

$\therefore$ 原式 $= F[2\sin t \cdot \cos t] = \dfrac{\pi}{i}[\delta(w-2) - \delta(w+2)]$

(2) $\because 2\cos^2 w = 1 + \cos 2w = 1 + \dfrac{e^{i2w} + e^{-i2w}}{2}$

$\therefore$ 原式 $= F^{-1}[2\cos^2 w] = \delta(t) + \dfrac{1}{2}[\delta(t+2) + \delta(t-2)]$

以上计算都可以套用常用时间信号傅立叶变换表 8-1。另外为了更容易识记，我们总结以上用到的变换，写成如下的形式：

$$\delta(t) \Longrightarrow F^{-1}$$
$$\delta(t \pm t_0) \Longrightarrow F^{-1}$$
$$1 \Longrightarrow 2\pi\delta(w)$$
$$e^{\pm iw_0 t} \Longrightarrow 2\pi\delta(w \mp w_0)$$

四、单位阶跃函数及其傅立叶变换

1. 单位阶跃函数定义

若函数满足下式，且零点不连续，任何一个非零点可微且要求导数为 0，即为单位阶跃函数。

$$
u(t) = \begin{cases} 1, & t > 0 \\ 0, & t < 0 \end{cases}
\tag{8-30}
$$

单位阶跃函数又称 heaviside 函数，该函数是赫威赛德最先提出来的。本书记作 $u(t)$，其在电工学和机械电子工程中常常用到。由之前单位脉冲 δ 函数积分性质可知 $\int_{-\infty}^{+\infty} \delta(\tau) d\tau = u(t)$ 或 $u'(t) = \delta(t)$。

2. 单位阶跃函数 $u(t)$ 的傅立叶变换

对单位阶跃函数进行拉氏变换可得：

$$
F[u(t)] = \frac{1}{iw} + \pi\delta(w), \quad F^{-1}\left[\frac{1}{iw} + \pi\delta(w)\right] = u(t)
\tag{8-31}
$$

写成更容易理解的形式为：

$$u(t) \overset{F}{\Longrightarrow} \frac{1}{iw} + \pi\delta(w)$$

证明（这里的变换显然指的是广义变换）如下：

(i) $F[u(t)] = \lim_{\varepsilon \to 0^+} F[u(t)e^{-\varepsilon t}]$

$$= \lim_{\varepsilon \to 0^+} \frac{1}{\varepsilon + iw} = \lim_{\varepsilon \to 0^+} \frac{\varepsilon}{\varepsilon^2 + w^2} + \lim_{\varepsilon \to 0^+} \frac{-iw}{\varepsilon^2 + w^2} - \pi\delta(w) + \frac{1}{iw}$$

(ii) $F^{-1}\left[\frac{1}{iw} + \pi\delta(w)\right] = F^{-1}\left[\frac{1}{iw}\right] + \frac{1}{2}$,而 $F^{-1} = \frac{1}{2\pi}\int_{-\infty}^{+\infty} \frac{1}{iw} e^{iwt} dw = \frac{1}{\pi}\int_{-\infty}^{+\infty} \frac{\sin wt}{w} dw$

$$= \begin{cases} \dfrac{1}{\pi}\displaystyle\int_{-\infty}^{+\infty} \dfrac{\sin x}{x} d & (t > 0) \\[3mm] \dfrac{1}{\pi}\displaystyle\int_{-\infty}^{+\infty} \dfrac{\sin x}{x} d & (t < 0) \end{cases} = \begin{cases} \dfrac{1}{2} & (t > 0) \\[3mm] -\dfrac{1}{2} & (t < 0) \end{cases}$$

即有 $F^{-1}\left[\dfrac{1}{iw} + \pi\delta(w)\right] = \begin{cases} \dfrac{1}{2} + \dfrac{1}{2} = 1 & (t > 0) \\[3mm] \dfrac{1}{2} - \dfrac{1}{2} = 0 & (t < 0) \end{cases} = u(t)$

五、Fourier 变换的性质

关于性质所举的例题基本都可以使用常用时间信号傅立叶变换表 8-1 求解。

1. 线性性质

设 C_k 为常数 $(k = 1, 2, \cdots, n)$，若 $F[f_k(t)] = F_k(w)(k = 1, 2, \cdots, n)$，则有

$$F\left[\sum_{k=1}^{n} C_k f_k(t)\right] = \sum_{k=1}^{n} C_k f_k(w) \tag{8-32}$$

即为傅立叶线性变换性质。这说明函数的线性组合的傅氏变换等于函数的傅氏变换的相应线性组合。同样傅氏逆变换也具有类似的线性性质，

$$F^{-1}\left[\sum_{k=1}^{n} C_k f_k(w)\right] = \sum_{k=1}^{n} C_k f_k(t) \tag{8-33}$$

注记：以上线性性质的证明只需要利用 Fourier 变换和 Fourier 逆变换的定义。

例 8-8 求 $f(t) = \cos w_0 t$ 傅氏变换。

解：利用线性性质及 $\cos w_0 t = \dfrac{e^{jw_0 t} + e^{-jw_0 t}}{2}$，$F[e^{\pm iw_0 t}] = 2\pi\delta(w \mp w_0)$，则有：

$$F[\cos w_0 t] = F\left[\frac{e^{jw_0 t} + e^{-jw_0 t}}{2}\right] = \frac{1}{2}(F[e^{jw_0 t}] + F[e^{-jw_0 t}])$$

$$= \frac{1}{2}(2\pi\delta(w - w_0) + 2\pi\delta(w + w_0))$$

$$= \pi\delta(w - w_0) + \pi\delta(w + w_0)$$

2. 位移性质

若 $F[f_k(t)] = F_k(w)(k = 1, 2, \cdots, n)$，则有

$$F[f(t \pm a)] = e^{\pm iwa} F(w) = F(w \mp w_0)(a \text{ 为实数}) \tag{8-34}$$

同样傅氏逆变换也具有类似的位移性质

$$F^{-1}[F(w \mp w_0)] = F^{-1}[e^{\pm iwa} F(w)] = f(t \pm a)(w_0 \text{ 和 } a \text{ 为实数}) \tag{8-35}$$

证明如下：

$$F[f(t \pm a)] = \int_{-\infty}^{+\infty} f(t \pm a) e^{-iwt} dt = \int_{-\infty}^{+\infty} f(t \pm a) e^{-iw(t \pm a)} e^{\pm iaw} dt$$

$$= e^{\pm iaw} \int_{-\infty}^{+\infty} f(t \pm a) e^{-iw(t \pm a)} dt = e^{\pm iaw} \int_{-\infty}^{+\infty} f(x) e^{-iwt} dx = e^{-iwt} F(w)(a \text{ 为实数});$$

$$F^{-1}[\mathrm{e}^{\pm iaw}F(w)] = \frac{1}{2\pi}\int_{-\infty}^{+\infty}F(w)\mathrm{e}^{iw(t\pm a)}\,\mathrm{d}w = f(t\pm a)$$

式(8-34)为时域上的位移性质,式(8-35)为频域上的位移性质。

例8-9 求矩形单脉冲 $f(t) = \begin{cases} E, 0<t<\pi \\ 0, \quad 其他 \end{cases}$ 的傅氏变换。

解:

$$F[f_k(t)]F_k(w) = \int_{-\infty}^{+\infty}f_k(t)\mathrm{e}^{-iwt}\,\mathrm{d}t = \int_{-\infty}^{+\infty}E\mathrm{e}^{-iwt}\,\mathrm{d}t$$

$$= -\frac{E}{iw}\mathrm{e}^{-iwt}\bigg|_0^\tau = \frac{E}{iw}(1 - \cos w\tau + i\sin w\tau)$$

$$= \frac{E}{w}\left[2\sin\frac{w\tau}{2}\cos\frac{w\tau}{2} - i2\sin^2\frac{w\tau}{2}\right]$$

$$= \frac{2E}{w}\sin\frac{w\tau}{2}\left[\cos\frac{w\tau}{2} - \sin\frac{w\tau}{2}\right]$$

$$= \frac{2E}{w}\sin\frac{w\tau}{2}\mathrm{e}^{-i\frac{w\tau}{2}}$$

另外还有一些重要的推论需要注意一下:

(1) $F\left\{\frac{1}{2}[f(t+a) + f(t-a)]\right\} = F(w)\cos aw$($a$ 为实数) 　　　　(8-36)

(2) $F\left\{\frac{1}{2i}[f(t+a) - f(t-a)]\right\} = F(w)\sin aw$($a$ 为实数) 　　　　(8-37)

(3) $F[f(t)\cos w_0] = \frac{1}{2}[F(w-w_0) + F(w+w_0)]$($w_0$ 为实数) 　　　(8-38)

(4) $F[f(t)\sin w_0 t] = \frac{1}{2i}[F(w-w_0) - F(w+w_0)]$($w_0$ 为实数) 　　(8-39)

3. 微分性质

若 $F[f_k(t)] = F_k(w)(k=1,2,\cdots,n)$,当 $t\to\pm\infty$ 时,$f(t)\to 0$,并且 $f'(t)$ 在实轴的任何有限区域是可积的,则 $F[f'(t)]$ 存在。

$$F[f'(t)] = iwF(w) \tag{8-40}$$

证明: $|t|\to+\infty$ 时,$|f(t)\mathrm{e}^{-iwt}| = |f(t)|\to 0$;

$$F[f'(t)] = \int_{-\infty}^{+\infty}f'(t)\mathrm{e}^{-iwt}\,\mathrm{d}t = f(t)\mathrm{e}^{-iwt}\bigg|_{-\infty}^{+\infty} + iw\int_{-\infty}^{+\infty}f(t)\mathrm{e}^{-iwt}\,\mathrm{d}t = iwF(w)$$

同理,$F^{-1}[iwF(w)] = f'(t)$,这里不再证明。

同样有一个重要的推论需要注意:

若 $F[f_k(t)] = F_k(w)(k=0,1,2,\cdots,n)$,$f^{(k)}(t)$ 在 $(-\infty,+\infty)$ 上连续且 $\lim\limits_{t\to\pm\infty}f^{(k)}(t) = 0$,则有

$$F[f^{(n)}(t)] = (iw)^n F(w) \quad (n 为自然数) \tag{8-41}$$

为了证明这个推论我们附加了条件 $k=0,1,2,\cdots,n-1$,事实上这个推论在工程技术上几乎可以不受任何限制地使用。

例8-10 求余弦函数 $f(t) = \cos w_0 t$ 的傅氏变换。

解:

∵ $F[\sin w_0 t] = i\pi[\delta(w+w_0) - \delta(w-w_0)]$,且 $(\sin w_0 t)' = w_0\cos w_0 t$,

$$\therefore F[w_0 \cos w_0 t] = F[(\sin w_0 t)'] = iwi\pi[\delta(w + w_0) - \delta(w - w_0)]$$
$$= w\pi[\delta(w - w_0) - \delta(w + w_0)]$$

即 $F[w_0 \cos w_0 t] = \dfrac{w}{w_0}\pi[\delta(w - w_0) - \delta(w + w_0)] = \pi[\delta(w - w_0) - \delta(w + w_0)]$

4. 积分性质

若 $F[f_k(t)] = F_k(w)(k = 1, 2, \cdots, n)$,当 $t \rightarrow +\infty$ 时,$g(t) = \displaystyle\int_{-\infty}^{t} f(t)\mathrm{d}t \rightarrow 0$,则有

$$F[g(t)] = F\left[\int_{-\infty}^{t} f(t)\mathrm{d}t\right] = \frac{1}{iw}F(w) \tag{8-42}$$

证明过程略,另外若是没有 $t \rightarrow +\infty$ 和 $g(t) = \displaystyle\int_{-\infty}^{t} f(t)\mathrm{d}t \rightarrow 0$ 的条件,则有如下结论:

$$F[g(t)] = \frac{1}{iw}F(w) + \pi F(0)\delta(w) \tag{8-43}$$

由前面的分析可知,利用傅氏变换的线性性质、微分性质以及积分性质,可以把线性常系数微分方程转化为代数方程,通过解代数方程和傅氏逆变换,就可以得到这个微分方程的解。另外傅氏变换还是求解数学物理方程(偏微分方程)的方法之一,其计算过程与解常微分方程大致类似。

5. 对称性和相似性

(1) 对称性

若 $F[f_k(t)] = F_k(w)(k = 1, 2, \cdots, n)$,则有:

$$F[F(\mp t)] = 2\pi f(\pm w) \tag{8-44}$$

简单的证明如下:

显然

$f(t) = \dfrac{1}{2\pi}\displaystyle\int_{-\infty}^{+\infty} F(w)\mathrm{e}^{iwt}\mathrm{d}w$,令 $t = -t \Rightarrow 2\pi f(-x) = \displaystyle\int_{-\infty}^{+\infty} F(w)\mathrm{e}^{-iwt}\mathrm{d}w$ 即可。

(2) 相似性

若 $F[f_k(t)] = F_k(w)(k = 1, 2, \cdots, n)$,则有

$$F[f(at)] = \frac{1}{|a|}F\left(\frac{w}{a}\right) \tag{8-45}$$

简单的证明如下:

$$F[f(at)] = \int_{-\infty}^{+\infty} f(at)\mathrm{e}^{-iwt}\mathrm{d}t$$

$$= \frac{1}{a}\int_{-\infty}^{+\infty} f(at)\mathrm{e}^{-i\frac{w}{a}at}\mathrm{d}at = \begin{cases} \dfrac{1}{a}F\left(\dfrac{w}{a}\right) & (a > 0) \\[2mm] -\dfrac{1}{a}F\left(\dfrac{w}{a}\right) & (a < 0) \end{cases}$$

$$= \frac{1}{|a|}F\left(\frac{w}{a}\right)$$

相似性质又称为坐标缩放性质,该性质表明:若函数 $f(t)$ 变窄,则其傅氏变换 $F(w)$ 的图像将会变宽变矮;反之,如果函数 $f(t)$ 变宽,则其傅氏变换 $F(w)$ 的图像将会变窄变高。

关于傅立叶逆变换每个性质后面已有所涉及(对等式两边同时取逆变换即可),故不再赘述。

六、卷积

1. 卷积的概念

$f_1(t)$，$f_2(t)$ 在区间$(-\infty,+\infty)$内有定义，若积分$\int_{-\infty}^{+\infty}f_1(x)f_2(t-x)\mathrm{d}x$ 对任意实数 t 有确定的值，则它在该区间内定义了一个自变量为 t 的新函数，称该函数为 $f_1(t)$ 和 $f_2(t)$ 在区间$(-\infty,+\infty)$上的卷积，记作：

$$f_1(t)*f_2(t)=\int_{-\infty}^{+\infty}f_1(x)f_2(t-x)\mathrm{d}x \tag{8-46}$$

例 8-11 求下列函数的卷积

(1) $f_1(t)=f_2(t)=\begin{cases}1 & |t|\leqslant1 \\ 0 & |t|>1\end{cases}$，　(2) $t*\mathrm{e}^{at}$。

解：

代入卷积公式化简可得：

(1) $f_1(t)*f_2(t)=\int_{-\infty}^{+\infty}f_1(x)f_2(t-x)\mathrm{d}x=\int_{-1}^{1}f_2(t-x)\mathrm{d}x$

$\int_{t-1}^{t+1}f_2(x')\mathrm{d}x'=\begin{cases}\int_{t-1}^{t+1}0\mathrm{d}x' & (|t|>2) \\ \int_{t-1}^{1}1\mathrm{d}x' & (0<t<2) \\ \int_{-1}^{t+1}1\mathrm{d}x' & (-2<t<0)\end{cases}=\begin{cases}0 & (|t|\geqslant2) \\ 2-t & (0<t<2) \\ 2+t & (-2<t<0)\end{cases}$

(2) $t*\mathrm{e}^{at}=f_1(t)*f_2(t)=\int_{-\infty}^{+\infty}f_1(x)f_2(t-x)\mathrm{d}x$

$\quad=\int_{0}^{t}\tau\mathrm{e}^{a(t-\tau)}\mathrm{d}\tau=\mathrm{e}^{at}\int_{0}^{t}\tau\mathrm{e}^{-a\tau}\mathrm{d}\tau$

$\quad=-\dfrac{1}{a}\mathrm{e}^{at}\int_{0}^{t}\tau\mathrm{d}\mathrm{e}^{-a\tau}=\dfrac{-\mathrm{e}^{at}}{a}\left[\tau\mathrm{e}^{-a\tau}\Big|_{0}^{t}-\int_{0}^{t}\mathrm{e}^{-a\tau}\mathrm{d}\tau\right]$

$\quad=\dfrac{-\mathrm{e}^{at}}{a}\left[t\mathrm{e}^{-at}+\dfrac{1}{a}\mathrm{e}^{-a\tau}\Big|_{0}^{t}\right]=\dfrac{-\mathrm{e}^{at}}{a}\left[t\mathrm{e}^{-at}+\dfrac{1}{a}(\mathrm{e}^{-a\tau}-1)\right]$

$\quad=-\dfrac{t}{a}+\dfrac{1}{a^2}(\mathrm{e}^{at}-1)$

2. 卷积的性质

若 $f_k(t)$ 满足 Fourier 积分存在定理的条件且在$(-\infty,+\infty)$上有界（或者满足后面会有详细介绍的 Laplace 变换存在定理），则有：

(1) 交换律：$f_1(t)*f_2(t)=f_2(t)*f_1(t)$；

(2) 结合律：$f_1(t)*[f_2(t)*f_3(t)]=[f_1(t)*f_2(t)]*f_3(t)$；

(3) 分配律：$[f_1(t)+f_2(t)]*f_3(t)=f_1(t)*f_3(t)+f_2(t)*f_3(t)$；

(4) $|f_1(t)*f_2(t)|\leqslant|f_1(t)|*|f_2(t)|$；

(5) $f(t)*\delta(t-t_0)=f(t-t_0)$。

下面证明前两个性质，其余请读者自行证明。

证明：

(1) $f_1(t) * f_2(t) = \int_{-\infty}^{+\infty} f_1(x) f_2(t-x) \mathrm{d}x \underset{u=t-x}{=} \int_{-\infty}^{+\infty} f_1(t-u) f_2(u) \mathrm{d}u = f_2(t) * f_1(t)$

(2) $f_1(t) * [f_2(t) * f_3(t)] = \int_{-\infty}^{+\infty} f_1(t)[f_2(t-x) f_3(t-x)] \mathrm{d}x$

$$= \int_{-\infty}^{+\infty} f_1(x) \left[\int_{-\infty}^{+\infty} f_2(u) f_3(t-x-u) \mathrm{d}u \right] \mathrm{d}x$$

$$= \int_{-\infty}^{+\infty} f_1(x) \left[\int_{-\infty}^{+\infty} f_2(v-x) f_3(t-v) \mathrm{d}v \right] \mathrm{d}x$$

$$= \int_{-\infty}^{+\infty} f_3(t-v) \left[\int_{-\infty}^{+\infty} f_1(x) f_2(v-x) \mathrm{d}x \right] \mathrm{d}v$$

$$= [f_1(t) * f_2(t)] * f_3(t)$$

3. Fourier 卷积的性质

若 $F[f_k(t)] = F_k(w)(k=1,2,\cdots,n)$，$f_k(t)$在$(-\infty,+\infty)$有界，且满足 Fourier 积分存定理的条件$(k=1,2,\cdots,n)$，则有：

$$F[f_1(t) * f(t)_2 * f_3(t) * \cdots * f_n(t)] = F_1(w) F_2(w) F_3(w) \cdots F_n(w) \tag{8-47}$$

$$F^{-1}[F_1(w) * F_2(w)_2 * F_3(w) \cdots F_n(w)] = f_1(t) * f_2(t) * f_3(t) \cdots f_n(t) \tag{8-48}$$

证明：以 $n=2$ 为例。

为了运算简单记：$f_1(t) * f_2(t) * f_3(t) * \cdots f_n(t) = f_1 * f_2 * f_3 * \cdots f_n(t)$，则：

$$F[f_1 * f_2(t)] = \int_{-\infty}^{+\infty} f_1 * f_2(t) \mathrm{e}^{-iwt} \mathrm{d}t = \int_{-\infty}^{+\infty} \left[\int_{-\infty}^{+\infty} f_1(x) f_2(t-x) \mathrm{d}x \right] \mathrm{e}^{-iwt} \mathrm{d}t$$

$$= \int_{-\infty}^{+\infty} f_1(x) \left[\int_{-\infty}^{+\infty} f_2(t-x) \mathrm{e}^{-iwt} \mathrm{d}x \right] \mathrm{d}x = \int_{-\infty}^{+\infty} f_1(x) F_2(w) \mathrm{e}^{-iwt} \mathrm{d}x (位移性质)$$

$$= F_1(w) F_2(w)$$

表明两个函数卷积的傅氏变换等于这两个函数傅氏变换的乘积。同理可得：

$$F[f_1(t) \cdot f_2(t)] = \frac{1}{2\pi} F_1(w) * F_2(w) \tag{8-49}$$

即两个函数乘积的傅氏变换等于这两个函数的傅氏变换的卷积除以 2π。

例 8-12　证明 Fourier 变换的积分性质。

若 $F[f_k(t)] = F_k(w)(k=1,2,\cdots,n)$，其中 $g(t) = \int_{-\infty}^{t} f(x) \mathrm{d}x$，则有：

$$F[g(t)] = \frac{1}{iw} F(w) + \pi\delta(w) F(0)$$

证明：

$$\because \int_{-\infty}^{t} f(t) \mathrm{d}x = \int_{-\infty}^{t} f(x) \mathrm{d}t = \int_{-\infty}^{+\infty} f(x) u(t-x) \mathrm{d}x$$

$$= f(t) * u(t)(当\ t-x > 0, u(t-x) = 1)$$

$$\therefore F\left[\int_{-\infty}^{+\infty} f(t) \mathrm{d}t \right] = F[f(t) * u(t)] = F[f(t)] * F[u(t)]$$

$$= F(w) \left(\frac{1}{iw} + \pi\delta(w) \right) = \frac{1}{iw} F(w) + \pi\delta(w) F(0)$$

七、Fourier 在频谱应用

Fourier 变换在诸多领域都有着重要作用，尤其是信号处理方面，至今仍然是最基本的分析和处理工具,以至于有人说信号分析的本质上就是 Fourier 分析(谱分析)。

在频谱分析中,傅氏变换 $F(w)$ 又称为 $f(t)$ 的频谱函数,而它的模 $|F(w)|$ 称为 $f(t)$ 的振幅频谱(亦简称为频谱)。由于 w 是连续变化的,我们称之为连续频谱,对一个时间函数 $f(t)$ 作傅氏变换,就是求这个时间函数 $f(t)$ 的频谱。

例 8-13 求矩形脉冲函数 $f(t) = \begin{cases} 1, & |t| \leqslant 1 \\ 0, & |t| > 1 \end{cases}$ 的傅氏变换及其积分表达式,并作出频谱图。

解:代入傅立叶变换公式化简可知

$$F[f(t)] = F(\omega) = \int_{-\infty}^{+\infty} f(t) e^{-i\omega t} \mathrm{d}t = \int_{-1}^{1} e^{-i\omega t} \mathrm{d}t = \frac{e^{-i\omega t}}{-i\omega} \Big|_{-1}^{1} = -\frac{1}{i\omega}(e^{-i\omega} - e^{i\omega}) = \frac{2\sin\omega}{\omega}$$

由 $\omega = k\pi \Rightarrow \sin\omega = 0$, $|F(\omega)| = 2\left|\dfrac{\sin\omega}{\omega}\right|$,可作出频谱图,如图 8-4 所示。

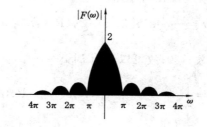

图 8-4 矩形脉冲函数的频谱图

第三节 拉普拉斯(Laplace)变换

一、Laplace 变换的概念

由于傅氏变换存在两个缺点:第一,一个函数除要满足狄利克雷条件外,还要满足在 $(-\infty, +\infty)$ 内绝对可积的条件,才存在古典意义下的傅氏变换。但是绝对条件比较强,许多函数不满足这个条件。第二,可以进行傅氏变换的函数必须在整个数轴上有意义,但在物理、无线电技术以及线性控制等实际应用中,许多以时间 t 为自变量的函数往往在 $t<0$ 是无意义的,像这样的函数都不能取傅氏变换。傅氏变换对函数要求还是比较强的,这就在实际应用中受到了很大的限制。对此我们必须进行适当的改造,对 $f(t)$ 进行先乘以 $u(t)e^{-\beta t}(\beta > 0)$,再取傅氏变换的运算,就产生拉普拉斯(Laplace)变换,具体如下:

设函数 $f(t)u(t)e^{-\beta t}(\beta > 0)$ 满足 Fourier 变换存在定理条件,则 $F_{\beta}(w) = F[f(t)u(t)e^{-\beta t}] = \int_{-\infty}^{+\infty} f(t)u(t)e^{-\beta t}e^{-i\omega t}\mathrm{d}t = \int_{-\infty}^{+\infty} f(t)e^{-(\beta+iw)t}\mathrm{d}t$

且当 $t > 0$ 时,$f(t)e^{-\beta t} = \dfrac{1}{2\pi}\int_{-\infty}^{+\infty} F_{\beta}(w)e^{iwt}\mathrm{d}w$,即 $f(t) = \dfrac{1}{2\pi}\int_{-\infty}^{+\infty} F_{\beta}(w)e^{(\beta+iw)t}\mathrm{d}w$

若令 $s = \beta + iw$,则 $F(s) = \int_{-\infty}^{+\infty} f(t)e^{-st}\mathrm{d}t$

定义 若令 $s = \beta + iw$,则

$$F(s) = \int_{0}^{+\infty} f(t)e^{-st}\mathrm{d}t \tag{8-50}$$

式(8-50)为 $f(t)$ 的拉普拉斯(Laplace)变换,其中 $f(t)$ 称为象原函数,$F(s)$ 称为象函数。记作

$$F(s) = L[f(t)]$$

同理可知

$$f(t) = \frac{1}{2\pi i}\int_{\beta-i\infty}^{\beta+i\infty} F(s)e^{st}ds \tag{8-51}$$

上式是沿垂直于实轴的直线的积分,其中 $t>0$,式(8-51)为 $F(s)$ 的拉普拉斯(Laplace)逆变换,记作 $L^{-1}[F(s)] = f(t)$。

例 8-14 求下列函数的拉普拉斯变换

(1) $u(t) = \begin{cases} 1 & (t>0) \\ 0 & (t<0) \end{cases}$　　(2) $f(t) = e^{\alpha t}$(α 为任意复数)

解: 代入拉氏变换式(8-5)整理化简可知

(1) $L[u(t)] = \int_0^{+\infty} e^{-st}dt = -\frac{1}{s}e^{-st}\Big|_0^{+\infty} = \frac{1}{S}$,$(\mathrm{Re}(s) > 0)$;

因为在拉氏变换中不考虑 $t<0$,故可以记为 $L[1] = \frac{1}{s}$。

(2) $L[e^{\alpha t}] = \int_0^{+\infty} e^{\alpha t}e^{-st} = \int e^{-(s-a)t} = \frac{1}{s-\alpha}$,$(\mathrm{Re}(s) > \mathrm{Re}(\alpha))$;

二、拉氏变换存在定理

定理 若函数满足下列条件:

(1) $f(t)$ 在 $t\geqslant 0$ 有限区间上满足狄利克雷条件,即 $f(t)$ 在 $[a,b]$ 上连续或有有限个第一类间断点,且至多有有限个极值点;

(2) 当 $t\geqslant 0$,$f(t)$ 的增长是指数级的,其增长指数为 c,即存在 $M>0$ 和 $c\geqslant 0$,使得当 $t\geqslant 0$ 时,有 $\left|\dfrac{f(t)}{e^{ct}}\right| \leqslant M$。

则有以下三个结论成立:

(1) $F(s) = L[f(t)]$ 在右半平面 $\mathrm{Re}(s)>c$ 内存在,其反常积分 $F(s) = \int_0^{+\infty} f(t)e^{-st}dt$ 在该平面内绝对收敛;

(2) 对任意实数 t 和常数 $\beta = \mathrm{Re}(s) > c$,反演积分 $f(t) = \dfrac{1}{2\pi i}\int_{\beta-i\infty}^{\beta+i\infty} F(s)e^{st}ds(t>0)$ 收敛,且处处收敛到函数 $f(t) = f(t)u(t)$ 在各点 t 处左右极限平均值,当 $t<0$ 时,其积分值为 0。

$$L[f(t)u(t)] = F(s)(\mathrm{Re}(s) > c) \tag{8-52}$$

(3) $F(s)$ 在右半平面 $\mathrm{Re}(s)>c$ 内解析,$F(s) = \int_0^{+\infty} f(t)e^{-st}dt$ 可在积分号下对参数 s 求导,使下面微分性质成立,即:

$$L[t^n f(t)] = (-1)^n F^{(n)}(s)(\mathrm{Re}(s) > c) \tag{8-53}$$

拉氏变换的应用是十分广泛的,如在线性系统分析(或者说是满足叠加原理的一类系统)中,拉氏变换就起着至关重要的作用,后面将会予以介绍,这里只是提一下让知识系统起来。另外拉氏变换存在条件是充分的,而不是必要的。下面举一些例子。

例 8-15 求下列函数的拉氏变换:

(1) $f(t) = \delta(t)\cos t - u(t)\sin t$ (2) 周期为 2π 的周期函数 $f(t) = \begin{cases} \sin t, 0 \leqslant t \leqslant \pi \\ 0, \pi \leqslant t \leqslant 2\pi \end{cases}$

解：

(1) $L[f(t)] = \int_0^{+\infty} [\delta(t)\cos t - u(t)\sin t] e^{-st} dt$

$\qquad\qquad = \int_0^{+\infty} \delta(t)\cos t e^{-st} dt - \int_0^{+\infty} u(t)\sin t e^{-st} dt$

$\qquad\qquad = \int_0^{+\infty} \delta(t)\cos t e^{-st} dt - \int_0^{+\infty} \sin t e^{-st} dt$

$\qquad\qquad = \cos t e^{-st} \Big|_{t=0} - \frac{e^{-st}}{s^2+1}(-\sin t - \cos t) \Big|_0^{+\infty}$

$\qquad\qquad = 1 - \frac{1}{s^2+1} = \frac{s^2}{s^2+1}$

(2) $L[f(t)] = \frac{1}{1-e^{-2\pi s}} \int_0^{2\pi} f(t) e^{-st} dt$

$\qquad\qquad = \frac{1}{1-e^{-2\pi s}} \left[\int_0^{\pi} \sin t e^{-st} dt + \int_0^{2\pi} \theta dt \right]$

$\qquad\qquad = \frac{1}{1-e^{-2\pi s}} \cdot \frac{e^{-st}}{s^2+1}(-\sin t - \cos t) \Big|_0^{\pi}$

$\qquad\qquad = \frac{1}{1-e^{-2\pi s}} \left[\frac{e^{-st}}{s^2+1} + \frac{1}{s^2+1} \right]$

$\qquad\qquad = \frac{1}{(1-e^{-\pi s})(s^2+1)}$

三、拉氏变换的性质

下文介绍拉氏变换的基本性质，它们在拉氏变换的实际应用中都是很有用的。为方便起见，假定在这些性质中，凡是要求拉氏变换的函数都满足拉氏变换存在定理的条件。另外在这里所举的例题都可以直接使用表 8-2 求解。

1. 线性性质

设 C_k 为常数 $(k=1,2,\cdots,n)$，若 $L[f_k(t)] = F_k(s)(k=1,2,\cdots,n)$，$(\mathrm{Re}(s) > c)$，则有：

$$L\left[\sum_{k=1}^{n} C_k f_k(t)\right] = \sum_{k=1}^{n} C_k F_k(s) \qquad\qquad (8\text{-}54)$$

该性质表明线性组合的拉氏变换等于各函数的拉氏变换相应的线性组合。

例 8-16 求 $f(t) = \sin kt(k$ 为实数$)$ 的拉氏变换。

解： $L[\sin kt] = \int_0^{+\infty} \sin kt\ e^{-st} dt$

$\qquad\qquad = \frac{1}{2j} \int_0^{+\infty} (e^{jkt} - e^{-jkt}) e^{-st} dt$

$\qquad\qquad = \frac{-j}{2} \left(\int_0^{+\infty} e^{-(s-jk)t} dt - \int_0^{+\infty} e^{-(s+jk)t} dt \right)$

$\qquad\qquad = \frac{-j}{2} \left(\frac{1}{s-jk} - \frac{1}{s+jk} \right) = \frac{k}{s^2+k^2}$

同理可得 $L[\cos kt] = \frac{s}{s^2+k^2}$

2. 微分性质

设 $f(t)=u(t)f(t)$，$L[f(t)]=L[f(t)u(t)]=F(s)$，$(\mathrm{Re}(s)>c)$，若 $f'(t)$ 在 $t>0$ 有限区域上连续或存在第一类间断点，则 $L[f'(t)]$ 一定存在，则有：

$$L[f'(t)]=sF(s)-f(0),\mathrm{Re}(s)>e \qquad (8\text{-}55)$$

其中 $f(0)=\lim\limits_{t\to 0^+}f(t)=f(0+0)$，在后面经常用到。

证明：

$$L[f'(t)]=\int_0^{+\infty}{}^+f'(t)\mathrm{e}^{-st}\mathrm{d}t=f(t)\mathrm{e}^{-st}\Big|_{0^+}^{\infty}+s\int_0^{+\infty}f(t)\mathrm{e}^{-st}\mathrm{d}t$$

当 $t\to\infty$ 时，$|f(t)\mathrm{e}^{-st}|=|f(t)|\mathrm{e}^{-\beta}\leqslant M\mathrm{e}^{-(\beta-c)t}\to 0$，

$L[f'(t)]=sF(s)-f(0)$　$(\mathrm{Re}(s)>c)$，其中 $f(0)=f(0+0)$

推广该性质即：

$$L[f^{(n)}(t)]=s^nF(s)-s^{n-1}f(0)-\cdots-sf^{(n-2)}(0)-f^{(n-1)}(0)(\mathrm{Re}(s)>c) \qquad (8\text{-}56)$$

例 8-17　求下列函数的拉氏变换（m 为正整数）

(1) $f(t)=t^m$　　　　(2) $f(t)=\cos kt$

解：

(1) 由于 $f(0)=f'(0)=\cdots=f^{(m-1)}(0)=$ ，而 $f^{(m)}(t)=m!$

则　　　　　　　$L[f^{(m)}(t)]=L[m!]=m!\,L[u(t)]=m!\,\dfrac{1}{s}$

代入式(8-56)，可知

$$L[f^{(m)}(t)]=S^mL[t^m]$$

所以　　　　　$s^mL[t^m]=\dfrac{1}{s}m!\Rightarrow L[t^m]=\dfrac{1}{s^{m+1}}m!$　$(\mathrm{Re}(s)>0)$

(2) 由于 $f(0)=1,f'(0)=0,f''(t)=-k^2\cos kt$，所以(8-56)可知

$$L[k^2\cos kt]=L[f''(t)]=s^2F(s)-sf(0)-f'(0)$$

即　　　　　　　　$-k^2L[\cos kt]=s^2L[\cos kt]-s$

移项化简可得

$$L[\cos kt]=\dfrac{s}{s^2+k^2},\mathrm{Re}(s)>0$$

3. 积分性质

设 $f(t)=u(t)f(t)$，$L[f(t)]=L[f(t)u(t)]=F(s)$，$(\mathrm{Re}(s)>c)$ 且

$g_n(t)=\underbrace{\displaystyle\int_0^t\mathrm{d}t\int_0^t\mathrm{d}t\cdots\int_0^tf(t)\mathrm{d}t}_{n\text{ 个}}$，则 $L[g_n(t)]$ 一定存在 $(n=1,2,\cdots)$ 则有：

$$L[g_n(t)]=\dfrac{F(s)}{s^n}(\mathrm{Re}(s)>c) \qquad (8\text{-}57)$$

证明：

∵ 由微分性质 $L[g'_1(t)]=sL[g_1(t)]-g_1(0)$，其中 $\displaystyle\int_0^0 g_1(t)\mathrm{d}t=0$，则

$$L[g'_1(t)]=sL[g_1(t)]$$

∴　　　　　　　$L[g_1(t)]=\dfrac{F(s)}{s}$　$(\mathrm{Re}(s)>c)$；

同理可证 $L[g_n(t)] = \dfrac{F(s)}{s^n}$ $(\mathrm{Re}(s) > c)$。

例 8-18 求下列函数的拉氏变换

(1) $L\left[\displaystyle\int_0^1 \cos t \, \mathrm{d}t\right]$ (2) $L\left[\dfrac{1-\cos t}{t}\right]$

解: 直接代入公式(8-57)化简可得

(1) $L\left[\displaystyle\int_0^1 \cos t \, \mathrm{d}t\right] = \dfrac{1}{s}L[\cos t] = \dfrac{1}{s}\dfrac{s}{s^2+1} = \dfrac{1}{s^2+1}$ (利用例 8.17 中(2)结论)

(2) $L\left[\dfrac{1-\cos t}{t}\right] = \displaystyle\int_0^{+\infty}\left(\dfrac{1}{s} - \dfrac{s}{s^2+1}\right)\mathrm{d}s = \dfrac{1}{2}\ln\left(1+\dfrac{1}{s^2}\right)$,$(\mathrm{Re}(s)>0)$

4. 位移性质

设 $f(t)=u(t)f(t)$,$L[f(t)]=L[f(t)u(t)]=F(s)$,$(\mathrm{Re}(s)>c)$,则有:
$$L[f(t)\mathrm{e}^{\pm s_0 t}] = F(s \mp s_0),(\mathrm{Re}(s \pm s_0)>c) \tag{8-58}$$
其中 s_0 为任意复数。

证明:
$$L[f(t)] = \int_0^{+\infty} f(t)\mathrm{e}^{-st}\,\mathrm{d}t = F(s)(\mathrm{Re}(s)>0)$$
$$= \int_0^{+\infty} f(t)\mathrm{e}^{\pm s_0 t}\mathrm{e}^{-st}\,\mathrm{d}t$$
$$= \int_0^{+\infty} f(t)\mathrm{e}^{-(s\mp s_0)t}\,\mathrm{d}t = F(s\mp s_0),(\mathrm{Re}(s\mp s_0)>c)$$

例 8-19 求 $f(t)=\mathrm{e}^{at}\sin kt$ 的拉氏变换。

解: 由 $L[\sin kt]=\dfrac{k}{s^2+k^2}$,由位移性质得 $L[\mathrm{e}^{at}\sin kt]=F(s-a)=\dfrac{k}{(s-a)^2+k^2}$

5. 延迟性质

设 $f(t)=u(t)f(t)$,$L[f(t)]=L[f(t)u(t)]=F(s)$,$(\mathrm{Re}(s)>c)$,对于任意 $t_0>0$ 有:
$$L[u(t-t_0)f(t-t_0)] = F(s)\mathrm{e}^{-t_0 s}(\mathrm{Re}(s)>c) \tag{8-59}$$

证明:

$\because L^{-1}[F(s)] = u(t)f(t)$,又 $\because u(t)f(t) = \dfrac{1}{2\pi\mathrm{i}}\displaystyle\int_{\beta-\mathrm{i}\infty}^{\beta+\mathrm{i}\infty} F(s)\mathrm{e}^{s(t-t_0)}\,\mathrm{d}s = \dfrac{1}{2\pi\mathrm{i}}\int_{\beta-\mathrm{i}\infty}^{\beta+\mathrm{i}\infty} F(s)\mathrm{e}^{-t_0 s}\mathrm{e}^{st}\,\mathrm{d}s$

$\therefore u(t-t_0)f(t-t_0) = \dfrac{1}{2\pi\mathrm{i}}\displaystyle\int_{\beta-\mathrm{i}\infty}^{\beta+\mathrm{i}\infty} F(s)\mathrm{e}^{s(t-t_0)}\,\mathrm{d}s = \dfrac{1}{2\pi\mathrm{i}}\int_{\beta-\mathrm{i}\infty}^{\beta+\mathrm{i}\infty} F(s)\mathrm{e}^{-t_0 s}\mathrm{e}^{st}\,\mathrm{d}s$

$L[u(t-t_0)f(t-t_0)] = \displaystyle\int_0^{+\infty} u(t-t_0)f(t-t_0)\mathrm{e}^{-st}\,\mathrm{d}t$

$$= \int_0^{+\infty} f(t-t_0)\mathrm{e}^{-st}\,\mathrm{d}t = \int_0^{+\infty} f(x)\mathrm{e}^{-sx}\,\mathrm{d}x\mathrm{e}^{t_0 s}$$

将 $\displaystyle\int_0^{+\infty} f(x)\mathrm{e}^{-sx}\,\mathrm{d}x = F(s)$ 代入上式,即证
$$L[u(t-t_0)f(t-t_0)] = F(s)\mathrm{e}^{-t_0 s}$$

函数 $f(t)$ 与 $f(t-t_0)$ 相比,$f(t)$ 从 $t=0$ 开始有非零数值,而 $f(t-t_0)$ 是从 $t=t_0$ 开始才有非零数值,即延迟了时间 t。从图 8-5 看,$f(t-t_0)$ 是由 $f(t)$ 沿 t 轴向右平移 t_0,而

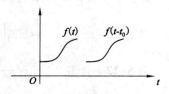

图 8-5 拉氏变换延迟性质

得，其拉氏变换也多一个因子 $\mathrm{e}^{-t_0 s}$。

例 8-20 求函数 $u(t-\tau)=\begin{cases}0 & t<\lambda \\ 1 & t>\lambda\end{cases}$ 的拉氏变换。

解： $\because L[u(t)]=\dfrac{1}{s}$，根据延迟性质有 $L[u(t-\lambda)]=\dfrac{1}{s}\mathrm{e}^{-\lambda s}$，如图 8-6 所示。

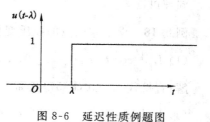

图 8-6　延迟性质例题图

四、卷积

1. 卷积的定义

在之前的傅立叶变换中我们已经定义了卷积，在这里拉氏变换下卷积的定义与之前傅立叶变换下卷积的定义完全一样。今后不做特别声明，都假定这些函数在 $t<0$ 时恒为零。它们的卷积都按照下式计算：

$$f_1(t)*f_2(t)=\int_{-\infty}^{+\infty}f_1(x)f_2(t-x)\mathrm{d}x \tag{8-60}$$

2. 拉氏变换卷积定理

若 $f_k(t)=u(t)f_k(t)(k=1,2,\cdots,n)$ 满足拉氏变换存在定理的条件，且 $L[f_k(t)]F_k(s)$ $(k=1,2,\cdots,n)$，其中 $(\mathrm{Re}(s)>c)$，则对 n 个函数卷积的拉氏变换一定存在，则有：

$$L[f_1(t)*f_2(t)*f_3(t)*\cdots*f_n(t)]=F_1(s)F_2(s)F_3(s)\cdots F_n(s)(\mathrm{Re}(s)>c)$$
$$\tag{8-61}$$

证明： 以 $n=2$ 为例

$$L[f_1(t)*f_2(t)]=\int_0^{+\infty}f_1(t)*f_2(t)\mathrm{e}^{-st}\mathrm{d}t$$

$$=\int_0^{+\infty}\left[\int_{-\infty}^{+\infty}u(x)f_1(x)f_2(t-x)u(t-x)\mathrm{d}x\right]\mathrm{e}^{-st}\mathrm{d}t$$

$$=\int_0^{+\infty}\left[\int_0^{+\infty}f_1(x)f_2(t-x)u(t-x)\mathrm{d}x\right]\mathrm{e}^{-st}\mathrm{d}t$$

$$=\int_0^{+\infty}f_1(x)\left[\int_0^{+\infty}f_2(t-x)u(t-x)\mathrm{e}^{-st}\mathrm{d}t\right]\mathrm{d}x\text{（象原函数的位移性质）}$$

$$=\int_0^{+\infty}f_1(x)F_2(s)\mathrm{e}^{-sx}\mathrm{d}s$$

$$=F_1(s)F_2(s)$$

卷积的性质由于在傅立叶变换中已经介绍，这里不再赘述。

例 8-21 计算 $f_1(t)=f_2(t)=t$ 在 $(0,+\infty)$ 的卷积。

解： $\because L[t]=\dfrac{1}{s^2}(\mathrm{Re}(s)>0)$

$\therefore t*t=L^{-1}\left[\dfrac{1}{s^4}\right]=\mathrm{Res}\left[\dfrac{e^{st}}{s^4},0\right]=\dfrac{t^3}{6}(t>0)$

例 8-22 计算 $L^{-1}\left[\dfrac{1}{s^2(s^2+1)}\right]$。

解： $\because L^{-1}\left[\dfrac{1}{s^2}\right]=t,L^{-1}\left[\dfrac{1}{s^2+1}\right]=\sin t$

$$\therefore L^{-1}\left[\frac{1}{s^2(s^2+1)}\right] = t*\sin t = \int_0^t x\sin(t-x)\mathrm{d}x = t - \sin t$$

五、拉氏逆变换

前面主要讨论了由已知函数 $f(t)$ 求它的象函数 $F(s)$，但在实际应用中常会碰到与此相反的问题，即已知象函数 $F(s)$ 求它的象原函数 $f(t)$。

由于拉氏变换中拉氏逆变换有所涉及，这里的拉氏逆变换只作简单介绍。由拉氏变换的概念可知，函数 $f(t)$ 的拉氏变换，实际上就是 $f(t)u(t)\mathrm{e}^{-\beta}$ 的傅氏变换。

$$F\left[f(t)u(t)\mathrm{e}^{-\beta}\right] = \int_{-\infty}^{+\infty} f(f)u(t)\mathrm{e}^{-\beta t}\mathrm{e}^{-j\omega t}\mathrm{d}t$$

$$= \int_{-\infty}^{+\infty} f(t)\mathrm{e}^{-(\beta+j\omega)t}\mathrm{d}t \xrightarrow{\;\Leftrightarrow s=\beta+j\omega\;} \int_0^{+\infty} f(t)\mathrm{e}^{-s}\mathrm{d}t \xrightarrow{\;\Delta\;} F(s)$$

因此，按傅氏积分公式，在 $f(t)$ 的连续点就有：

$$f(t)u(t)\mathrm{e}^{-\beta t} = \frac{1}{2\pi}\int_{-\infty}^{+\infty}\left[\int_{-\infty}^{+\infty} f(\tau)u(\tau)\mathrm{e}^{-\beta t}\mathrm{e}^{-j\omega t}\mathrm{d}\tau\right]\mathrm{e}^{j\omega t}\mathrm{d}\omega$$

$$= \frac{1}{2\pi}\int_{-\infty}^{+\infty}\mathrm{e}^{j\omega t}\mathrm{d}\omega\left[\int_0^{+\infty} f(\tau)u(\tau)\mathrm{e}^{-(\beta+j\omega)\tau}\mathrm{d}\tau\right]$$

$$= \frac{1}{2\pi}\int_{-\infty}^{+\infty} F(\beta+j\omega)\mathrm{e}^{j\omega t}\mathrm{d}\omega, \quad t>0$$

等式两边同乘以 $\mathrm{e}^{\beta t}$，则有：

$$f(t) = \frac{1}{2\pi}\int_{-\infty}^{+\infty} F(\beta+j\omega)\mathrm{e}^{(\beta+j\omega)t}\mathrm{d}\omega, \quad t>0$$

$f(t) = \dfrac{1}{2\pi}\displaystyle\int_{-\infty}^{+\infty} F(\beta+j\omega)\mathrm{e}^{(\beta+j\omega)t}\mathrm{d}\omega, t>0$，令 $\beta+j\omega=s$，$\mathrm{d}\omega=\dfrac{1}{j}\mathrm{d}s$，则有：

$$f(t) = \frac{1}{2\pi j}\int_{\beta-j\infty}^{\beta+j\infty} F(s)\mathrm{e}^{s t}\mathrm{d}s, \quad t>0 \tag{8-62}$$

右端的积分称为拉氏反演积分。

积分路线中的实部 β 具有任意性，但必须满足的条件是：$\displaystyle\int_0^{+\infty} f(t)u(t)\mathrm{e}^{-\beta}\mathrm{d}t$ 收敛。

另外在信号测试中所涉及 $F(s)$ 都是有理数函数，直接套用公式即可。留数方法计算反演积分通常比较困难，这里不建议使用。拉氏逆变换也有类似拉氏变换的性质，限于篇幅，这里不作介绍，有兴趣的同学可以查阅资料进行推导。

例 8-23 求 $F(s)=\dfrac{1}{s^2(s+1)}$ 拉氏逆变换。

解：$\because F(s)=\dfrac{1}{s^2(s+1)}=\dfrac{1}{s^2}+\dfrac{-1}{s}+\dfrac{1}{s+1}$

$\therefore f(t)=L^{-1}\left[\dfrac{1}{s^2(s+1)}\right]=L^{-1}\left[\dfrac{1}{s^2}\right]+L^{-1}\left[\dfrac{-1}{s^2}\right]+L^{-1}\left[\dfrac{1}{s+1}\right]=t-1+\mathrm{e}^{-t}(t>0)$

关于拉氏变换的应用，主要是求广义积分和解微分方程，属于数学范畴，这里不作介绍。另外表 8-2 列出一些常用的拉氏变换表，读者可以作为参考，其相应的拉氏逆变换，直接对拉氏变换等式两边取逆变换即可。

附　表

常用非周期信号的傅立叶变换			周期信号的傅立叶变换
序号	$f(t)$	$F(j\omega)$	$e^{\pm j\omega_0 t} \leftrightarrow 2\pi\delta(\omega \mp \omega_0)$
1	$\delta(t)$	1	$\cos \omega_0 t \leftrightarrow \pi[\delta(\omega+\omega_0)+\delta(\omega-\omega_0)]$
2	$\delta^{(n)}(t)$	$(j\omega)^n$	$\sin \omega_0 t \leftrightarrow j\pi[\delta(\omega+\omega_0)-\delta(\omega-\omega_0)]$
3	单位直流信号 1	$2\pi\delta(t)$	
4	$U(t)$	$\pi\delta(\omega)+\dfrac{1}{j\omega}$	$\delta_T(t) = \sum\limits_{n=-\infty}^{\infty} \delta(t-nT) \leftrightarrow$
5	$\mathrm{sgn}(t)$	$\dfrac{2}{j\omega}$	$\Omega \sum\limits_{n=-\infty}^{\infty} \delta(\omega-n\Omega)\ \Omega = \dfrac{2\pi}{T}$
6	$\dfrac{1}{t}$	$-j\pi\mathrm{sgn}(\omega)$	
7	$\lvert t \rvert$	$-\dfrac{2}{\omega^2}$	一般周期信号
8	$e^{-at}U(t)$ (a 为大于零的实数)	$\dfrac{1}{j\omega+a}$	$f(t) = \dfrac{1}{2}\sum\limits_{n=-\infty}^{\infty} \dot{A}_n e^{jn\Omega t} \leftrightarrow \sum\limits_{n=-\infty}^{\infty} \pi \dot{A}_n(\omega-n\Omega t)$
9	$te^{-at}U(t)$ (a 为大于零的实数)	$\dfrac{1}{(j\omega+a)^2}$	其中 $\dot{A}_n = \dfrac{2}{T}\int_{-T/2}^{T/2} f(t)e^{-jn\Omega t}$
10	$G_T(t)$	$\tau Sa\left(\dfrac{\tau}{2}\omega\right)$	或 $\dot{A}_n = \dfrac{2}{T}F_0(j\omega)\Big|_{\omega=n\Omega}$, $\Omega = \dfrac{2\pi}{T}$
11	$Sa(\omega_0 t) = \dfrac{\sin}{\omega}$	$\dfrac{\pi}{\omega_0}G_{2\omega_0}(t)$	▲$\delta'(t)$ 函数的性质
12	$\sin \omega_0 t\,U(t)$	$j\dfrac{\pi}{2}[\delta(\omega+\omega_0)-\delta(\omega-\omega_0)]+\dfrac{\omega_0}{\omega_0^2-\omega^2}$	• $f(t)\delta'(t) = f(0)\delta'(t)-f'(0)\delta(0)$
13	$\cos \omega_0 t\,U(t)$	$\dfrac{\pi}{2}[\delta(\omega+\omega_0)-\delta(\omega-\omega_0)]+\dfrac{j\omega}{\omega_0^2-\omega^2}$	• $f(t)\delta'(t-t_0) = f(0)\delta'(t-t_0)-f'(0)\delta(t-t_0)$ ＊$\delta'(t) = -\delta'(-t)$
14	$e^{j\omega_0 t}$	$2\pi\delta(\omega-\omega_0)$	$'\delta'(t-t_0) = -\delta'[-(t-t_0)]$
15	$tU(t)$	$j\pi\delta'(\omega)-\dfrac{1}{\omega^2}$	• $\delta'(at) = \dfrac{1}{\lvert a \rvert}\cdot\dfrac{1}{a}\delta'(t)$
16	$G_t(t)\cdot\cos \omega_0 t$	$\dfrac{\tau}{2}\left[Sa\dfrac{(\omega+\omega_0)\tau}{2}+Sa\dfrac{(\omega-\omega_0)\tau}{2}\right]$	＊$\int_{-\infty}^{\infty}\delta'(t)dt = 0;\int_{-\infty}^{1}\delta'(\tau)d\tau = \delta(t)$ ＊$\int_{-\infty}^{\infty}f(t)\delta(t)dt = -f'(0)$
17	$e^{-at}\sin \omega_0 t\,U, a>0$	$\dfrac{\omega_0}{(j\omega+a)^2+\omega_0^2}$	＊$\int_{-\infty}^{\infty}f(t)\delta(t-t_0)dt = -f'(t_0)$ • $f(t)*\delta'(t) = f'(t)$
18	$e^{-at}\cos \omega_0 t\,U, a>0$	$\dfrac{j\omega_0+a}{(j\omega+a)^2+\omega_0^2}$	• $f(t)*\delta'(t\pm T) = f'(t)(t\pm T)$

续附表 1

	常用非周期信号的傅立叶变换		周期信号的傅立叶变换
19	双边指数信号 $e^{-a\lvert\tau\rvert}$，$a>0$	$\dfrac{2a}{\omega^2+a^2}$	
20	钟形脉冲 $e^{-\left(\frac{1}{\tau}\right)^2}$	$\tau\sqrt{\pi}e^{-\left(\frac{1}{\tau}\right)^2}$	

附表 2 **常用函数的拉氏变换表**

序号	时间函数 $f(t)$	拉氏变换 $F(s)$
1	$\delta(t)$	1
2	$\delta_T(t)=\displaystyle\sum_{n=0}^{\infty}\delta(t-nT)$	$\dfrac{1}{1-e^{-Ts}}$
3	$1(t)$	$\dfrac{1}{s}$
4	t	$\dfrac{1}{s^2}$
5	$\dfrac{t^2}{2}$	$\dfrac{1}{s^3}$
6	$\dfrac{t^n}{n!}$	$\dfrac{1}{s^{n+1}}$
7	e^{-at}	$\dfrac{1}{s+a}$
8	te^{-at}	$\dfrac{1}{(s+a)^2}$
9	$1-e^{-at}$	$\dfrac{a}{s(s+a)}$
10	$e^{-at}-e^{-bt}$	$\dfrac{b-a}{(s+a)(s+b)}$
11	$\sin\omega t$	$\dfrac{\omega}{s^2+\omega^2}$
12	$\cos\omega t$	$\dfrac{s}{s^2+\omega^2}$
13	$e^{-at}\sin\omega t$	$\dfrac{\omega}{(s+a)^2+\omega^2}$
14	$e^{-at}\cos\omega t$	$\dfrac{s+a}{(s+a)^2+\omega^2}$
15	$a^{t/T}$	$\dfrac{1}{s-(1/T)\ln a}$

参 考 文 献

[1] 郑艳玲,张登攀,等.工程测试技术[M].北京:电子工业出版社,2011.

[2] 熊诗波,黄长艺.机械工程信号测试技术基础[M].北京:机械工业出版社,2006.

[3] 刘向丽速,孙妍,等.复变函数与积分变换[M].北京:机械工业出版社,2009.

[4] 石辛民,翁智.复变函数及其应用[M].北京:清华大学出版社,2012.

[5] 王绵森,陆庆乐.工程数学复变函数[M].北京:高等教育出版社,1996.

[6] 李飞.傅立叶频谱分析仪的算法设计与实现[D].成都:电子科技大学,2013.

[7] 秦树人,张明洪,罗德扬.机械工程测试原理与技术[M].重庆:重庆大学出版社,2002.

[8] 孔德仁,朱蕴璞,狄长安.工程测试技术[M].北京:科学出版社,2006.

[9] 杜向阳,周渝斌.机械工程测试技术基础[M].北京:清华大学出版社,2009.

[10] 邵明亮,李文望.机械工程测试技术[M].北京:电子工业出版社,2010.

[11] 周生国,李世义.机械工程测试技术[M].北京:国防工业出版社,2004.

[12] 熊诗波,黄长艺.机械工程测试技术基础[M].北京:机械工业出版社,2007.

[13] 王伯雄,王雪,陈非凡.工程测试技术[M].北京:清华大学出版社,2012.

[14] 郑建民,班华.工程测试技术及应用[M].北京:电子工业出版社,2011.

[15] 狄长安,孔德仁,贾云飞,等.工程测试与信息处理[M].北京:国防工业出版社,2010.

[16] 丁至成,王书茂,杨世凤.工程测试技术[M].北京:中国农业出版社,2004.

[17] 赵庆海.测试技术与工程应用[M].北京:化学工业出版社,2004.

[18] 王振成,张雪松.工程测试技术及应用[M].重庆:重庆大学出版社,2014.